金属アーク溶接等

作業主任者テキスト

中央労働災害防止協会

まえがき

金属アーク溶接等作業において加熱により発生する粒子状物質である「溶接ヒューム」は，発がん性が認められ，また，溶接ヒュームに含まれる酸化マンガンや三酸化マンガンは深刻な神経機能障害や呼吸器系障害を引き起こすおそれがあることが明らかになったことから，令和3（2021）年4月，特定化学物質に追加されました。

そのため，「溶接ヒュームを製造し，又は取り扱う作業」については，「特定化学物質及び四アルキル鉛等作業主任者技能講習」を修了した人から，特定化学物質作業主任者を選任しなければならないことになりましたが，溶接ヒューム以外の特定化学物質及び四アルキル鉛に係るすべての科目を受講する必要がある等の受講者の負担を考慮し，令和6（2024）年1月1日より，金属アーク溶接等作業にのみ従事する受講者に向けて，金属アーク溶接等作業に限定した「金属アーク溶接等作業主任者限定技能講習」が新設されることになりました。本書はその学科講習用テキストとして作成したものです。

本書の作成に当たっては，当協会内に『金属アーク溶接等作業主任者限定技能講習テキスト』編集委員会を設置し（令和5（2023）年），検討を重ね各委員に執筆していただきました。協力いただきました編集委員の方々には改めて感謝申し上げるところです。

講習科目に規定された内容以外にも，金属アーク溶接等作業主任者として身に付けておきたい必要なことを掲載しています。本書により，アーク溶接等作業に関する適切な知識を身に付け，作業主任者選任後も作業方法の決定，関係作業者の指揮，換気装置等の点検，保護具の使用状況の監視といった作業主任者の職務を遂行する上で役立てていただくことを期待いたします。

本書が多くの関係者に活用され，溶接ヒュームによる健康障害の予防に寄与することができれば幸いです。

令和5（2023）年12月

中央労働災害防止協会

『金属アーク溶接等作業主任者限定技能講習テキスト』
編集委員会

（敬称略・50音順）

（編集委員）

今川　輝男　　中央労働災害防止協会　近畿安全衛生サービスセンター

加部　　勇　　株式会社クボタ 筑波工場産業医

後藤　博俊　　一般社団法人日本労働安全衛生コンサルタント会 顧問（座長）

前田　啓一　　前田労働衛生コンサルタント事務所

山根　　敏　　国立大学法人埼玉大学大学院理工学研究科教授

（執筆担当）

第１編……前田　啓一

第２編……加部　　勇

第３編……前田　啓一
山根　　敏

第４編……今川　輝男

第５編……後藤　博俊

学科講習科目について

金属アーク溶接等作業主任者は技能講習を修了した者のうちから選任されることが定められている。学科講習科目は以下のとおり。

金属アーク溶接等作業主任者限定技能講習科目

講習科目	範　　囲	講習時間	本書対応箇所および頁
健康障害及びその予防措置に関する知識	溶接ヒュームによる健康障害の病理，症状，予防方法及び応急措置	1時間	第2編(29頁)
作業環境の改善方法に関する知識	溶接ヒュームの性質　金属アーク溶接等作業に係る器具その他の設備の管理　作業環境の評価及び改善の方法	2時間	第3編(57頁)
保護具に関する知識	金属アーク溶接等作業に係る保護具の種類，性能，使用方法及び管理	2時間	第4編(105頁)
関係法令	労働安全衛生法，労働安全衛生法施行令及び労働安全衛生規則中の関係条項　特定化学物質障害予防規則	1時間	第5編(147頁)

（平成6年6月30日労働省告示第65号「化学物質関係作業主任者技能講習規程」，令和5年4月3日厚生労働省告示第168号一部改正より）

目　　次

第1編

金属アーク溶接等作業主任者の職務と責任

第1編のポイント

【第1章】作業主任者の職務と労働衛生管理

□　金属アーク溶接等作業主任者の職務と, その職務を遂行する上でポイントとなる労働衛生の3管理(「作業環境管理」・「作業管理」・「健康管理」)について学ぶ。

□　技能講習を修了して作業主任者に選任された際に, その責任の重さを自覚し, 学習した内容を活用して指導をすることの重要性について学ぶ。

□　金属アーク溶接等作業主任者は, 特化則と関係する法令, 告示, 通達についての理解が必要である。

【第2章】作業主任者として求められる役割

□　金属アーク溶接等作業主任者の役割は, 作業環境管理, 作業管理を推進し, 作業中に溶接ヒュームを作業者の身体に吸入, 接触させない正しい作業方法を定めて守らせることである。

第1章　作業主任者の職務と労働衛生管理

1　安全衛生管理組織

図1-1はライン・スタッフ型の安全衛生管理組織の例である。企業における業務の指示命令は，通常，経営トップの責任の下に，その意志が部長，課長，係長などラインの職制を通じて第一線の作業者まで伝達され，職制の指揮監督の下で実行されることとなる。安全衛生管理もそれと同じく経営トップの責任で業務ラインの職制を通じて実行されることが望ましい。しかし特に危険有害な作業では，一般的な職制の指揮監督に加えてさらにきめ細かい指導が必要であり，その目的でラインの最前線で作業者に密着して指揮監督を行うのが作業主任者である。

職場における危険または有害な作業のうち，労働災害を防止するために特に管理を必要とするものについては，事業者は作業主任者を選任し，その者に作業者の指揮その他必要な事項を行わせなければならないことが労働安全衛生法（以下，「安衛法」という。）に定められている。金属アーク溶接等の作業については，特定化学物質及び四アルキル鉛等作業主任者技能講習，または金属アーク溶接等作業主任者限定技能講習を修了した者のうちから選任することとなる。

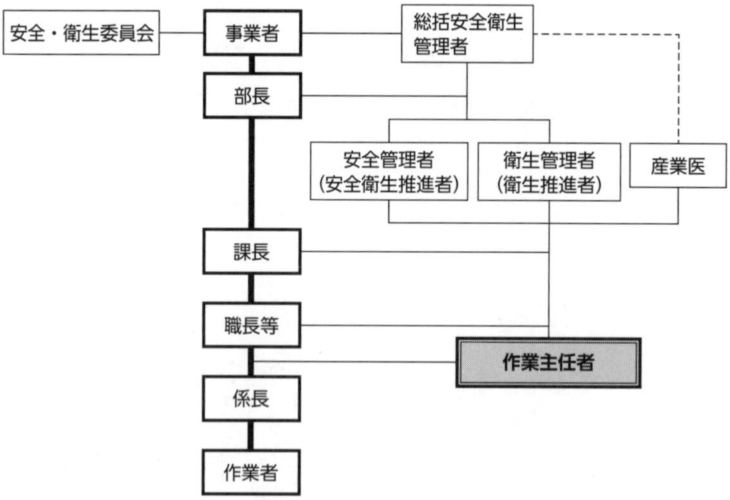

図1-1　ライン・スタッフ型の安全衛生管理組織図（例）

作業主任者を選任したら，事業者は作業主任者の氏名とその職務を作業場の見やすい箇所に掲示するなど関係作業者に周知させなければならない。

2　金属アーク溶接等作業主任者と限定技能講習

令和 2（2020）年の労働安全衛生法施行令（以下，「安衛令」という。）および特定化学物質障害予防規則（以下，「特化則」という。）の改正により，溶接ヒュームが特定化学物質に追加され，令和 3（2021）年 4 月からは溶接ヒュームを含む特定化学物質に係る作業主任者については特定化学物質及び四アルキル鉛等作業主任者技能講習（以下，「特化物技能講習」という。）を修了した者のうちから，特定化学物質作業主任者を選任しなければならないとされてきた。

しかし，特化物技能講習の受講者の多くが，金属をアーク溶接する作業，アークを用いて金属を溶断し，またはガウジングする作業その他の溶接ヒュームを製造し，または取り扱う作業（以下，「金属アーク溶接等作業」という。）のみに従事する者となったことなどから，特化物技能講習の講習科目のうち，金属アーク溶接等作業に係るものに限定した技能講習（以下，「金属アーク溶接等作業主任者限定技能講習」という。）を新設し，金属アーク溶接等作業を行う場合においては，当該講習を修了した者のうちから，金属アーク溶接等作業主任者を選任することができることとされた。

金属アーク溶接等作業主任者の職務は次の 3 つの事項である。

① 金属アーク溶接等作業に従事する作業者が溶接ヒュームにより汚染され，またはこれらを吸入しないように，作業の方法を決定し，作業者を指揮すること。

② 全体換気装置その他作業者が健康障害を受けることを予防するための装置を 1 月を超えない期間ごとに点検すること。

③ 保護具の使用状況を監視すること。

作業主任者がこれらの職務を遂行するに当たっては，作業を指揮する立場にあることから，これらの物質による健康障害を予防するために「作業環境管理」，「作業管理」，「健康管理」といういわゆる労働衛生の 3 管理と，作業者に対する教育を確実に実行することが重要である。第一線で作業者を指揮する作業主任者の責任はきわめて重いといえよう。

特化物技能講習または金属アーク溶接等作業主任者限定技能講習では，「健康障害及びその予防措置に関する知識」，「作業環境の改善方法に関する知識」，「保護具に関する知識」,「関係法令」について講義を受けることになっている。

3 労働衛生の3管理

金属アーク溶接等作業を含む特定化学物質および四アルキル鉛業務に従事する作業者の健康障害を予防するためには，これらの物質が呼吸器または皮膚，粘膜を通して体内に吸収されないようにすることが重要である。呼吸器を通して吸収されるこれらの物質を減らすには，作業に伴って発散する量を抑えるか，換気等の方法で空気中の濃度を低く抑えることが重要であり，これが「作業環境管理」である。

また，皮膚，粘膜を通して吸収される量を減らすには，これらの物質を人体に接触させない正しい作業方法を定めて守らせることと，必要な場合には有効な保護具を使用させることが重要で，これが「作業管理」である。

作業環境管理，作業管理に必要な知識は第3編，第4編で学ぶことになっている。

さらに，「健康管理」は法令で定められた作業主任者の職務として直接には明示されていないが，溶接ヒュームによる健康障害を防ぐためには，第2編で学ぶ溶接ヒュームの有害性，健康障害の起こり方，応急措置の方法などについて作業主任者自身が十分理解し，作業者に教え，指導することが重要である。

技能講習を修了して作業主任者に選任されたならば，その責任の重さを自覚し，学習した内容を十分活用して指導を行い，作業主任者としての職務を的確に遂行していかなければならない。

4 労働衛生関係法令と作業主任者

国会が制定した「法律」と，法律の委任を受けて内閣が制定した「政令」および専門の行政機関（省）が制定した「省令」などの「命令」をあわせて一般に「法令」と呼ぶ。

労働安全衛生に関する代表的な法律が「安衛法」であり，「特化則」は，安衛法の委任に基づいて厚生労働省が制定した「厚生労働省令」であり，これらの物質による健康障害を防止するために事業者が講じなければならないいろいろな措置を定めている。また，厳密には法令ではないが法令とともにさらに詳細な技術的基準などを定める「告示」，法令，告示の内容を解釈する「通達」も，一般には法令の一部を構成するものと考えられている。したがって，法令の規定を理解するためには，法律，政令，省令だけでなく，関係する告示，通達もあわせて総合的に理解することが必要である（第５編参照）。

特定化学物質作業主任者または金属アーク溶接等作業主任者が適切に職務を遂行するためには特化則と関係する法令，告示および通達（たとえば作業環境測定基準や防じん・防毒マスクの選定，使用等に関する通達等）についての理解が必要である。

作業主任者が「関係法令」を理解するに当たってはその目的と主旨を十分把握し，業務に必要な条文の意味をよく理解するとともに，今後社会情勢や技術の進歩等に対応するために行われる法令改正の動きにも注意をはらい，作業者の指導に活用することが重要である。

労働安全衛生規則（以下，「安衛則」という。）等により，金属アーク溶接等作業については，「金属アーク溶接等作業主任者」が選任される。

第２章　作業主任者として求められる役割

1　金属アーク溶接等作業主任者の指揮監督の具体的内容

金属アーク溶接等作業は，屋内，屋外を問わず，アークを熱源とした金属をアーク溶接する作業，アークを用いて金属を溶断し，またはガウジングする作業，その他の溶接ヒュームを製造し，または取り扱う作業のことをいう。

溶接ヒュームは，アークの熱によって溶けた金属が蒸気となり，空気中で冷えて固体（金属酸化物）の細かい粒子となったもので，煙のように見えるものである。

燃焼ガス，レーザービーム等を熱源とする溶接，溶断，ガウジングは金属アーク溶接等作業には含まれない。また，自動溶接を行う場合には，溶接中に溶接機のトーチ等の近傍で溶接ヒュームにばく露する作業が含まれ，溶接機のトーチから離れた操作盤の作業などは含まれない。

金属アーク溶接等作業での特定化学物質作業主任者または金属アーク溶接等作業主任者の職務は前述（13ページ）のとおりで，金属アーク溶接等作業において指揮監督する上で，具体的に確認することが必要なこととして，次の注意事項があげられる。

ア　アーク溶接作業

①　溶接中に発生するヒュームの吸い込みによりじん肺を発症する危険性はないか

②　シールドガスおよびフラックスの分解ガスの吸い込みによる人体への有害性はないか

③　狭あい箇所で溶接中に発生するガスによる酸素欠乏の危険性はないか

④　溶接中に発生する光や熱による眼および皮膚への有害性はないか

⑤　遮光保護具着用により視野が狭く，暗くなることによる墜落等の危険性はないか

⑥　電撃の危険性はないか

⑦　溶接のアーク，スパッタ，輻射熱による火災・爆発の危険性はないか

⑧　高温作業のため熱中症の危険性はないか

イ　ガウジング作業

① 圧縮空気用のバルブの開閉時に，異常噴出による負傷の危険性はないか

② 溶塊の飛散による火傷，火災，爆発の危険性はないか

③ ガウジング作業中の騒音による難聴の危険性はないか

④ ガウジング作業中の粉じんの吸い込みによるじん肺発症の危険性はないか

⑤ ガウジング作業中の光（紫外線，可視光線，赤外線）の眼および皮膚への有害性はないか

ウ　その他（感電・アーク光・スパーク防止）

① 交流アーク溶接機は自動電撃防止装置を使用しているか

② 感電防止のため，ゴム長靴，絶縁保護手袋を使用しているか

③ アーク溶接作業での有害紫外線防止をしているか（ガウジング作業⑤と同様となる）

④ 溶接スパークからの眼，顔への飛散防止のフェイスシールド，保護面等を着用しているか

金属アーク溶接等作業主任者の職務は法令上は溶接ヒュームのみの作業だが，それ以外にも感電やアーク光による災害防止のために対策をとる必要がある。

2　安全データシート（SDS）

産業現場では数万種類の化学物質が使用されており，毎年数百種類以上の新規化学物質が使用され，毒性情報が不十分なために生じる中毒事例もみられる。「化学品の分類および表示に関する世界調和システム」（GHS）の国連勧告を踏まえて，SDSには化学物質の名称，物性（絵表示等を含む。），特性，人体への影響，事故発生時の応急措置，事故対策，予防措置，関連法令などが記されている（**表1-1**，**図1-2**）。

安衛法では，作業者がいつでもSDSを見ることができるようにしておくことを義務付けている。ただし，毒性情報が不十分な物質も多く，SDSを過信してはならない。

SDSの通知事項である「人体に及ぼす作用」を，定期的に確認し，変更があるときは更新しなければならない。

また，特定化学物質を一定量含有する物の容器には，安衛法の規定（第57条，第5編参照）に従って危険有害性情報，危険有害性を示す絵表示，貯蔵または取扱

い上の注意事項などがラベル表示されることになっている。メーカーは同法第57条の２によりこれらの情報を文書（SDS）等でユーザーに通知することになっており，ユーザーの事業者はその内容を作業者に周知させなければならないことが法令

表1-1　SDSへの主な記載内容

1	**化学品および会社情報**	• 化学品の名称 • 供給者の会社名称，住所，電話番号 • 緊急時連絡電話番号
2	**危険有害性の要約**	• GHS分類およびGHSラベル要素（絵表示等） • その他の危険有害性
3	**組成，成分情報**	• 化学物質・混合物の区分 • 化学名，一般名，別名 • 各成分の化学名または一般名と濃度または濃度範囲
4	**応急措置**	• 吸入，皮膚への付着や眼に入った，飲み込んだ場合の取るべき応急措置 • 最も重要な急性および遅発性の症状 • 応急措置をする者の保護に必要な注意事項
5	**火災時の措置**	• 適切な消火剤，使ってはならない消火剤 • 火災時の特有の危険有害性 • 消火活動において順守すべき予防措置
6	**漏出時の措置**	• 人体に対する注意事項，保護具，緊急時措置 • 環境に対する注意事項 • 封じ込めおよび浄化方法と機材
7	**取扱いおよび保管上の注意**	• 安全な取扱いのための技術的対策 • 安全な保管条件（容器，包装材料を含む）
8	**ばく露防止および保護措置**	• 許容濃度 • ばく露を軽減するための設備対策 • 適切な保護具の推奨
9	**物理的および化学的性質**	• 物理状態，色，臭い，融点／凝固点，引火点，自然発火点，蒸気圧，密度など
10	**安定性および反応性**	• 危険有害反応の可能性 • 避けるべき条件（衝撃，静電放電，振動など） • 混触危険物質 • 有害な分解生成物
11	**有害性情報**	• 急性毒性 • 皮膚腐食性，呼吸器感作性，変異原性，発がん性など • 誤えん有害性
12	**環境影響情報**	• 生態毒性，残留性・分解性，生体蓄積性など • オゾン層への有害性
13	**廃棄上の注意**	• 安全かつ環境上望ましい廃棄またはリサイクルに関する情報など
14	**輸送上の注意**	• 国連番号，国連輸送名など • 輸送または輸送手段に関連する特別の安全対策
15	**適用法令**	• 該当国内法令の名称，規制に関する情報
16	**その他の情報**	• 安全上重要であるが１～15に直接関連しない情報

（JIS Z 7253：2019をもとに作成）

で定められている。また，国が定める表示・通知義務対象物以外の危険・有害とされる化学物質（危険有害化学物質等）についても，同様の表示・通知を行うよう努めなければならない。

作業主任者は，自分の作業場でどんな種類の化学物質が使用されているかを，常に把握し，作業者にそれらの危険有害性と取り扱う際の注意事項を教えるべきである。

図 1-2　化学品の分類および表示に関する世界調和システム（GHS）の危険有害性を表す絵表示

（出典：JIS Z 7253：2019）

3　リスクアセスメント

(1)　化学物質取扱いに当たっての検討事項

特定化学物質作業主任者または金属アーク溶接等作業主任者は，作業者が特定化学物質にばく露されないよう，作業者を直接指揮することが第一の職務であることから，災害の要因が発生しないように最大の努力を払わなければならない。このため，常に事業場内の安全衛生部門および生産を開始するまでの諸準備に関わった各部門との連携を密にし，災害防止のための手段の内容が適切か，不足している点はないか等をよく検討し，チェックしておくことが必要である。新しい原材料の導入など新しい作業が開始される場合,新たな危険有害性がもたらされるおそれがある。これらの潜在的危険有害性を質的，量的にあらかじめ把握するため，計画段階から運転段階およびメンテナンス段階までの各段階においてあらゆる段階から事前にチェックを行うことが必要である。生産活動の中で災害発生を予防するには，次の4つの種類に大別して検討する。

①　原材料の危険有害性

②　機械設備などの物的危険

③　作業方法，場所等の危険

④　作業者の行動による危険

チェックに当たっては，それぞれの事業場にあわせて作業しやすく，また安全性を幅広く検討するために，各部門のメンバーからなるチームを編成する。その際，作業主任者はできるだけ初期の段階からこれらに参画し，検討結果に留意するとともに，リスクアセスメントについての基本的な背景を理解することが望ましい。

金属アーク溶接，溶断，ガウジング作業については，全体換気装置による換気，溶接ヒュームの濃度測定結果に基づく風量調節や局所排気等の措置，呼吸用保護具の使用およびシールチェックの実施について検討することになる。

(2)　リスクアセスメント

労働衛生の3管理を的確に進めるためにはリスクアセスメントとその結果に基づくリスク低減措置によって作業場に存在する危険有害因子を取り除くことが必須である。

リスクアセスメントとは，危険性・有害性の特定，リスクの見積り，優先度の設定，リスク低減措置の決定の一連の手順をいい，事業者は，リスクアセスメントの実施により，その結果に基づいて適切なリスク低減措置を講じることができる。

リスクアセスメントは事業場のトップから作業者まで全員参加で行われるべきであるが，特に現場の作業実態をよく知る作業主任者の積極的な関与が望まれる。

化学物質のリスクアセスメントについては，「化学物質等による危険性又は有害性等の調査等に関する指針」に，取り扱うすべての化学物質と作業について，物質の危険有害性とばく露の程度の組合わせで表されるリスクの大きさを見積もり，その結果に基づきリスク低減措置の優先度を決め，優先度に対応した低減措置を実施するべきことが示されている。

リスクアセスメントでは，ばく露測定または作業環境測定等の結果から推定される作業者のばく露濃度のデータがある場合には，それを国が定める濃度基準値や管理濃度，日本産業衛生学会が勧告する許容濃度，米国産業衛生専門家会議（ACGIH）が勧告する TLVs（Threshold Limit Values）等のばく露限界と比較することにより定量的なリスクの見積りができる（**図 1-3**）。そのようなデータがない場合は安全データシート（SDS）に記載されている GHS（The Globally Harmonized System of Classification and Labelling of Chemicals：化学品の分類及び表示に関する世界調和システム）の分類・区分（有害性ランク）と物質の物性，形状，温度（揮発性・飛散性ランク）および 1 回または 1 日あたりの使用量（取扱量ランク）によって推定した作業者のばく露量の組合わせで定性的なリスクの見積りを行う。この GHS は，化学品の危険有害性を世界的に統一された一定の基準に従って分類し，絵表示等を用いてわかりやすく表示しようとするもので，2003 年 7 月に国連勧告として採択された。

化学物質のうち，安全データシート（SDS）交付義務対象である通知対象物すべてについて新規に採用する際や作業手順を変更する際にリスクアセスメントを実施

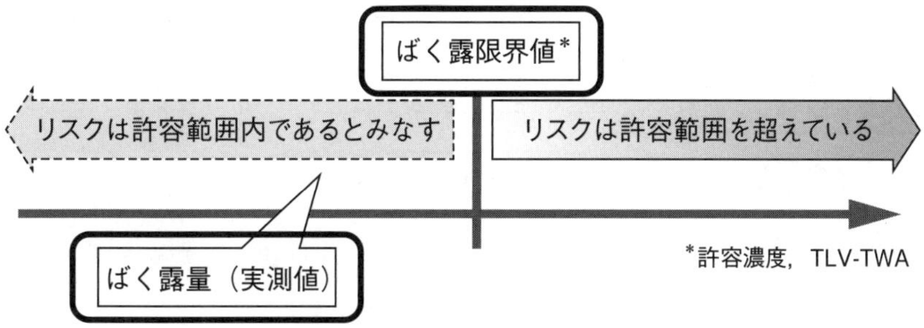

図 1-3　定量的なリスクの見積り
（資料：厚生労働省）

することが義務付けられている。なお，通知対象物は今後も順次追加される予定である。

厚生労働省は，比較的少量の化学物質を取り扱う事業者には，化学物質についての特別の専門的知識がなくても定性的なリスクアセスメントが実施できる「CREATE-SIMPLE（クリエイト・シンプル）」（**図1-4**）など支援ツールの利用を推奨している。これらのリスクアセスメントの支援ツールは，下記のウェブサイトから無料で利用できる。

厚生労働省「職場のあんぜんサイト（化学物質のリスクアセスメント実施支援）」
https://anzeninfo.mhlw.go.jp/user/anzen/kag/ankgc07.htm

(3)　リスク低減措置の検討および実施

リスクの見積りによるリスク低減の優先度が決定すると，その優先度に従ってリスク低減措置の検討を行う。

法令に定められた事項がある場合にはそれを必ず実施するとともに**図1-5**に掲げる優先順位でリスク低減措置の内容を検討の上，実施する。

なお，リスク低減措置の検討に当たっては，**図1-5**の③や④の措置に安易に頼るのではなく，①および②の本質安全化の措置をまず検討し，③，④は①および②の補完措置と考える。また，③および④のみによる措置は，①および②の措置を講じることが困難でやむを得ない場合の措置となる。

死亡，後遺障害，重篤な疾病をもたらすおそれのあるリスクに対しては，適切な

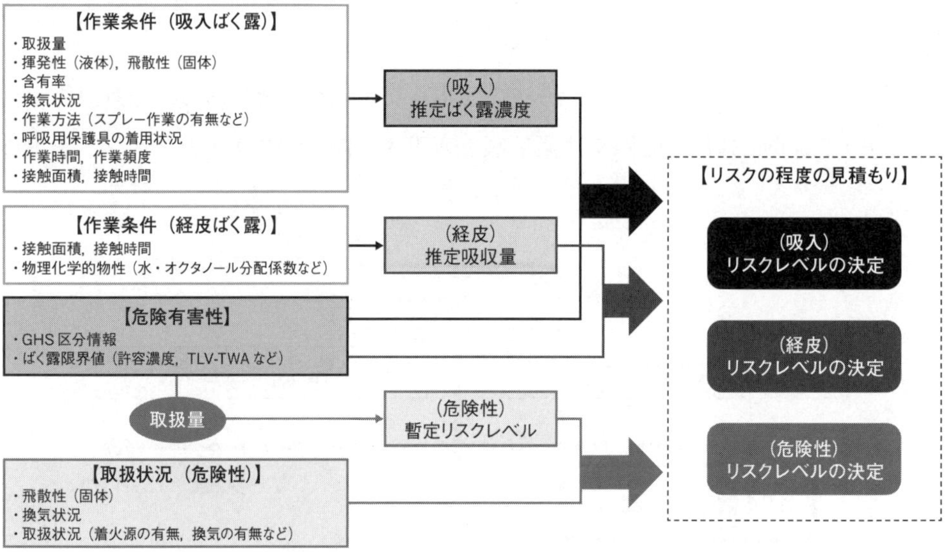

図1-4　CREATE-SIMPLE（クリエイト・シンプル）の流れ
（出典：厚生労働省「職場のあんぜんサイト」https://anzeninfo.mhlw.go.jp/user/anzen/kag/ankgc07_3.htm）

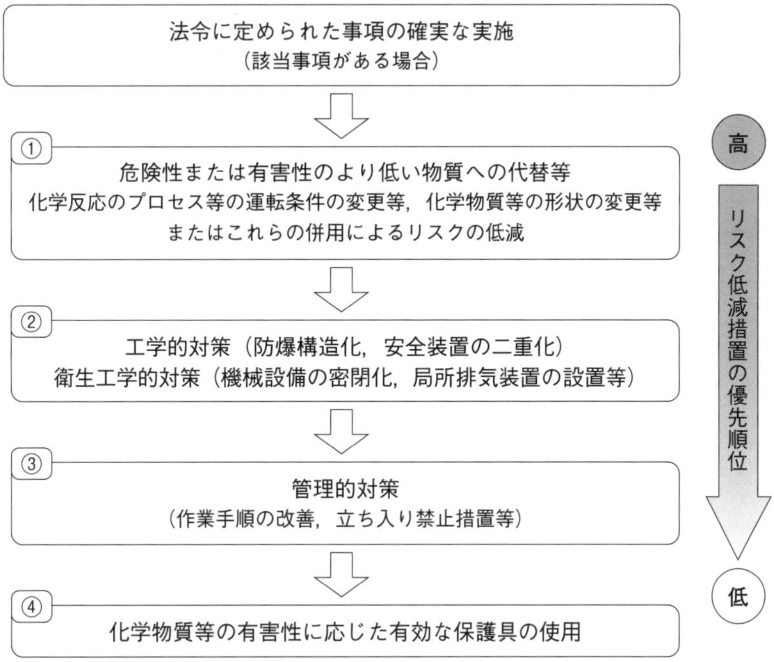

図 1-5　リスク低減措置の検討および実施

リスク低減措置を講じるまでに時間を要する場合は，暫定的な措置を直ちに講じるよう努めるべきである。

(4)　リスクアセスメント結果等の作業者への周知等

リスクアセスメントの結果は，作業者に周知することが求められている。対象の化学物質等の名称，対象業務の内容，リスクアセスメントの結果（特定した危険性または有害性，見積もったリスク），実施するリスク低減措置の内容について，作業場の見やすい場所に常時掲示するなどの方法で作業者に周知する。また，業務が継続し作業者への周知を行っている間はこれらの記録を保存しなければならない。

(5)　リスクアセスメント対象物にばく露される濃度の低減措置

リスクアセスメント対象物（リスクアセスメント実施の義務対象物質。前述の通知対象物がこれにあたる。）のうち，一定程度のばく露に抑えることにより，作業者に健康障害を生ずるおそれがない物質として厚生労働大臣が定める物質（「濃度基準値設定物質」という。）については，作業者がばく露される程度を厚生労働大臣が定める濃度基準（「濃度基準値」という。）以下としなければならないとされる。なお，溶接ヒュームはリスクアセスメント対象物ではないが，マンガンは対象物である。この安衛法政省令の改正は令和4(2022)年5月31日に公布され，令和6(2024)年4月1日に施行される。

参考文献
1）沼野雄志・前田啓一『新版　化学の基礎から学ぶ やさしい化学物質のリスクアセスメント』中央労働災害防止協会，2023年
2）『テキスト化学物質リスクアセスメント』中央労働災害防止協会，2016年

（参考） 化学物質の自律的な管理

1　新たな化学物質規制の概要

令和 4（2022）年 2 月 24 日，令和 4 年 5 月 31 日の安衛法政省令の改正により，自律的な管理を基軸とした新たな化学物質の管理（**図 1-6** 参照）が導入された。

化学物質の管理については，今までの法令順守による個別物質ごとの規制から自律的な管理を基軸とする規制へ移行するため，化学物質規制体系を見直し，危険性・有害性が確認されたすべての化学物質に対して，国が定める管理基準の達成が求められ，達成のための手段は限定しない方式に大きく転換されることになる。

化学物質の自律的な管理として，次の内容が規定され推進される。

① 化学物質の自律的な管理のための実施体制の確立

・事業場内の化学物質管理体制の整備，化学物質管理の専門人材の確保・育成

② 化学物質の危険性・有害性に関する情報の伝達の強化

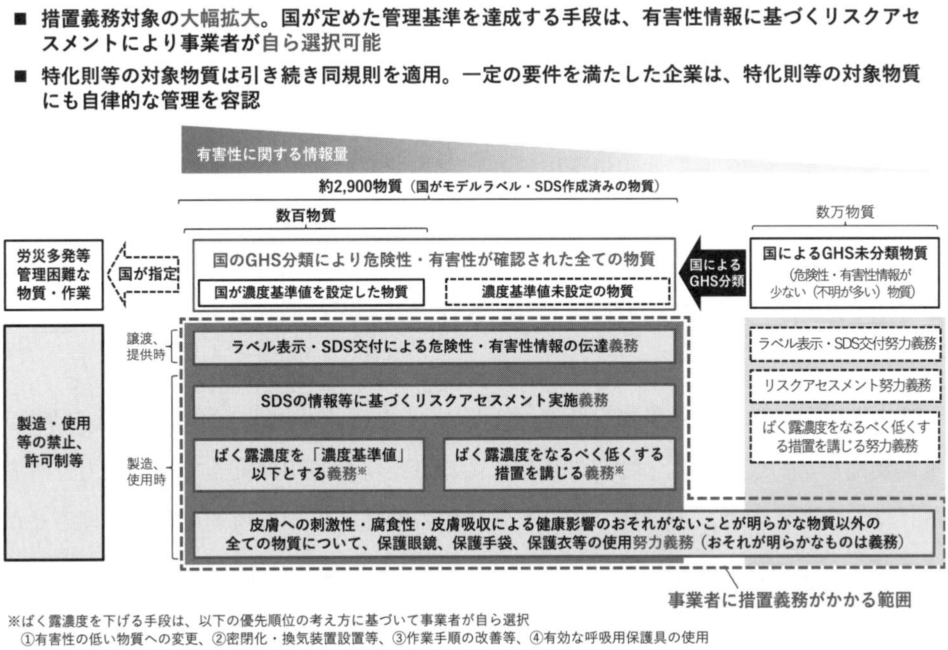

図 1-6　自律的な管理における化学物質管理の体系（資料：厚生労働省）

・ホームページ掲載などSDSの通知方法の柔軟化
・SDSの記載項目の追加と見直し
・SDSの定期的な更新の義務化
・化学物質の移し替え時等の危険性・有害性に関する情報の表示の義務化

③　リスクアセスメント対象物に係る措置の義務付け
・リスクアセスメント対象物へのばく露を最小限度とすることを義務付け
・濃度基準値設定物質については，ばく露を同基準値以下とすることを義務付け
・健康障害を起こすおそれのある化学物質の直接接触の防止を義務付け
・リスクアセスメントの結果等の記録・保存・周知を義務付け

④　特化則等に基づく措置の柔軟化および強化
・特化則等に基づく健康診断のリスクに応じた実施頻度の見直し
・有機溶剤，特定化学物質（特別管理物質を除く），鉛，四アルキル鉛に関する特殊健康診断の実施頻度の緩和
・作業環境測定結果が第３管理区分である事業場に対する措置の強化

⑤　がん等の遅発性の疾病の把握強化とデータの長期保存
・がん等の遅発性疾病の把握の強化
・事業場において，複数の作業者が同種のがんに罹（り）患し外部機関の医師が必要と認めた場合または事業場の産業医が同様の事実を把握し必要と認めた場合の所轄労働局への報告の義務化
・健診結果等の長期保存が必要なデータの保存

⑥　化学物質管理の水準が一定以上の事業場の個別規制の適用除外
・一定の要件を満たした事業場は，特別規則の個別規制を除外，自律的な管理（リスクアセスメントに基づく管理）を容認

2　化学物質管理者の選任による化学物質の管理

リスクアセスメント対象物を製造，取扱い，または譲渡提供をする事業場（業種・規模要件なし）ごとに化学物質の管理に関わる業務を適切に実施できる能力を有する「化学物質管理者」を選任して，化学物質の管理に係る技術的事項を管理させなければならない。

選任要件としては，所定の教育の修了者など化学物質の管理に関わる業務を適切に実施できる能力を有する者とされる（**表 1-2**）。

表 1-2　化学物質管理者の事業場別の選任要件

事業場の種別	化学物質管理者の選任要件
リスクアセスメント対象物の製造事業場	専門的講習（厚生労働大臣告示で示す科目）の修了者
リスクアセスメント対象物の製造事業場以外の事業場	資格要件なし（専門的講習やそれに準ずる講習の受講を推奨）

化学物質管理者の職務としては，次の事項を管理する。

① ラベル・SDS 等の確認，化学物質に関わるリスクアセスメントの実施管理

② リスクアセスメント結果に基づく，ばく露防止措置の選択，実施の管理

③ 化学物質の自律的な管理に関わる各種記録の作成・保存，化学物質の自律的な管理に関わる労働者への周知，教育

④ ラベル・SDS の作成（リスクアセスメント対象物の製造事業場の場合）

⑤ リスクアセスメント対象物による労働災害が発生した場合の対応

3　保護具着用管理責任者の選任による保護具の管理

リスクアセスメントに基づく措置として，作業者に保護具を使用させる事業場において，化学物質の管理に関わる保護具を適切に管理できる能力を有する「保護具着用管理責任者」を選任して，有効な保護具の選択，作業者の使用状況の管理その他保護具の管理に関わる業務をさせなければならないとされる。

選任要件としては，通達に示された保護具に関する知識および経験を有すると認められる者とされているが，保護具の管理に関する教育を受講することが望ましい。

保護具着用管理責任者の職務としては，次の事項を管理する。

① 保護具の適正な選択に関すること

② 作業者の保護具の適正な使用に関すること

③ 保護具の保守管理に関すること

化学物質管理者および保護具着用管理責任者は選任事由の発生から 14 日以内に選任しなければならない。また職務をなし得る権限を与え，氏名を見やすい箇所に掲示するなどにより関係者に周知することが必要となる。

なお，化学物質管理者および保護具着用管理責任者の選任において，特定化学物質等作業主任者が併任（兼務）する場合は，その職務が異なるので役割に十分留意することが必要である。ただし，作業環境測定結果が第 3 管理区分であることによる措置で保護具着用管理責任者を選任する場合は，作業主任者との併任（兼務）は

できない。

4　化学物質管理専門家による助言

労働災害の発生またはそのおそれのある事業場について，労働基準監督署長が，その事業場で化学物質の管理が適切に行われていない疑いがあると判断した場合は，事業場の事業者に対し，改善を指示することができる。

改善の指示を受けた事業者は，「化学物質管理専門家」（外部が望ましい）から，リスクアセスメントの結果に基づき講じた措置の有効性の確認と望ましい改善措置に関する助言を受けた上で，改善計画を作成し，労働基準監督署長に報告し，必要な改善措置を実施しなければならないとされる。

なお，管理水準が良好な事業場の特別規則の適用除外のためには事業場に化学物質管理専門家の配置等が必要とされる。

化学物質管理専門家の資格要件は，事業場における化学物質の管理について必要な知識および技能を有する者として厚生労働大臣が定める労働衛生コンサルタント，衛生工学衛生管理者免許，作業環境測定士等の資格と経験を有する者，または同等以上の能力を有すると認められる者とされる。

5　作業環境管理専門家による助言

作業環境測定の評価結果が第３管理区分にされた場所について，作業環境の改善を図るため，事業者は作業環境の改善の可否および改善が可能な場合の改善措置については，事業場に属さない作業環境管理専門家の意見を聴かなければならないとされる。

作業環境管理専門家の資格要件は，化学物質管理専門家または同等以上の能力を有すると認められる者とされている。

なお，この安衛法政省令の改正は令和４（2022）年５月31日に公布され，令和５（2023）年４月１日または令和６（2024）年４月１日に施行される。

第2編

溶接ヒュームによる健康障害およびその予防措置

第2編のポイント

【第1章】概説

□　溶接ヒュームなど化学物質による健康障害について学ぶ。

□　化学物質による障害の起こり方は，①皮膚または粘膜の接触部位で直接障害を起こすもの，②皮膚，呼吸器または消化器から体内に吸収されて一定量が特定の器官（標的臓器）に蓄積されて障害を起こすものの2つに区分される。

【第2章】健康管理および応急措置

□　健康診断は，健康管理上重要な意味を持ち，作業者の健康状態を調べ，適切な事後措置を行うために不可欠なものである。

□　特化則等の適用を受けるマンガンおよびその化合物，溶接ヒュームの性質・有害性などについて学ぶ。

□　化学物質を取り扱う作業場では思わぬ事故から作業者がばく露し，急性の障害を起こす可能性がある。そのため，現場関係者は応急措置の方法を知っておく必要がある。

第1章　概　　説

1　化学物質業務と労働衛生管理

溶接ヒュームやマンガンなど化学物質による健康障害の発生の経路と，防止対策を示したものが**図2-1**である。作業に伴って発散した化学物質は，ガス，蒸気，粉じんとなって環境空気中に拡散し，それらに接触した労働者の体内に侵入する。有害物が体内に吸収される経路としては，呼吸器，皮膚，消化器があるが，このうち呼吸器を通って吸収されるものが最も多い。

作業者の体内に吸収される有害物の量は，作業中に作業者が接する有害物の量に比例すると考えられ，これを有害物に対するばく露量という。ばく露量は，労働時間が長いほど，環境空気中の有害物濃度が高いほど大きくなる。呼吸により体内に侵入した有害物は，体内で代謝されて，しだいに体外へ排出されるが，吸収量が多くて排泄量を上回った場合には排泄しきれずに体内に蓄積し，蓄積量がある許容限度（生物学的限界値）を超えると健康に好ましくない影響が現れる。したがって，職業性の健康障害は有害物に対するばく露量が大きいほど発生しやすく，健康障害を防止するには有害物に対するばく露をなくすか，できるだけ少なくすることが必要で，この原則は有害物の種類を問わず変わらない。

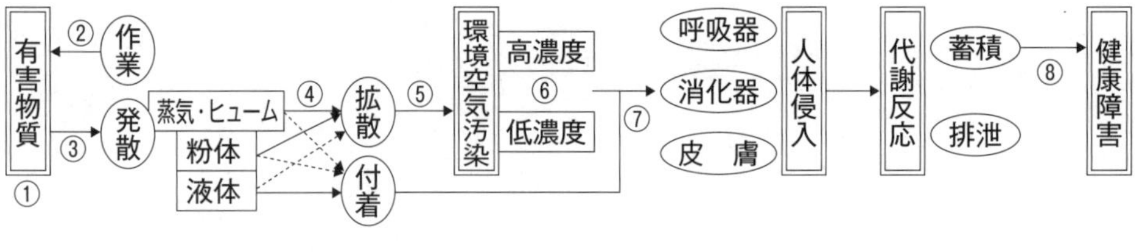

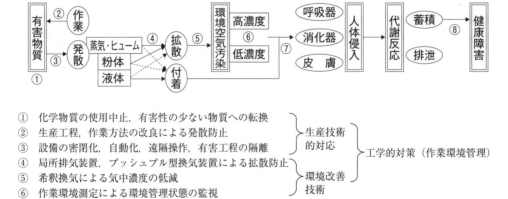

① 化学物質の使用中止，有害性の少ない物質への転換
② 生産工程，作業方法の改良による発散防止
③ 設備の密閉化，自動化，遠隔操作，有害工程の隔離
（①〜③：生産技術的対応）
④ 局所排気装置，プッシュプル型換気装置による拡散防止
⑤ 希釈換気による気中濃度の低減
⑥ 作業環境測定による環境管理状態の監視
（④〜⑥：環境改善技術）
（①〜⑥：工学的対策（作業環境管理））
⑦ 時間制限等作業形態の改善，保護具の使用による人体侵入の抑制　　個別管理対策（作業管理）
⑧ 特殊健康診断による異常の早期発見と事後措置，適正配置の確保　　医学的対策（健康管理）

図2-1　化学物質による健康障害の発生経路と防止対策
（出典：「労働衛生工学　第21号」日本労働衛生工学会，1982年，一部改変）

ほとんどすべての作業者が通常の勤務状態（1日8時間，1週40時間）で働き続けても，それが原因となって著しい健康障害を起こさないと考えられるばく露量は，ばく露限界と呼ばれ，許容濃度（日本産業衛生学会），TLV（米国産業衛生専門家会議（ACGIH））などがある。TLVは，1日8時間の労働中の時間加重平均濃度（TWA）で表され，工学的対策によって環境を管理する目安とされる。また，短時間で発現する刺激，中枢神経抑制等の生体影響を起こす化学物質には，15分以下の短時間，断続的にでもばく露されてはならない限界（STEL），あるいは，いかなる場合でも超えてはならない限界（C）が示されている。許容濃度は，作業者が1日8時間，週間40時間程度，肉体的に激しくない労働強度で有害物質にばく露される場合に，平均ばく露濃度がこの数値以下であれば，ほとんどすべての作業者に健康上の悪影響がみられないと判断される濃度とされている。また，作業中のどの時間をとってもばく露濃度がこの数値以下であれば，ほとんどすべての作業者に健康上の悪影響がみられないと判断される最大許容濃度として勧告されている物質もある。経皮吸収や皮膚障害のおそれのある化学物質は「皮」（日本産業衛生学会），「Skin」（ACGIH）の記述で示されている。作業環境測定の結果を評価するための基準として，管理濃度を用いる。ただし，許容濃度や管理濃度は，あくまで管理する目安であり，安全な濃度と危険な濃度の境界線とか，ここまでは許される濃度と誤解してはいけない。

溶接ヒュームやマンガンなど化学物質による健康障害を防止するには，まず生産技術的な対応によって化学物質に触れないで済むようにし，次に環境改善の技術によって，環境空気中の化学物質の濃度を低く保つことが大切である（作業環境管理）。保護具の使用は臨時の作業等で環境対策を十分に行えない場合のみならず，ばく露の可能性がある場合にも有効な対策であるが，環境改善の努力を怠ったまま保護具の使用に頼るべきではない（作業管理）。

図2-1につけた番号とそれに対応する対策は，化学物質の発散から健康障害にいたる連鎖を途中で断ち切って健康障害を防止する方法を示すものである。これらの方法のうち①はそれだけで大きな効果が期待できるが，②～⑤は，第3編第3章1で述べるように，複数の方法を組み合わせて実施する方が少ないコストで高い効果を得られることが多い。

工学的対策による環境管理が十分に行われていれば，ばく露量を少なく抑えることができるので健康障害の危険性は少ないと考えられるが，有害物質に対する感受性には個人差があり，工学的対策だけでは絶対安全とはいえない。そのために，化学物質に対して特に過敏な作業者を誤って健康障害の危険のある業務に就かせないための雇入れ時または配置転換時の特殊健康診断（特殊健診）や，異常の早期発見のために定期的に実施される特殊健診のような医学的な対策も欠かすことができない（健康管理）。

上記の作業環境管理，作業管理，健康管理をあわせて労働衛生３管理といい，産業現場で化学物質取扱い作業のような有害業務の健康障害を予防するためには，有効な管理方法である。

2　化学物質による健康障害

（1）　溶接ヒュームなど化学物質による障害の起こり方

溶接ヒュームなど化学物質による障害の起こり方には，次の２つの形に区分される。

①　皮膚または粘膜（眼，呼吸器，消化器）の接触部位で直接障害を起こすもの

皮膚に付着すると皮膚が痛み，赤くなり，水疱，潰瘍などを起こすものや，眼に接触すると角膜炎，結膜炎，時には失明させるもの，呼吸器に接触すると気管支炎，肺炎，肺水腫を引き起こすものなどである。

②　皮膚，呼吸器および消化器から体内に吸収されて一定量が蓄積され，特定の器官（標的臓器）に蓄積され障害を起こすもの

化学物質の大部分がこれに属する。

溶接ヒュームに含まれるマンガン等は中枢神経が障害され，手足が震えたり，麻ひしたりする。また，溶接ヒュームは，ばく露から数年経過してからがんが生じることがある。その場で症状が現れるものは，原因把握を誤ることは比較的少ないが，体内に蓄積されて長期にわたってじわじわと障害を起こしてくるものは，一般にその原因をつきとめることが難しく，しばしば対策が後手にまわることがある。

（2）　吸収，体内蓄積，排泄

ア　呼吸器，皮膚および消化器からの吸収

①　呼吸器

人は通常１分間に４～７Ｌの空気を呼吸している。空気中の酸素を体内に取り入れ，体内にできた二酸化炭素を吐き出している。激しい肉体労働をすればするほど，多量の酸素を必要とし，毎分 50 Ｌに達することもある。

吸い込んだ空気は，鼻腔→咽頭→喉頭→気管→気管支→細気管支を通って肺胞という袋状の部分に達し，その周囲を囲むように走っている毛細血管の中に酸素やガス状の有害物質等が吸収される。一般に粉じん等の粒子状物質の場合，5 μm 以上の粒子は渦上に流れる気流によって気道粘膜に付着し，速やかに繊毛の運動により取り除かれるため，肺胞に到達するのは 2 ～ 3 μm 以下の微細な粒子である（**図 2-2**）。溶接ヒュームの粒子径は，おおよそ 0.1 ～数 μm のため肺胞まで到達する。

肺胞の大きさは，径 0.1 ～ 0.3 mm で片肺ごとに約 3 億個あり，その表面積は 70 m^2 の大きさになる。つまり，吸収された空気中の化学物質は，肺の中で広い面積で血液と接触することになる。また，激しい労働の際には呼吸量が増えるので，それだけ空気中の化学物質の吸収が多くなる。

② 皮　膚

皮膚は身体の表面全体を覆っており約 1.6 m^2 の広さである。外側を表皮といい，厚さ 0.1 ～ 0.3 mm で表面は角質層で覆われている。そこには毛嚢（のう），汗腺，皮脂腺が開口している。表皮の下には厚さ 0.3 ～ 2.4 mm の真皮があり，毛細血管が網状に走っている（**図 2-3**）。

化学物質に対しては，皮膚表面の皮脂膜および角質層が保護膜となるが，

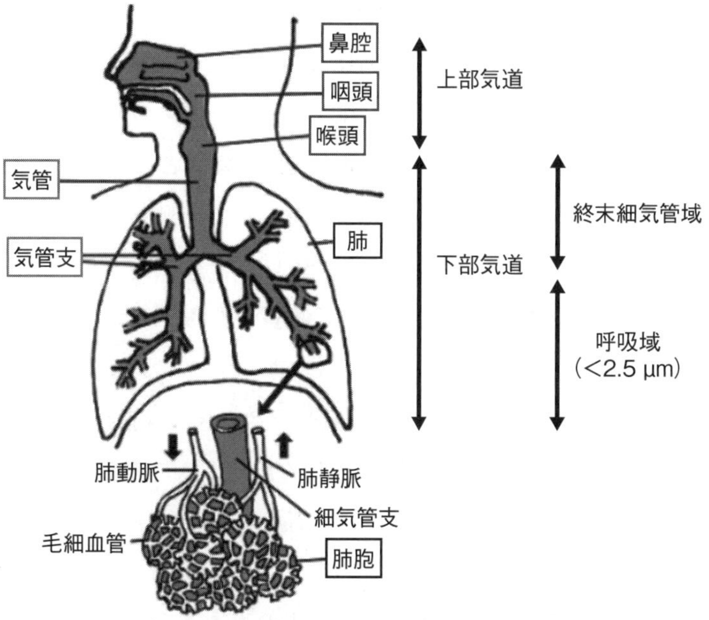

図 2-2　人の呼吸器と粒子の沈着領域（概念図）
（環境省 HP（一部改変））

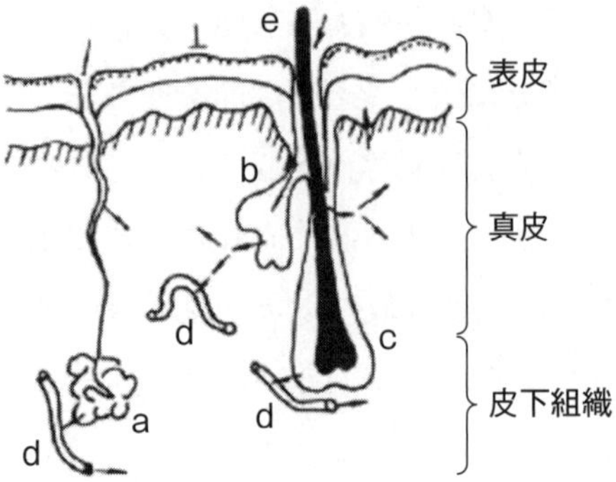

(注) ↓：吸収経路
⊥：多くの有害物に対して不浸透性である
a：汗腺と導管
b：皮脂腺
c：毛嚢
d：毛細血管
e：毛

図 2-3　皮膚（模型）

脂溶性の化学物質に対する抵抗性は弱い。また皮膚の外層は水分を失うと亀裂を生じ，化学物質は透過しやすくなる。

皮膚からの吸収は，角質層での浸透性が大きく影響し，一部は毛嚢および皮脂腺からの吸収もある。水や油に溶解しやすい有害物ほど一般に毒性が大きいといえる。

夏季など高温下では汗をかき化学物質が付着しやすく，毛嚢の開口部が開いているから，毒物の侵入は容易になる。また，皮膚にすり傷があったり，皮膚病（湿疹など）があれば，それだけ吸収を促すので注意すべきである。

日本産業衛生学会において，皮膚と接触することにより経皮的に吸収される量が全身への健康影響または吸収量からみて無視できない程度に達することがあると考えられると勧告がなされている物質，または ACGIH において，皮膚吸収があると勧告がなされている物質がある。

③　消化器

飲み込まれた化学物質は，食物の栄養分とともに胃腸から血液の中に入り，いったん肝臓にいき，そこで解毒されるが，肝機能が低下している場合や，肝臓の解毒能力を超えるほどの大量の有害物が吸収される場合には，有害物は血液の中へ流れ込む。

飲食に伴う有害化学物質の摂取は，基本的には手指等を介して有害化学物質により飲食物が汚染されることによるものであるが，飲料の空容器に移し替えた液状化学物質等を労働者が飲料と誤認して飲み，急性薬物中毒となる災害が発生している。有害化学物質を取り扱う事業場においては，その取扱い作業におけるばく露防止対策はもとより，事業場内での飲食に伴う有害化学物質の摂取の防止も重要であり，このためには，飲食を行う場所と作業場所との分離，並びに飲食物と有害化学物質の保管場所の分離，および有害化学物質に係る注意喚起のための表示が基本である（「液状薬剤の誤飲による災害防止について」（平成16年1月23日基安化発第0123001号）を参照)。

イ　体内蓄積

吸収された有害物は，体内で一様に同じ濃度で蓄積しているわけではなくて，有害物の種類によって蓄積される場所が違う。たとえば，腎臓，肝臓，筋肉，脂肪組織，脳などに蓄積される。

これらは，体内で化学変化を受けた後，次第に体外へ排泄される。この場合に，毎日吸収される量と排泄される量のバランスが問題となる。もし，毒物が24時間中に完全に排泄されないとすれば，翌日には第2日目に吸収した毒物と前日の残留物との和が身体に作用することになる。

毎日，体重1kg当たり10mgの毒物が体内に吸収されると仮定して，それが24時間中に何パーセント体内に残るかを計算してみると，25%残留する場合と90%残留する場合とでは2週間後には蓄積量に大きな差が生じる。

ウ　排　泄

体内の毒物は呼気，汗，尿，糞便等とともに排泄され，血液中の毒物の量は次第に減ってくる。排泄の速度ははじめのうちは速いが，蓄積量が減るに従って排泄が緩やかになってくる。

3　症　状

障害が起これば何らかの症状が出現するが，これには自覚症状と他覚所見がある。前者は患者自身が自覚するものであって，頭痛，息苦しい，手足がしびれる，などといったものであり，後者は医師または第三者が見てわかるものであって，たとえば，エックス線写真の像に異常な陰影が見える，などである。

これらは障害の種類によって千差万別で，同じ症状を示す他の病気との鑑別などその診断には専門的な知識が必要であり，最終的な診断は，医師に委ねる。

（1）溶接ヒュームの健康障害

溶接作業によりばく露される有害物質・要因は，溶接対象母材・溶接棒・溶加材・フラックス中の金属（鉄，マンガン，アルミニウム，ニッケル，クロム，カリウム，バリウム，カルシウム，フッ素，チタン，コバルト，亜鉛，モリブデン，鉛，マグネシウム，ヒ素）および化合物，シリカ，フッ素化合物，オゾン，窒素酸化物，一酸化炭素，塩素化炭化水素，紫外線，電磁場等がある。溶接ヒュームの健康障害で重要なのは，溶接工肺とよばれるじん肺，発がんと神経障害である。

①　急性症状

皮膚や粘膜に接触すると刺激を与える。吸入すると，作業後に高熱を発する金属ヒューム熱を生じる。

②　慢性症状

マンガン中毒による神経機能障害（パーキンソン症候群），じん肺，肺がんなどがある。

ア　溶接工肺（じん肺）

溶接工肺は，1,500℃以上の高熱により金属が蒸発・酸化・冷却され生成されるおおむね球状のヒュームを溶接作業者が吸入することで，肺の組織が線維増殖性変化を起こすじん肺を発症する。線維化した組織は，酸素と二酸化炭素のガス交換ができなくなる。

自覚症状は，初期にはあまりみられない。進行すると咳，痰，呼吸困難がみられる。

他覚所見（症状）は，胸部エックス線検査や胸部CT検査による溶接工肺の胸部X線所見で，中下肺野を中心に左右均等に分布する比較的大きさが揃った軟らかい小粒状影がみられる。

【事例】　17歳時より約27年間鉄工所で溶接工として就労。終日溶接作業に従事し，時に防じんマスクをつけずに溶接を行った。喫煙者。20年前から乾性咳嗽（がいそう）を自覚し，数カ月前より湿性咳嗽が出現した。じん肺健診の胸部X線写真で明らかな異常影はなかったが，胸部CTで両側全肺野に小葉中心性の微細な粒状影が多発していた。[1)]

1）住友ら 2022：日本内科学会雑誌 111（2）：296-300

イ　発がん

国際がん研究機関（IARC）グループ１（ヒトに対して発がん性を示す）。ヒトで肺がん，泌尿器系がん（腎がん，膀胱がん）が指摘されている。

溶接ヒュームの成分のうち，発がんの原因となる主な化学物質が不明なため，特別管理物質に指定されていないが，発がん性物質として厳重なばく露防止対策や禁煙指導などの健康管理が必要である。

【事例】 デンマーク，フィンランド等の北欧5カ国の長期追跡研究では，男性肺がん1,798例の標準化罹患比（SIR）は，1.33（95%CI 1.27-1.40）だった。[2)]

2）IARC 2018：モノグラフ118

ウ　神経障害

溶接ヒューム中に含まれるマンガンによる神経障害としては，精神症状と錐体外路症状であるパーキンソン症候群が出現するが，末梢神経障害は認められない。早期に精神症状が出現し，精神症状が最盛期に達した後に徐々に神経症状が明確となる。初発症状は，無力感，食欲不振，無関心，不眠，傾眠，動作緩慢などがみられる。

精神症状としては，睡眠障害（傾眠，不眠），感情障害（強迫笑，強迫泣，多幸症，易刺激性，支離滅裂な多弁，興奮，感情鈍麻），行動障害（衝動行動，強迫行為），頻度は少ないが幻覚，妄想が報告されている。

最も特徴的な神経症状は，錐体外路（すいたいがいろ）症状（振戦，固縮，無動など）である。仮面様顔貌，構音障害（吃音，単調で抑揚の少ない音声），上肢微細運動障害（小字症，書字拙劣），企図振戦（動作時が顕著。舌，四肢，軀幹），歩行障害（鶏歩，小刻み歩行，突進歩行）がみられる。

【事例1】 アークによる金属の切断作業に従事していた作業者2名が，マンガンを含む溶接ヒュームにばく露され，9～10カ月目に運動失調，脱力感，知能の減退などの症状が現れた。[3)]

【事例2】 サンフランシスコのベイブリッジで溶接作業に従事していた作業者43名を調査したところ，手の震え，感覚障害，激しい疲労感，不眠，性不能，幻覚，うつ，不安などがみられた。[4)]

3）Whitlockら1966：Am Ind Hyg Assoc 27：454-459
4）Bowlerら2007：Occup Environ Med 64：167-177

第２章　健康管理および応急措置

1　健康管理

健康管理は健康診断や健康測定，医師による面接などによって，労働者の心身の健康状態を調べ，その結果に基づいて，運動や栄養など日常の生活指導，あるいは就業上の措置を講じることである。健康管理の中で健康診断は重要な意味をもち，労働者の健康状態を調べ，適切な事後措置を行うために不可欠なものである。健康診断には，雇入れ時の健康診断，定期健康診断および有害な業務についての特殊健康診断などがある。

(1) 健康診断および事後措置

溶接ヒュームなど特定化学物質等取扱い労働者の健康障害予防のために，雇入れまたは当該業務への配置替え時および定期的な健康診断が義務付けられている（特化則第 39 条）。有害物質によって現れる症状も異なるので，健康診断項目は取扱い物質によって異なる。

金属アーク溶接等作業に常時従事する労働者に対する溶接ヒュームの健康診断は，中枢神経障害（運動神経障害），呼吸器障害に関する項目になっている（**表 2-1**）。また，金属アーク溶接等作業に常時従事する労働者は，じん肺法に基づくじん肺健診も実施する必要がある。

特殊健康診断結果で特定化学物質等による所見がみられた場合，事業者は，産業医や衛生管理者と協議しながら職場の改善を図らなければならないが，事業者が行う職場の改善策に作業主任者も協力しなければならない。

特定化学物質の特殊健康診断結果の保存期間は，通常５年間保存する義務がある。

なお，溶接ヒュームなどの特定化学物質（特別管理物質を除く）に関する特殊健康診断の実施頻度について，**表 2-2** のように作業環境管理やばく露防止対策等が適切に実施されている場合には，事業者は，当該健康診断の実施頻度（通常は６月以内ごとに１回）を１年以内ごとに１回に緩和することができる。

(2) 健康管理手帳

がんその他の重度の健康障害を生じるおそれのある業務に従事していた労働者で

表 2-1　溶接ヒュームの健康診断項目

	項目
第１次	1　業務の経歴の調査 2　作業条件の簡易な調査 3　溶接ヒュームによるせき，たん，仮面様顔貌，膏顔，流涎，発汗障害，手指の振戦，書字拙劣，歩行障害，不随意性運動障害，発語異常等のパーキンソン症候群様症状の既往歴の有無の検査 4　せき，たん，仮面様顔貌，膏顔，流涎，発汗障害，手指の振戦，書字拙劣，歩行障害，不随意性運動障害，発語異常等のパーキンソン症候群様症状の有無の検査 5　握力の測定
第２次	1　作業条件の調査 2　呼吸器に係る他覚症状または自覚症状がある場合は，胸部理学的検査および胸部のエックス線直接撮影による検査 3　パーキンソン症候群様症状に関する神経学的検査 4　医師が必要と認められる場合は，尿中または血液中のマンガンの量の測定

表 2-2　特殊健康診断の実施頻度

要　件	実施頻度
以下のいずれも満たす場合（区分１） ①　当該労働者が作業する単位作業場所における直近３回の作業環境測定結果が第１管理区分に区分されたこと。 ②　直近３回の健康診断において，当該労働者に新たな異常所見がないこと。 ③　直近の健康診断実施日から，ばく露の程度に大きな影響を与えるような作業内容の変更がないこと。	次回は１年以内に１回（実施頻度の緩和の判断は，前回の健康診断実施日以降に，左記の要件に該当する旨の情報が揃ったタイミングで行う。）
上記以外（区分２）	次回は６月以内に１回

※上記要件を満たすかどうかの判断は，事業場単位ではなく，事業者が労働者ごとに行うこととする。この際，労働衛生に係る知識または経験のある医師等の専門家の助言を踏まえて判断することが望ましい。

※同一の作業場で作業内容が同じで，同程度のばく露があると考えられる労働者が複数いる場合には，その集団の全員が上記要件を満たしている場合に実施頻度を１年以内ごとに１回に見直すことが望ましい。

あって，一定の交付要件を満たす者については，離職の際または離職の後に都道府県労働局長に申請すると，所定の審査を経て健康管理手帳が交付される。健康管理手帳を所持している者は，年に１～２回，無料で離職後の健康診断を受けることができる。

この制度は，一般にがんなどの発現には長期間を要し，また過去における発がん物質へのばく露がその一因となることがあり，離職後も含め長期にわたって健康管理を行うことが必要なためである。金属をアーク溶接等する作業は，「粉じん作業」として，健康管理手帳交付の対象業務となっている。

マンガンおよびその化合物（管理第２類物質）	
化学式等	Mn 化合物としては，二酸化マンガン〔MnO_2〕，塩化マンガン〔$MnCl_2$〕，硫酸マンガン〔$Mn_2(SO_4)_3$〕，過マンガン酸カリウム〔$KMnO_4$〕，塩基性酸化マンガン（MnO，Mn_2O_3 など）などがある。
性　質	マンガンは，灰色または白色の金属で，比重 7.2，融点 1,247℃，沸点 1,962℃であり，希硫酸に溶けて水素を発生する。 二酸化マンガンは黒色の結晶，塩化マンガンは桃色の潮解性結晶，硝酸マンガンは桃色結晶，過マンガン酸カリウムは紫の結晶または粉末で，水溶液は紫色を呈する。
おもな用途	マンガンは，ステンレス，特殊鋼の脱酸および添加剤，アルミニウム，銅などの非金属の添加剤および溶接棒の被覆材用などに用いられる。 二酸化マンガンは，乾電池，亜鉛分解の際の脱鉄剤，着色剤，乾燥剤，エナメル鉄線，ガラス工業などに用いられる。 塩化マンガンは，塗料乾燥剤，染料，医薬，蓄電池，塩化物合成触媒，肥料合成剤，窯業用顔料などに用いられる。 過マンガン酸カリウムは，酸化剤，防腐剤，殺菌剤，漂白剤，脱臭剤，除鉄剤，医薬などに用いられる。
有害性	粉じんまたはヒュームを長期間（少なくとも３カ月，通常は１～３年以上）吸入すると，パーキンソン病のような特有な中枢神経症状〔仮面様顔貌，突進歩行（うしろから軽く押すとよろけたまま立ち止まることができない），小書症（字が拙劣でだんだん小さな字を書く），発語不明，鶏歩症など〕，四肢のふるえ，下肢のだるい感じ，頭痛，発汗その他の症状も起こる。また，気管支炎や肺炎も発生する。
障害の予防	管理濃度　0.05 mg/m^3（Mn として）（レスピラブル粒子） 許容濃度　日本産業衛生学会　0.1 mg/m^3（Mn として。有機マンガン化合物を除く）（総粉じん） 0.02 mg/m^3（Mn として。有機マンガン化合物を除く）（吸入性粉じん） TLV　ACGIH　0.02 mg/m^3（Mn として）（TLV-TWA）（レスピラブル粒子） 0.1 mg/m^3（Mn として）（TLV-TWA）（インハラブル粒子） 製造工程は密閉式にし，必要に応じ局所排気装置またはプッシュプル型換気装置を設置する。作業後は入浴，うがい，洗眼を励行すること。
保護具	送気マスク，あるいはろ過材の等級が１以上の防じんマスクまたは防じん機能を有する電動ファン付き呼吸用保護具（P-PAPR）を必ず着け，保護めがね，化学防護手袋，化学防護服などを用いて皮膚の露出部がないようにすること。

応急措置	皮膚に付着した場合は，直ちに大量の水で洗い落とすこと。目に入った場合，流水で15分間以上洗い，眼科医の処置を受ける。 頭痛，手指のふるえ等の神経症状を訴えた場合は，医師の診断を受ける。
事　　例	①　非鉄金属精錬業で，マンガンの原鉱石を粉砕し，浮遊選鉱後，乾燥し粉砕する作業に従事する者3名が，仮面様顔貌，言語単調，鶏状歩行，小書症，軽度の人格変化などをきたした。 ②　二酸化マンガン，カーボンブラック，塩化アンモニウムなどを原料としてマンガン乾電池を製造していた者1名が，腱反射の亢進などの異常を起こした。

溶接ヒューム（管理第2類物質）	
化学式等	溶接する金属や溶接棒の成分により異なるが，酸化鉄〔Fe_2O_3〕，二酸化ケイ素〔SiO_2〕，酸化マンガン〔MnO〕等を含む。
性　　質	金属蒸気が空気中で冷却・凝固し，固体（金属または金属酸化物など）の微粒子となって浮遊しているもの。粒子径は1 μm以下。
おもな用途	金属アーク溶接等で発生する副産物
有　害　性	皮膚や粘膜に接触すると刺激を与える。吸入すると，金属ヒューム熱，じん肺を生じる。 溶接ヒュームに含まれる塩基性酸化マンガンMnO，Mn_2O_3について神経機能障害，呼吸器系障害が報告されている。初期には，全身の衰弱感，足の動かしにくい感じ，食欲不振，筋肉痛，神経質，いらいら，頭痛などがみられる。次の段階で，しゃべり方が断続的で遅く単調になり，感情のない表情，不器用そうで遅い四肢の動きや歩行などの症状が目立つようになる。さらに症状が進行すると，歩行障害が現れ，肘が曲がり，筋肉は緊張し，無意識な動きが細かい震えを伴って出てくる。最終的には，精神障害が現れることがある。 国際がん研究機関（IARC）グループ1（ヒトに対して発がん性を示す）。ヒトで肺がん，腎がん関連が指摘されている。
障害の予防	管理濃度　　　　　　　　　　　設定されていない 許容濃度　日本産業衛生学会　設定されていない TLV　　　ACGIH　　　　　　設定されていない 金属アーク溶接等作業に労働者を従事させるときは，作業場所が屋内，屋外であるにかかわらず，有効な呼吸用保護具を当該労働者に使用させることが望ましい。さらに，金属アーク溶接等作業を継続して行う屋内作業場については，個人サンプリング法の濃度測定による溶接ヒュームの空気中濃度が基準値を超える場合は，濃度測定の結果に応じて，労働者に有効な呼吸用保護具を使用させること。 溶接ヒュームの濃度測定の結果に応じ，換気装置の風量の増加その他必要な措置を講じる。
保　護　具	溶接ヒュームの濃度測定の結果で得られたマンガン濃度の最大値から「要求防護係数」を算定し，「要求防護係数」を上回る「指定防護係数」を有する呼吸用保護具を使用する。また，粉じん則により区分2（粒子捕集効率95%）以上の防護性能をもったものを選択しなければならない。 なお，金属アーク溶接等作業では，遮光保護具，溶接用保護面，保護帽，溶接用保護手袋，適切な呼吸用保護具等を着用する。

応急措置	皮膚に付着した場合は，流水で洗い落とすこと。目に入った場合，流水で15分間以上洗い，眼科医の処置を受ける。作業が終わったら，うがい，洗眼を励行すること。 吸入した場合は，新鮮な空気の場所に移し，呼吸しやすい姿勢で休息させ，気分が悪い時は医師の診察を受ける。
事例	アークによる金属の溶断作業に従事する労働者2名が，マンガンを含む溶接ヒュームにばく露され，9～12カ月目に運動失調，脱力感，知能の減退などの症状が現れた。

2　応急措置

化学物質を取り扱う作業場では，予防対策をいくら万全にしていても，思わぬ事故から作業者がこれらの物質にばく露し，急性の障害を起こす可能性がある。その場合に，現場関係者は，どうすればよいかを知っていなければならない。

なお，急性中毒などを起こすおそれのある有害化学物質を取り扱う作業場では，何かのはずみで誰かが中毒を起こすかもしれない。また，金属アーク溶接等作業では，一酸化炭素中毒，感電や熱傷（火傷）の危険性がある。作業者全員が安全衛生教育時に，救急法の心得のある者の指導で心肺蘇生法を習得しておき，事故時にあわてないようにしておくことが必要である。

(1) 感電・窒息（ガス中毒）などの意識消失

① 無防備で飛び込んではならない。送気マスクまたは空気呼吸器などを着用して向かうこと。一酸化炭素用などの防毒マスクを使用する場合は，酸素濃度が18% 以上あることを必ず確認すること。それでも意識障害を起こす有害物濃度では，直結小型式防毒マスクは数分しかもたない。できれば，救助の段階でも周囲の応援を請うとともに119番通報を行う。

② 事故現場の換気を十分に行う。感電の可能性もあるので，溶接装置の電源を切る。

③ 暗い場所での救助では必ず防爆構造の懐中電灯（化学物質には爆発性のものがある）を用い，決してライター，マッチ等の裸火を使用してはならない。防爆構造でない懐中電灯を使用する場合，現場に入る前にスイッチを入れてビニール袋で覆い，現場内ではスイッチは操作しないこと。

④ 救助したら通風の良いところに運び，頭を低くして，横向きに寝かせる。

⑤ 衣服を緩め呼吸を楽にできるようにする。

⑥ 呼吸停止（または普段どおりの正常な呼吸をしていない）の場合，速やかに一次救命処置（**図2-4**）を実施する。

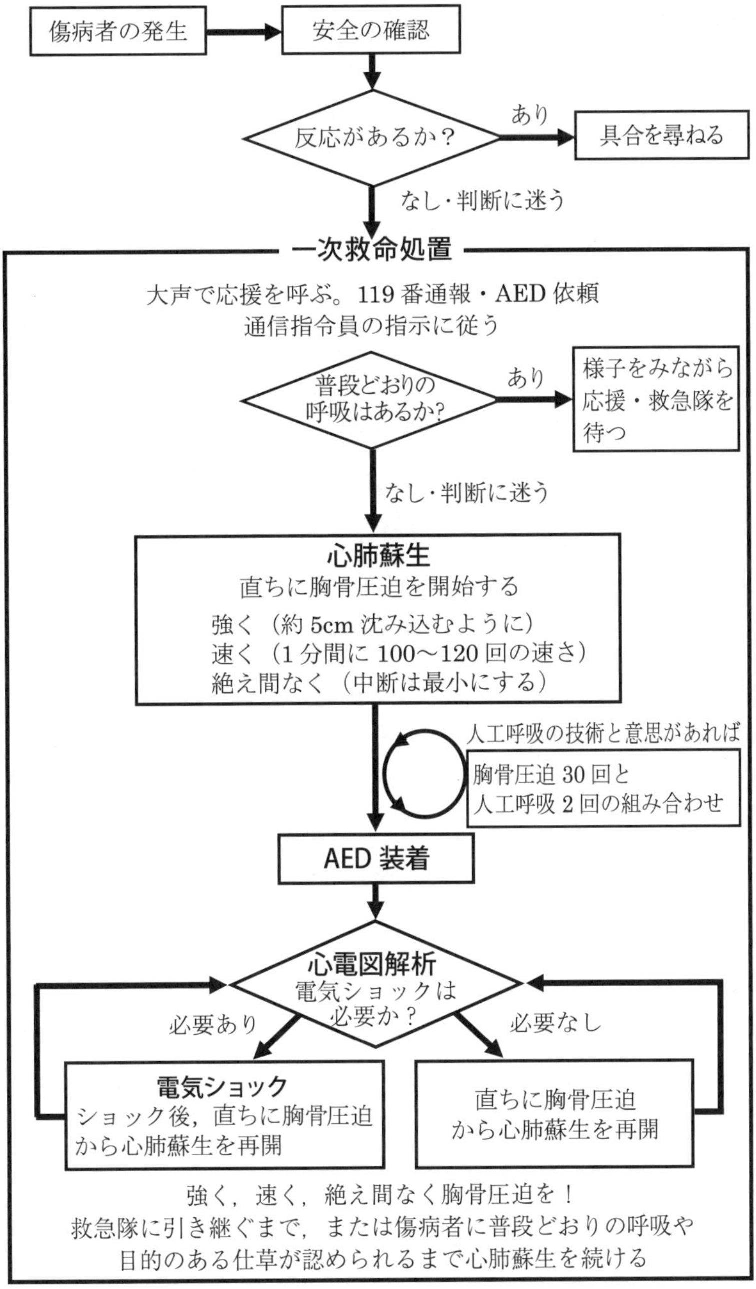

図 2-4　一次救命処置の流れ
（出典：一般社団法人日本蘇生協議会監修「JRC 蘇生ガイドライン 2020」医学書院，2021 年より作成）

(2) 一次救命処置（図 2-4）

ア　発見時の対応

① 反応の確認

まず周囲の安全を確かめた後，傷病者の肩を軽くたたく，大声で呼びかけるなどの刺激を与えて反応（なんらかの返答や目的のある仕草）があるかどうかを確かめる。

もし，反応があるなら，安静にして，必ずそばに観察者をつけて傷病者を観察し，普段どおりの呼吸がなくなった場合にすぐ対応できるようにする。また，反応があっても異物による窒息の場合は，後述する気道異物除去を実施する。

② 大声で叫んで周囲の注意を喚起する

一次救命処置は，できる限り単独で行うことは避けるべきである。もし，傷病者の反応がないと判断した場合や，その判断に自信が持てない場合は心停止の可能性を考えて行動し，大声で叫んで応援を呼ぶ。

③ 119番通報（緊急通報），AED手配

誰かが来たら，その人に119番通報と，AED（Automated External Defibrillator：自動体外式除細動器）が近くにあればその手配を依頼し，自らは一次救命処置を開始する。周囲に人がおらず，救助者が1人の場合は自分で119番通報を行い，近くにあることがわかっていればAEDを取りに行く。119番通報をすると，電話を通して通信指令員による口頭指導を受けられるので，落ち着いて従う。その後直ちに一次救命処置を開始する。

救急車を目的地へ迅速に到着させ，傷病者を速やかに医療機関へ搬送するため，簡潔明瞭に，場所，傷病内容を伝える。救急車の要請内容と災害発生時の連絡方法は，事務所や休憩所に常時掲示したり，救急箱などに添付しておく。

イ　心停止の判断――呼吸をみる

傷病者に反応がなければ，次に呼吸の有無を確認する。

呼吸の有無を確認するときには，気道確保を行う必要はなく，傷病者の胸と腹部の動きの観察に集中する。胸と腹部が（呼吸にあわせ）上下に動いていなければ「呼吸なし」と判断する。また，心停止直後にはしゃくりあげるような途切れ途切れの呼吸（死戦期呼吸）が見られることがあり，これも「呼吸なし」と同じ扱いとする。なお，呼吸の確認は迅速に，10秒以内で行う（迷うとき

は「呼吸なし」とみなすこと）。

反応はないが，「普段どおりの呼吸（正常な呼吸）」が見られる場合は回復体位（**図 2-5**）にし，様子を見ながら応援や救急隊の到着を待つ。

ウ　心肺蘇生の開始と胸骨圧迫

呼吸が認められず，心停止と判断される傷病者には胸骨圧迫を実施する。傷病者を仰向け（仰臥位）に寝かせて，救助者は傷病者の胸の横にひざまずく。圧迫する部位は胸骨の下半分とする。この位置は「胸の真ん中」が目安になる（**図 2-6**）。

この位置に片方の手のひらの基部（手掌基部）を当て，その上にもう片方の手を重ねて組み，自分の体重を垂直に加えられるよう肘を伸ばして肩が圧迫部位（自分の手のひら）の真上になるような姿勢をとる。そして，傷病者の胸が約 5 cm 沈み込むように強く圧迫を繰り返す（**図 2-7**）。

1 分間に 100 回～ 120 回のテンポで圧迫する。圧迫を解除（弛緩）するときには，手掌基部が胸から離れたり浮き上がって位置がずれたりすることのないように注意しながら，胸が元の位置に戻るまで十分に圧迫を解除することが重要である。この圧迫と弛緩で 1 回の胸骨圧迫となる。

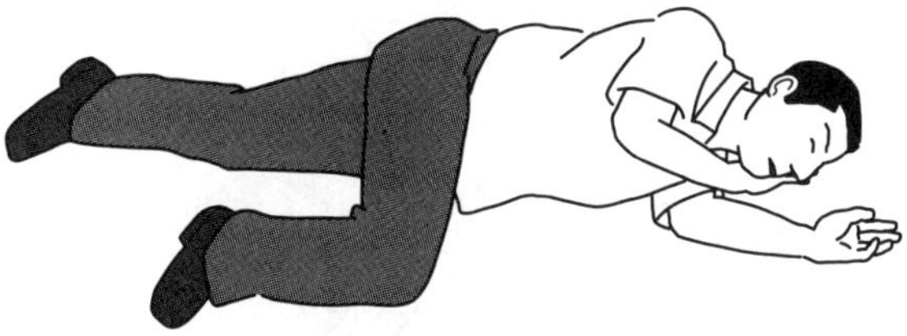

傷病者を横向きに寝かせ，下になる腕は前に伸ばし，上になる腕を曲げて手の甲に顔をのせるようにさせる。また，上になる膝を約 90 度曲げて前方に出し，姿勢を安定させる。

図 2-5　回復体位

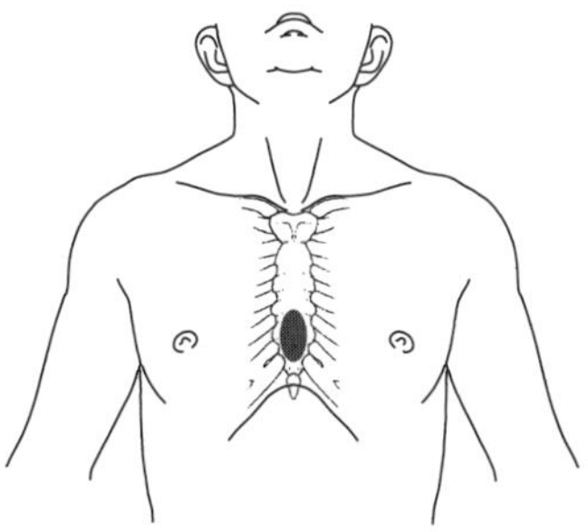

図 2-6　胸骨圧迫を行う位置

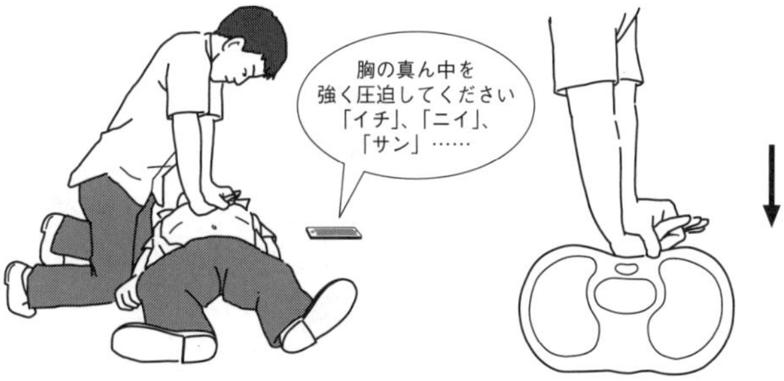

図 2-7　胸骨圧迫の方法

AEDを用いて除細動する場合や階段で傷病者を移動させる場合などの特殊な状況でない限り，胸骨圧迫の中断時間はできるだけ10秒以内に留める。

他に救助者がいる場合は，１～２分を目安に役割を交代する。交代による中断時間はできるだけ短くする。

エ　気道確保と人工呼吸

気道確保は，頭部後屈・あご先挙上法で行う（**図2-8**）。頭部後屈・あご先挙上法とは，仰向けに寝かせた傷病者の額を片手で押さえながら，一方の手の指先を傷病者のあごの先端（骨のある硬い部分）に当てて持ち上げる。これにより傷病者ののどの奥が広がり，気道が確保される。

気道確保ができたら，口対口人工呼吸を２回試みる。口対口人工呼吸の実施は，気道を開いたままで行うのがこつである。**図2-8**のように気道を確保した位置で，救助者が口を大きく開けて傷病者の唇の周りを覆うようにかぶせ，約１秒かけて，胸の上がりが見える程度の量の息を吹き込む。このとき，傷病者の鼻をつまんで，息が漏れ出さないようにする（**図2-9**）。

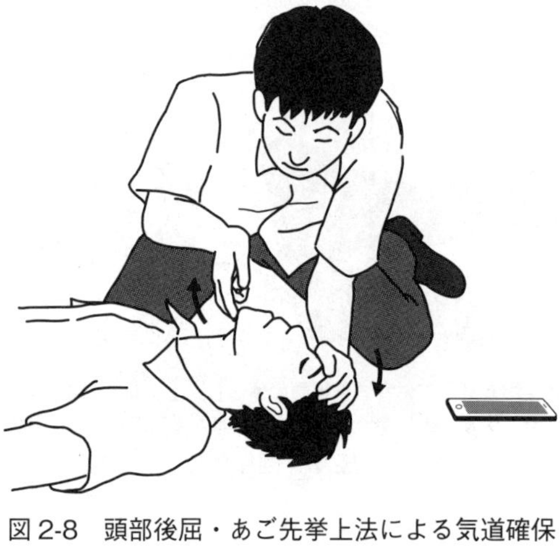

図2-8　頭部後屈・あご先挙上法による気道確保

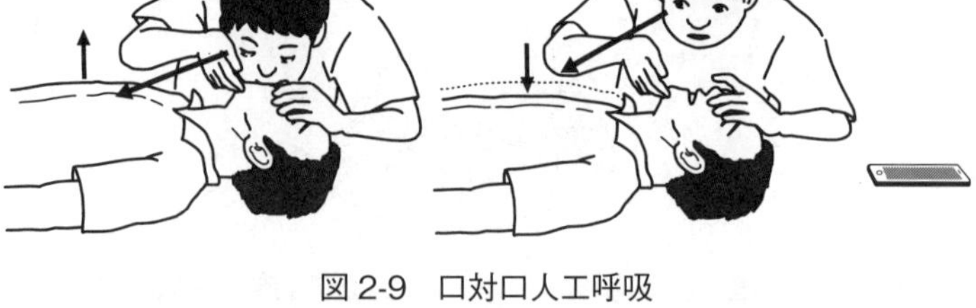

図2-9　口対口人工呼吸

1回目の人工呼吸によって胸の上がりが確認できなかった場合は，気道確保をやり直してから2回目の人工呼吸を試みる。2回目が終わったら（胸の上がりが確認できた場合も，できなかった場合も），それ以上は人工呼吸を行わず，直ちに胸骨圧迫を開始すべきである。

この方法では，呼気の呼出を介助する必要はなく，息を吹き込みさえすれば，呼気の呼出は胸の弾力により自然に行われる。

口対口人工呼吸を行う際には，感染のリスクが低いとはいえゼロではないので，また，有害化学物質のばく露を防ぐために，できれば感染防護具（一方向弁付き呼気吹込み用具（フェースマスク）など）を使用することが望ましいとされている。傷病者の呼気中に有害化学物質が残留している可能性もあるので，救助者は傷病者の呼気を吸い込まないように気を付ける。

もし救助者が人工呼吸ができない場合や，実施に躊躇（ちゅうちょ）する場合は，人工呼吸を省略し，胸骨圧迫を続けて行う。

オ　胸骨圧迫30回と人工呼吸2回の組み合わせ

胸骨圧迫30回と人工呼吸2回を1サイクルとして，**図2-10**のように実施する。このサイクルを，救急隊が到着するまで，あるいはAEDが到着して傷病者の体に電極が装着されるまで繰り返す。なお，胸骨圧迫30回は目安の回数

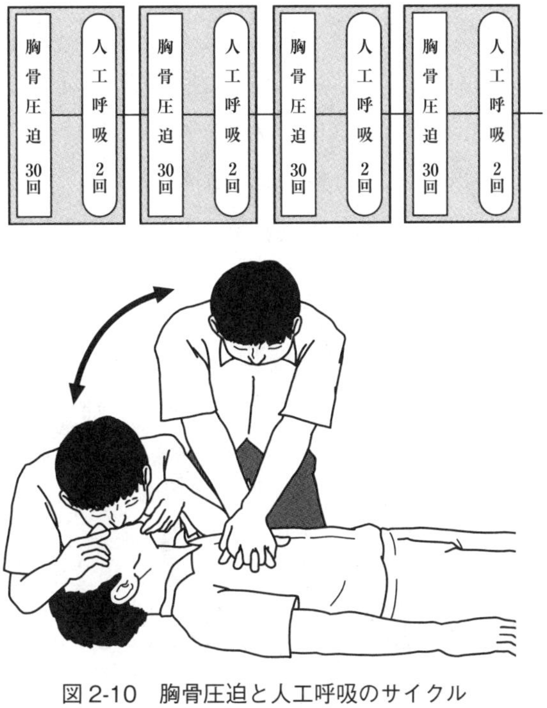

図2-10　胸骨圧迫と人工呼吸のサイクル

であり，回数の正確さにこだわり過ぎる必要はない。

この胸骨圧迫と人工呼吸のサイクルは，可能な限り２人以上で実施することが望ましいが，１人しか救助者がいないときでも行えるよう普段から訓練をしておくことが望まれる。

カ　心肺蘇生の効果と中止のタイミング

傷病者がうめき声をあげたり，普段どおりの息をし始めたり，もしくは何らかの反応や目的のある仕草（たとえば，嫌がるなどの体動）が認められるまで，あきらめずに心肺蘇生を続ける。救急隊員などが到着しても，心肺蘇生を中断することなく指示に従う。

普段どおりの呼吸や目的のある仕草が現れれば，心肺蘇生を中止して，観察を続けながら救急隊の到着を待つ。

キ　AEDの使用

「普段どおりの息（正常な呼吸）」がなければ，直ちに心肺蘇生を開始し，AED（自動体外式除細動器）が到着すれば速やかに使用する。

AEDは，心停止に対する緊急の治療法として行われる電気的除細動（電気ショック）を，一般市民でも簡便かつ安全に実施できるように開発・実用化されたものである。

救助者は蓋を開け，AEDの電源を入れ，音声ガイダンスを聞いて，協力者が行っている心肺蘇生法を中断させることなく，傷病者の前胸部の衣服を取り除く。胸部の肌を露出させ，状態を指さし確認する。電極パッドを袋から取り出し，パッドの図を確認し，電極パッドを胸部に貼り付ける。

このAEDを装着すると，自動的に心電図を解析して，除細動の必要の有無を判別し，除細動が必要な場合には音声メッセージで電気ショックを指示する

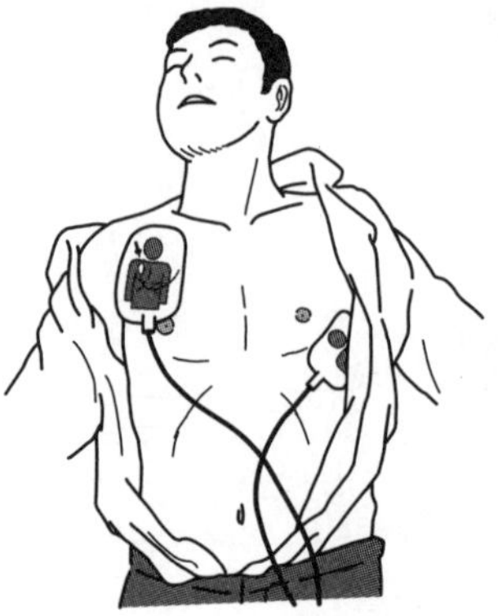
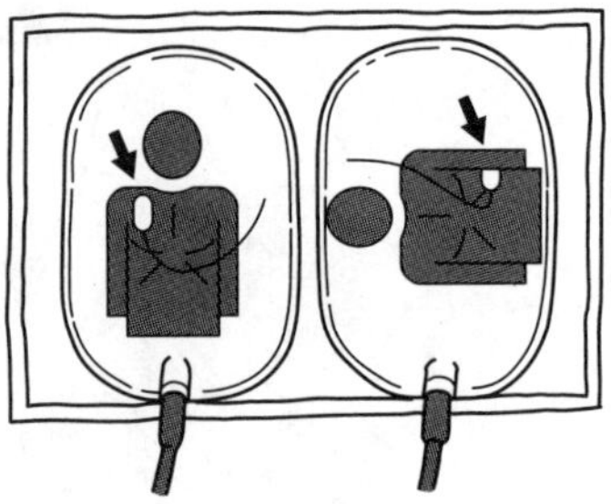

電極パッドには貼り付け位置が
図示されている

図2-11　電極パッドの貼付け

仕組みになっている（**図2-11**）。

なお，電気ショックが必要な場合に，ショックボタンを押さなくても自動的に電気が流れる機種（オートショック AED）が令和3（2021）年7月に認可された。傷病者から離れるように音声メッセージが流れ，カウントダウンまたはブザーの後に自動的に電気ショックが行われる。この場合も安全のために，音声メッセージなどに従って傷病者から離れる必要がある。

心停止者が救命される可能性を向上させるためには，迅速な心肺蘇生法と，迅速な電気的除細動がそれぞれ有効であることが明らかになっている。AEDの使用に当たっては，日本赤十字社や消防庁等が開催する講習会に参加するなどして，意識や呼吸の有無を的確に判断する技術を身に付けることが大切である。

ク　気道異物の除去

気道に異物が詰まるなどにより窒息すると，死に至ることも少なくない。傷病者が強い咳が出る場合には，咳によっても異物が排出されない場合もあるので注意深く見守る。しかし，咳ができない場合や，咳が弱くなってきた場合は窒息と判断し，迅速に119番に通報するとともに，反応がある場合は，まず，背部叩打法を試みて，効果がなければ腹部突き上げ法を試みる（**図2-12**，**図2-13**）。反応がない場合は，前記の心肺蘇生法を開始する。

ケ　心肺蘇生の実施の後

救急隊の到着後に，傷病者を救急隊員に引き継いだあとは，速やかに石けんと流水で手と顔を十分に洗う。傷病者の鼻と口にかぶせたハンカチやタオルなどは，直接触れないようにして廃棄するのが望ましい。

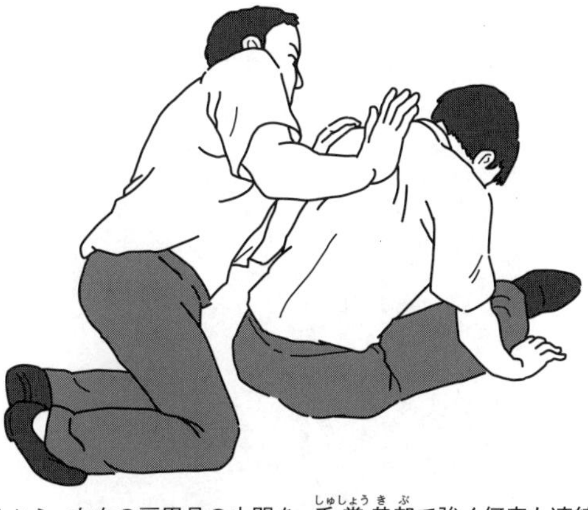

傷病者の後ろから，左右の肩甲骨の中間を，手掌基部で強く何度も連続して叩く。

図2-12　背部叩打法

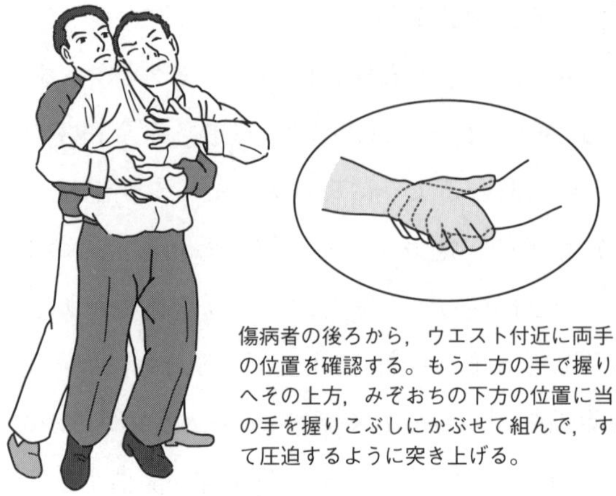

傷病者の後ろから，ウエスト付近に両手を回し，片方の手でへその位置を確認する。もう一方の手で握りこぶしを作り，親指側をへその上方，みぞおちの下方の位置に当て，へそを確認したほうの手を握りこぶしにかぶせて組んで，すばやく手前上方に向かって圧迫するように突き上げる。

図 2-13　腹部突き上げ法

【(2)　一次救命処置についての引用・参考文献】
・一般社団法人日本蘇生協議会監修『JRC 蘇生ガイドライン 2020』医学書院，2021 年
・日本救急医療財団心肺蘇生法委員会監修『改訂 6 版救急蘇生法の指針 2020（市民用）』へるす出版，2021 年
・同『改訂 6 版救急蘇生法の指針 2020（市民用・解説編）』へるす出版，2021 年

(3) 皮膚に触れた場合

着衣に化学物質が付着していれば脱がせ，皮膚に付着していれば布などで拭き取り，大量の水で洗い流す。身体を清潔に洗った上，毛布などでくるみ保温を心がけ，救急隊や医師には，必ず化学物質の名称を報告する必要がある。

作業場には，緊急用シャワーを備えておくことが望ましい（**写真 2-1**）。

写真 2-1　緊急シャワー・洗眼設備の例

ア　熱傷・薬傷

熱による体表面の損傷を熱傷（火傷）といい，原因には熱湯・蒸気・火炎・熱い物体などがあり，また化学物質による薬傷がある。重症度を判定するにはその「広さ」と「深さ」が重要な因子で，熱傷面積は障害の程度に比例し，**図2-14**，**図2-15**のような割合に分けている。

イ　熱傷の広さ

熱傷は体表面積の10%以上の場合はショックが起こり，20～30%以上になると重症で，速やかに医療機関に搬送し手当てを受けることが必要である。熱傷は「感染」，「痛み」と「体液の減少」という3つの危険性がある。

ウ　熱傷の深さ

熱傷の深さは**図2-16**のとおりである。

エ　熱傷の応急手当

① 1度，2度の熱傷で範囲が狭いときは，水道の流水で痛みが取れるまで冷やし，水疱（水ぶくれ）ができても破れないようにし，滅菌ガーゼなどで覆い，医師の手当てを受けさせる。

② 直接水道の蛇口から水をかけるときは，水疱やはがれかけた表皮を損傷しない程度の強さに水を調整して行うこと。

③ 熱傷の手当てに当たっては，特に細菌の感染防止に留意し，患部にはティッシュペーパーや綿（脱脂綿）などは絶対に当てないこと。

④ 医師の手当てが必要と思われる熱傷の場合は，消毒液，軟膏（なんこう），油などを塗らないこと。

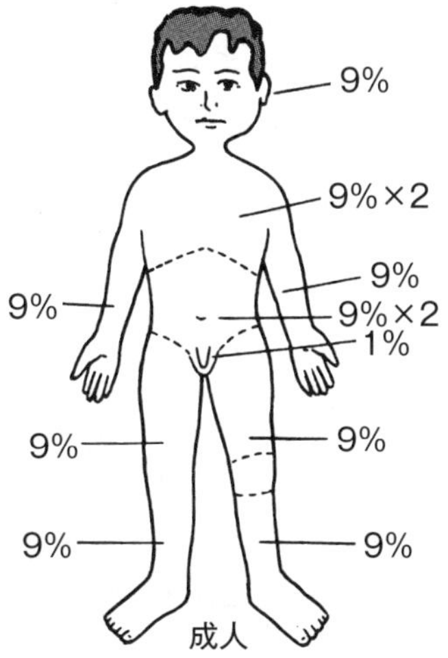

図2-14　ワレスの9の法則

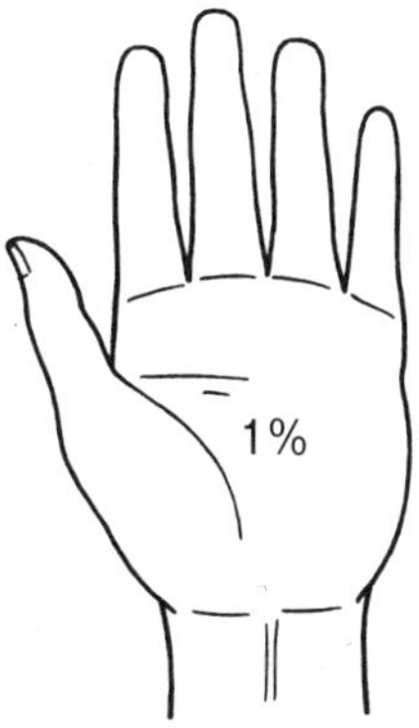

図2-15　手掌法

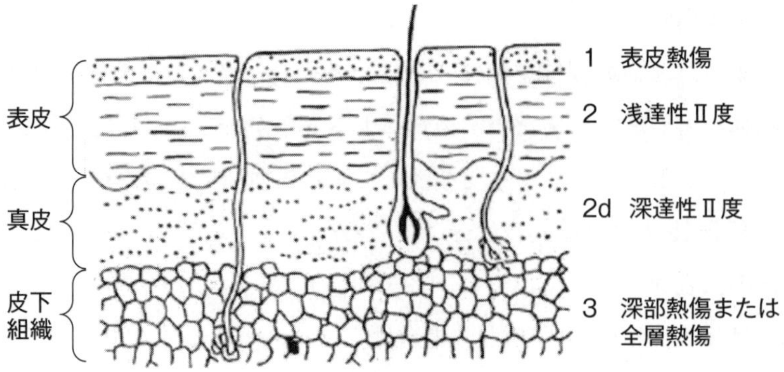

図2-16　熱傷の深さの分類

熱傷の程度	症　　状
第１度	赤くなりヒリヒリ痛む（表皮のみ）。
第２度	皮膚は腫れぼったく赤くなり，水疱（水ぶくれ）ができ，焼けるような感じと強い痛みがある。瘢痕を残す危険性がある（真皮まで）。
第３度	皮膚は乾いて白くなったり，黒こげになったりする。痛みはほとんど感じない。瘢痕潰瘍を作り植皮による治療が必要である（皮下組織まで）。

⑤　手・足の熱傷であれば患部を高くする。

⑥　ひどい熱傷の場合で，意識がはっきりしており，吐き気がなく，被災者が水分を欲しがる場合はコップ半分ぐらいの生理的飲料水（スポーツドリンクなど）を適当な間隔で飲ませる。

(4) 化学物質が目に入った場合

①　直ちに大量の流水で患眼を下にしてよく洗う（**図2-17**）。危険有害な化学物質が取り扱われている作業場の近くには，洗眼装置を設置する（**図2-18**）。

②　特に痛む場合や，充血のひどい場合はもちろんのこと，後で症状が悪化する場合もあるので，応急手当て時に異常がなくても医師の診察を受けさせる。

図2-17　目の洗い方

図2-18　洗眼装置

（参考） 感電，一酸化炭素中毒，熱中症

1 感電[1)]

金属アーク溶接等作業中の感電災害事故は毎年散見されている。感電災害の発生状況の推移から溶接棒や溶接棒ホルダへの接触による感電災害が多く見受けられる。災害発生要因として，夏場の暑い季節（7～9月）になると，

① 作業者は気温の上昇から，軽装となって皮膚が露出すること

② 絶縁保護具（かわ製保護手袋，安全靴など）の着用が怠りがちになること

③ 作業時における注意力が散漫になること

④ 発汗によって皮膚の電気抵抗および皮膚と充電物との接触抵抗が減少すること

などが影響しているとみられる。

溶接作業の感電防止のために，下記の対策を施さなければならない。

① 溶接棒ホルダは，充電部が全て絶縁され，かつ，耐熱性および耐衝撃性が優れた絶縁型ホルダを使用する。

② 自動電撃防止装置は，交流アーク溶接作業において，感電を防止する目的で，交流アーク溶接機本体に内蔵または外付け接続して使用する。

③ 自動電撃防止装置が取り付けられた溶接機であっても，溶接作業を休止して作業場所を離れる場合には，原則として，溶接機の電源をオフにする。

④ 溶接機の溶接ケーブルは，一般に600Vゴムキャブタイヤケーブル（JIS C 3327：2000）および溶接用ケーブル（JIS C 3404：2000）が用いられるが，その外装が破損して心線が露出すると，これに触れて感電するおそれがあるため，損傷のない適正なケーブルを使用する。

⑤ 溶接中は，アーク熱，スパッタなどによる火傷防止のためにも溶接用かわ製保護手袋（JIS T 8113：1976）を用いる。

⑥ 母材またはこれを保持する装置（ジグ，定盤など）にはD種接地工事を施さなければならない。

2　一酸化炭素中毒[1)]

金属アーク溶接等作業中では一酸化炭素中毒事故が多い。特に，シールドガスを使用している場合は，一酸化炭素の発生量が増加する。厚生労働省労働基準局安全衛生部から「アーク溶接作業における一酸化炭素中毒の防止について」（平成16年9月21日基安化発第0921002号）[2)]の通達が出されている。

一酸化炭素が赤血球のヘモグロビン（血色素）との親和性を，酸素の親和性の約250倍もっているため，組織への酸素の運搬能力を阻害し，組織性窒息（内窒息，化学窒息）が生じることによって引き起こされる。

組織の低酸素症に最も敏感な大脳の機能低下を起こし，頭痛，息切れ，疲労感，記憶欠損，めまいなどからさらに重篤になると歩行失調，失禁，昏睡，呼吸停止に至る。

溶接作業者の一酸化炭素中毒災害事例では，狭い場所のみならず，作業者の置かれている環境（溶接姿勢，換気の有無，溶接時間など）によっては中毒が発生しているので注意を要する。

表2-3　アーク溶接に伴う一酸化炭素中毒対策概念

対策＼作業	タンク内等におけるアーク溶接 または 通風が不十分な屋内作業場におけるアーク溶接	タンク内等における炭酸ガス，アルゴンまたはヘリウムをシールドガスとして使用するアーク溶接
換気	一酸化炭素濃度が50 ppm以下となるよう換気	酸素濃度が18％以上となるよう換気 かつ 一酸化炭素濃度が50 ppm以下となるよう換気
保護具	換気が困難な場合， ・一酸化炭素用防じん機能付き防毒マスク ・酸素呼吸器 ・空気呼吸器 ・送気マスク のいずれかを使用	換気が困難な場合 ・酸素呼吸器 ・空気呼吸器 ・送気マスク のいずれかを使用

表 2-4 一酸化炭素中毒，ばく露時間と健康影響[3)]

一酸化炭素濃度（ppm）	症状
50	日本産業衛生学会許容濃度
400	1～2 時間で前頭部痛・吐気 2.5～3.5 時間で後頭部痛
1,600	20 分間で頭痛・めまい・吐気 2 時間で死亡
3,200	5～10 分間で頭痛・めまい 30 分間で死亡
12,800	1～3 分間で死亡

3 熱中症[1, 4)]

夏季のように外気の温度が高くなると，人の体は自律神経の働きによって末梢血管が拡張し，体表面に多くの血液が集まり外気への熱伝導によって体温を低下させようとするが，熱の放出が困難にあると体温調節は発汗だけに頼ることになる。ところが，気温が著しく高く，しかも湿度が 70% 以上になると，汗をかいてもほとんど蒸発しなくなり，発汗による体温調節ができなくなる。このように高温多湿な環境に長時間いることで，体温調節機能がうまく働かなくなり，体内に熱がこもった状態を熱中症という。

溶接作業は，身体が常に高温にさらされており，周辺でひずみ取りのためガスバーナーなどにより熱した後，急冷するために水をかける作業も多く，高温多湿環境になる。作業者は，感電やスパッタによる火傷防止のため皮膚の露出がないため，熱伝導や発汗による体温調整が難しい。湿球黒球温度計（WBGT）で「暑さ指数」を調べ，それに応じて一連続作業時間を短くし，こまめな休憩を取らせたり，スポットクーラーや熱中症対策グッズなどで作業者の体温を下げるなどの対策を徹底する必要がある。[4)] 熱中症が疑われた場合，被災者を涼しい場所へ移し，体表面（特に動脈がある頸部，腋窩，太腿の付け根など）に水・氷・アイスパックなどをあて，扇風機や団扇で風をかけながら体温を下げる。さらに，自力で水分摂取ができない場合は，速やかに医療機関へ搬送する。

1)『アーク溶接等作業の安全―特別教育用テキスト―』第 8 版，中央労働災害防止協会，2022 年
2) 厚生労働省労働基準局安全衛生部「アーク溶接作業における一酸化炭素中毒の防止について」（平成 16 年 9 月 21 日基安化発第 0921002 号）
3) 竹内亨．一酸化炭素中毒の予防について．産衛誌 2009，51：71-73
4) 厚生労働省「職場における熱中症予防対策マニュアル」（2021 年 4 月）

第3編

作業環境の改善方法

第3編のポイント

【第1章】溶接ヒュームの物理化学的性状と危険有害性

□　作業主任者が効果的な作業環境改善対策を行う上で重要な, 溶接ヒュームの空気中における性状について学ぶ。

【第2章】金属アーク溶接等作業に係る器具

□　溶接器具について学び, 感電など関連するリスクを知る。

【第3章】作業環境管理の工学的対策

□　工学的な作業環境対策としては, 原材料の転換, 生産工程や作業方法の改良による発散防止などの複数の対策があり, 具体的対策を選ぶ上では有害物質の種類や発散時の性状, 作業の形態などを吟味する必要がある。

【第4章】全体換気

□　全体換気は, 給気口から入ったきれいな空気が有害物質で汚染された空気と混合希釈を繰り返しながら換気扇に吸引排気され, 有害物質の平均濃度を下げる方法である。

【第5章および第6章】局所排気／プッシュプル換気

□　局所排気またはプッシュプル換気は, 有害物質が発散する工程で, 作業者の手作業が必要などの理由で発散源を密閉できない場合に有効な対策である。

【第7章】局所排気装置等の点検

□　局所排気装置等の性能を維持するためには, 常に点検・検査を行い, その結果に基づいて適切なメンテナンスを行うことが重要である。

【第8章】特定化学物質の製造, 取扱い設備等の管理

□　第2類物質等の製造, 取扱い設備等の管理の要点について学ぶ。

【第9章】金属アーク溶接等作業の溶接ヒュームの濃度測定

□　溶接ヒュームの濃度の測定方法について学ぶ。

【第10章】除じん装置

□　除じん装置の仕組みについて学ぶ。

第1章　溶接ヒュームの物理化学的性状と危険有害性

1　溶接ヒューム

固体物質の蒸気の凝固によって生じた微細な固体粒子をヒュームと呼ぶ。アーク溶接で，アーク中の溶融金属から発生する金属ヒュームは溶接ヒュームと呼ばれ，代表的な例である。高温で溶融した金属の表面からは，その温度での蒸気圧に相当する濃度の金属蒸気が発散しているが，蒸気はいったん溶融金属の表面を離れると直ちに冷えて凝固し，液体を経て固体の微粒子となる。また凝固の過程で空気中の酸素と化学反応して酸化物となるものもある。溶接ヒュームの主なものは酸化鉄の粒子であるが，溶接される金属母材および溶接ワイヤにマンガンが含まれている場合には，塩基性酸化マンガン（酸化マンガン（MnO），三酸化二マンガン（Mn_2O_3））が含まれる。

溶接ヒュームは，生成の途中で液体の状態を通るので表面張力のために球形のものが多いが，時には化学反応の結果生成した物質固有の結晶形となるものもある。また，粉じんと比べると粒子径は1 μm以下と小さいものが多く，粒子径の分散範囲も狭い。したがって顕微鏡で観察すれば粉じんと溶接ヒュームは簡単に識別できる。

溶接ヒュームは，粒子径がきわめて小さいために粉じんのように容易に沈降せず，長時間空気中に浮遊しているが，濃度が高いときには空気中で粒子同士が衝突して凝集し**写真3-1**に見られるような塊状になり沈降する。

溶接ヒュームも粉じんと同様二次発じんを起こしやすい。

写真3-1　溶接ヒューム（× 10,000）

2　空気中における粒子状物質の挙動

作業場の空気中に発散した有害物質の大きさは，粒子状物質でもせいぜい 100 μm 以下というきわめて微小なものであり，化学設備からのガスの噴出や，研磨作業でのグラインダーからの発じんなどの例を除くと，有害物質自身の持つ運動のエネルギーによって発散源から周囲に広がることはまれで，ほとんどが空気と混合し，希釈されながら空気の動きによって運ばれる。作業環境の分野ではこれを有害物質の拡散と呼ぶ。ガス，蒸気はいったん空気と混合して希釈されてしまえば再び濃縮されることはなく，発散源から離れるに従って空気中の濃度は低くなる。

粉じん，ヒューム，ミストの場合には，空気の動きによって運ばれる間に重力の作用で沈降するが，沈降速度は粒子の密度と粒子径の2乗に比例するといわれる。したがって発散した後大きい粒子ほど速やかに沈降して，床や機械設備などの上に堆積する。小さい粒子はなかなか沈降せずいつまでも空気中に浮遊し続けるが，浮遊中に粒子同士が衝突して付着し大きい粒子に成長することがある。これを粒子の凝集といい，凝集して大きくなった粒子は沈降する。

なお，沈降して床などに堆積した粒子のうち粉じん，ヒュームは，風や人，物の動きによって再び空気中に舞い上がることがある。これを「二次発じん」と呼ぶ。粉じんの発散する作業場所では，作業そのものの発じんとともに二次発じんも作業環境管理上無視できない。粉じんを発散する作業場所では二次発じんのために，発じん作業の行われている地点よりも他の場所の方が空気中の有害物質濃度が高くなることがある。

(1) 溶接ヒュームの挙動

アークが発生している箇所の真上の溶接ヒュームの領域は，**図 3-1** が示すように

図 3-1　アーク点近傍の溶接ヒューム濃度（mg/m^3）一例
（出典：日本溶接協会監修『新版　アーク溶接粉じん対策教本』産報出版，2014 年）

非常に高い濃度になっている。たとえ屋外の作業であっても，防じんマスク等を使用しないで，顔面を突っ込むような姿勢での作業は，大変危険である。このように溶接ヒュームは，アーク熱の上昇気流に乗って上昇し拡散する。

第２章　金属アーク溶接等作業に係る器具

1　金属アーク溶接等作業に係る器具

金属アーク溶接等作業は，溶接部の品質を確保するために，大気から溶接部を保護する方法が種々あり，これにより，溶接作業時に使用する器具などが変わる。

2　被覆アーク溶接

溶接中に大気から溶接部を保護するために，心線に被覆剤を塗布した被覆アーク溶接棒と母材との間にアークを発生させ，被覆剤から生ずるガスおよびスラグで溶接部を保護しながら行う溶接方法である。これは簡単に溶接を行える方法として，一般的に使用されている溶接方法の一つである。**図 3-2** に示すように，溶接電源と溶接棒を用いて行う方法で，電源が確保できれば，溶接を行えるものである。その器具構成は，溶接電源，溶接棒ホルダ，溶接ケーブルおよびケーブルジョイントからなる。溶接ヒューム，アーク光，アークによる熱，感電などにより，溶接作業者に対する健康障害が生じる。

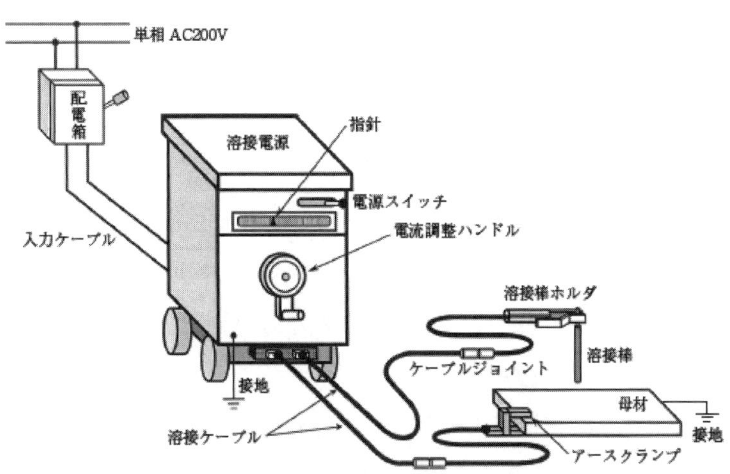

図 3-2　被覆アーク溶接機の構成
（出典：溶接学会・日本溶接協会編『新版改訂　溶接・接合技術入門』産報出版，2021 年）

(1) 溶接電源

溶接電源は，電源系統から配電盤を経由し，電力を入力している。一般に溶接出力は交流となる（交流アーク溶接機）。入力電圧と比較し，溶接電圧は30V程度と低いが溶接電流が大きい。この特徴から，電源系統の電圧を溶接用変圧器により，電圧を変換し，リアクトルを用いることで，溶接時の電流を安定させている。溶接開始時に，アークを安定に発生させるためには高い電圧が必要となるため，溶接開始時は高い電圧（無負荷電圧）が発生する。また，電源スイッチを入れると，溶接棒ホルダと母材間に無負荷電圧がかかる。このため，人体への感電のリスクがある。

(2) 溶接棒ホルダ

被覆アーク溶接棒を保持し，ケーブルから溶接棒に溶接電流を通じる器具が，溶接棒ホルダである。このホルダは，安衛則の第331条により，「感電の危険を防止するため必要な絶縁効力及び耐熱性を有するものでなければ，使用してはならない。」と規定されており，具体的には，JIS C 9300-11：2015（アーク溶接装置－第11部：溶接棒ホルダ）に定める規格に適合したもの，または，これと同等以上の絶縁性および耐熱性を有するものであり，その例を**写真3-2**に示す。

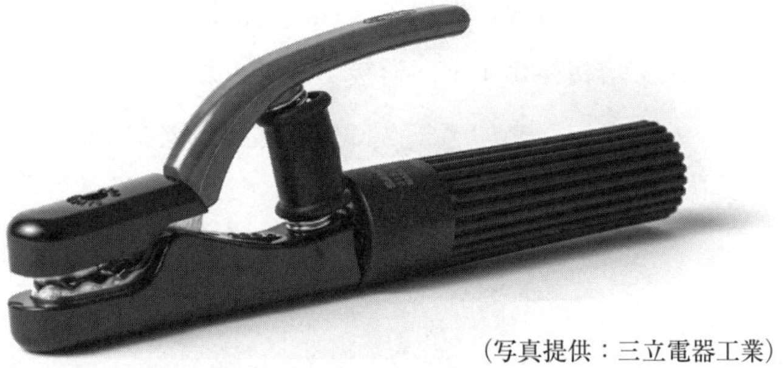

（写真提供：三立電器工業）

写真3-2　一般的な溶接棒ホルダの一例

(3) 交流アーク溶接機用自動電撃防止装置

交流アーク溶接機（アーク溶接電源）のJISにおいては最高無負荷電圧を規定している。一般には，約80V程度のものが多いが，この程度の電圧でも感電による死亡の危険性が高く，対策が必要である。そのための装置が交流アーク溶接機用自動電撃防止装置（以下，「自動電撃防止装置」という。）である。この装置は，安衛法に基づく交流アーク溶接機用自動電撃防止装置構造規格（以下，この章では「構造規格」という。）で，**図3-3**の動作図に示すように，アークを切った後，遅動時間（1.5秒以内）後に，溶接棒と被溶接物の間の電圧が自動的に30V以下の安全電

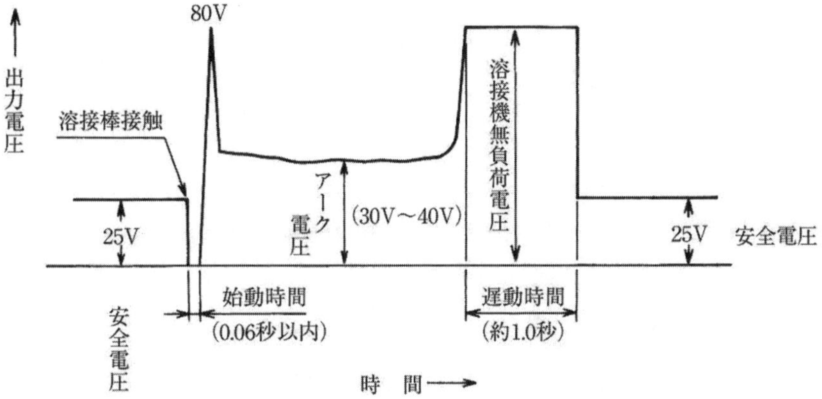

図 3-3　自動電撃防止装置の動作説明図
（出典：『アーク溶接等作業の安全』第 8 版，中央労働災害防止協会，2022 年）

圧になり，アークの起動のときのみ所定の電圧が得られるように制御するものである。

また，この装置は，安衛則第 332 条および第 648 条において，次の危険場所で交流アーク溶接作業を行う場合，交流アーク溶接機に自動電撃防止装置を付けて使用しなければならないことが規定されている。

① 船舶の二重底またはピークタンクの内部，ボイラーの胴もしくはドームの内部等導電体に囲まれた場所で著しく狭あいなところ。

② 墜落により労働者に危険を及ぼすおそれのある高さが 2 メートル以上の場所で，鉄骨等導電性の高い接地物に労働者が接触するおそれがあるところ。

なお，安衛法第 44 条の 2 により，自動電撃防止装置は厚生労働省が定めた型式検定に合格したものでなければ使用できない。

3　マグ／ミグ溶接

溶接部を大気から遮断するために，シールドガスを用いる方法があり，活性ガス（アルゴン(Ar)と二酸化炭素(CO_2)の混合ガスあるいは 100% CO_2）を用いるものをマグ（Metal Active Gas）溶接，不活性ガス（主に Ar ガス）を用いるものをミグ（Metal Inert Gas）溶接という。この溶接では，溶接ワイヤを電極として用いて，溶接時の溶着効率が高くなる。溶接システムを**図 3-4** に示す。溶接ワイヤ先端からアークが発生するため，溶接ワイヤが溶融し，母材に移行するので，溶接時の溶着効率は高い。溶融したワイヤはアーク中を通って，母材へと溶着するため，アークプラズマの熱により，一部，蒸気化し，それが冷却･凝縮し，溶接ヒュームとなる。

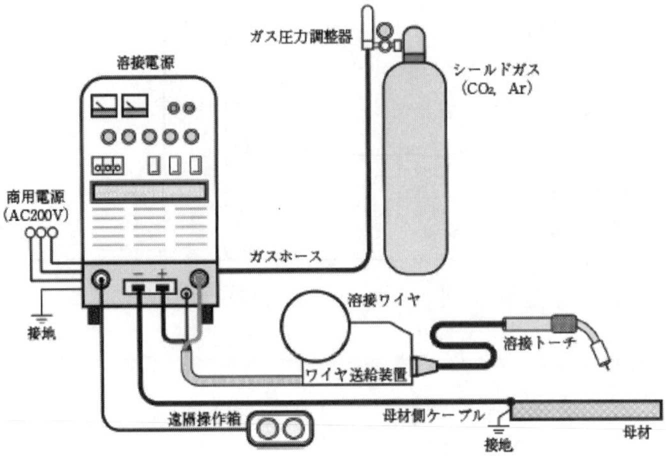

図 3-4　マグ溶接機・ミグ溶接機の構成
（出典：溶接学会・日本溶接協会編『新版改訂　溶接・接合技術入門』産報出版，2021 年）

（1）溶接電源

この溶接では，溶接ワイヤを高速の一定速度で送り出しており，溶接電源の出力が定電圧になるように，サイリスタあるいはインバータなどの半導体により，電流が制御されている。主に，出力は直流であるので，交流電源と比較して，感電の危険性は低い。

（2）溶接ワイヤ送給装置

溶接ワイヤは一定の高速で送り出されており，その速度は溶接電源により制御されている。これが被覆アーク溶接と異なる点である。マグ溶接では，ワイヤの供給が電動モータを介して自動的に行われるので，コンジットケーブルは，電動モータと溶接トーチを繋いで，スムーズなワイヤ送給を行う上で重要な部品である。

（3）溶接トーチ

マグ溶接に用いる溶接トーチは，溶接ワイヤを溶接箇所に導くとともに，溶接ワイヤに所定の電力を供給する。また，トーチ先端にあるノズルからシールドガスを流す働きをする。構造的には，小電流域用の空冷式と大電流域用の水冷式がある。**写真 3-3** に，一般的によく用いられている空冷式カーブドノズル形および水冷式溶接トーチを示す。トーチには，溶接開始を制御するスイッチがついており，溶接棒ホルダと比較して，感電しにくい構造となっている。

（4）ガスボンベ

溶接中に溶接部を大気から遮断するために，Ar ガス，Ar + CO_2 の混合ガス，あるいは CO_2 ガスを用いる。

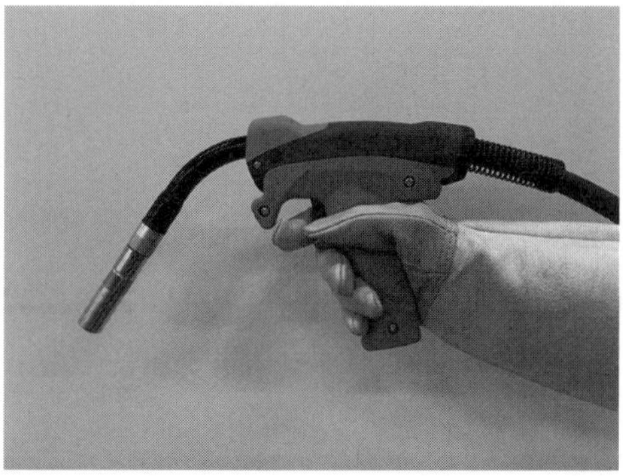

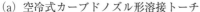

(a) 空冷式カーブドノズル形溶接トーチ

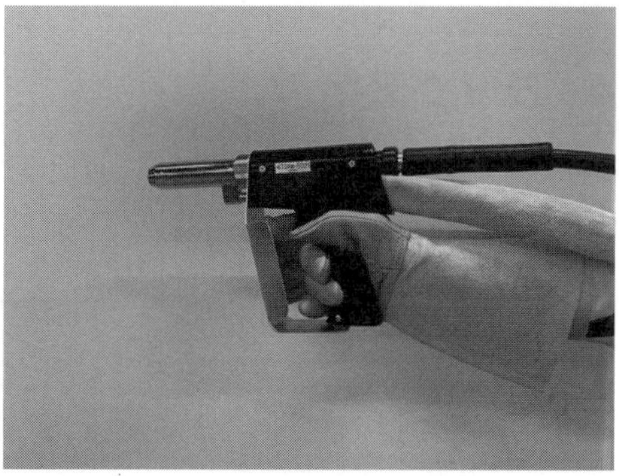

(b) 水冷式溶接トーチ

（写真提供：ダイヘン）

写真 3-3　溶接トーチの一例

(5) ヒューム吸引トーチ

ヒューム吸引トーチは，**図 3-5** に示すように，溶接トーチの先端に吸引口が付いているもので，ミグ／マグ溶接で発生するヒュームおよびガスを吸引口で吸引できる。吸引した溶接ヒュームは，空気清浄装置で処理される。アーク溶接では，溶接箇所での風が 0.5 m/s 以上あるとシールド不良が生じ，溶接欠陥が生じる可能性があるため，この溶接トーチは溶接ヒューム濃度の改善には役立つが，完全に溶接ヒュームを吸引することができない。

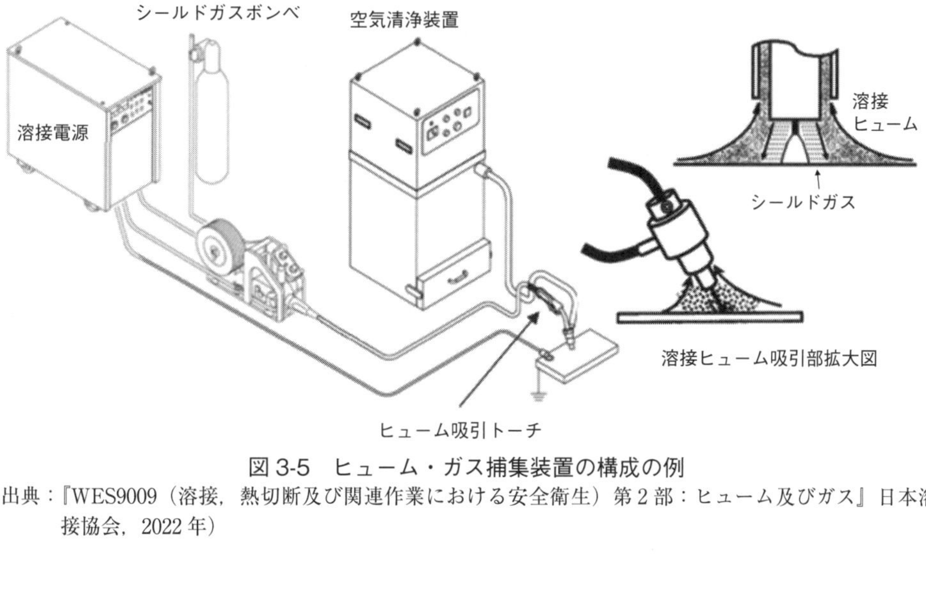

図 3-5　ヒューム・ガス捕集装置の構成の例
（出典：『WES9009（溶接，熱切断及び関連作業における安全衛生）第 2 部：ヒューム及びガス』日本溶接協会，2022 年）

4　ティグ溶接

ティグ（Tungsten Inert Gas）溶接は，非溶極式（非消耗電極式ともいう）のガスシールドアーク溶接で，**図3-6**のように不活性ガス雰囲気中でタングステン電極と母材との間にアークを発生させ，そのアーク熱によって溶加材および母材を溶融して，溶接する方法である。このため，シールドガスにArなどを用いる。通常は，溶接トーチと溶加棒とを，それぞれ手で持って行う手動溶接であるが，溶接ワイヤを自動的に送給し，かつ，トーチも自動送りする全自動ティグ溶接装置も実用化されている。溶接ヒュームの発生がきわめて少ないのが特徴である。

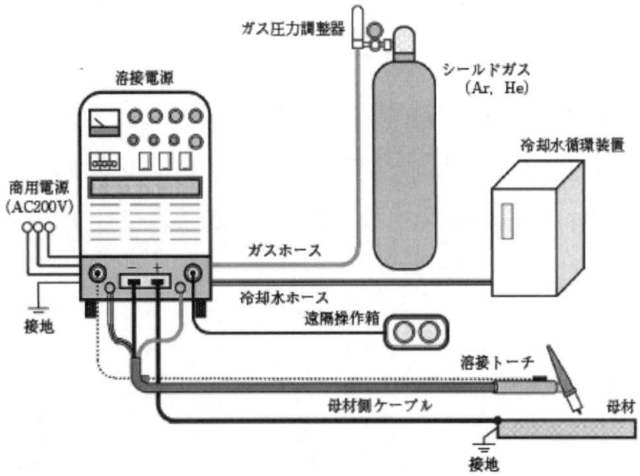

図3-6　ティグ溶接機の構成
（出典：溶接学会・日本溶接協会編『新版改訂　溶接・接合技術入門』産報出版，2021年）

（1）溶接電源

この溶接では，溶加棒を手で送り，アークにより溶融させるので，アーク長の変動に関わらず，溶接電流が一定になるように，サイリスタあるいはインバータなどの半導体により，電流が制御されている。溶接トーチに溶接起動用トリガーがついており，感電の危険性は低い。

（2）ティグ溶接トーチ

ティグ溶接に用いる溶接トーチは，タングステン電極の保持および電力供給に加えて，シールドガスを溶接部に供給する役割を有する。構造的には，小電流域（200 A以下）用の空冷式と大電流域での溶接に用いる水冷式がある。いずれも十分な耐熱性が必要である。

写真3-4 に，一般に多用されている標準形ティグ溶接トーチを示す。

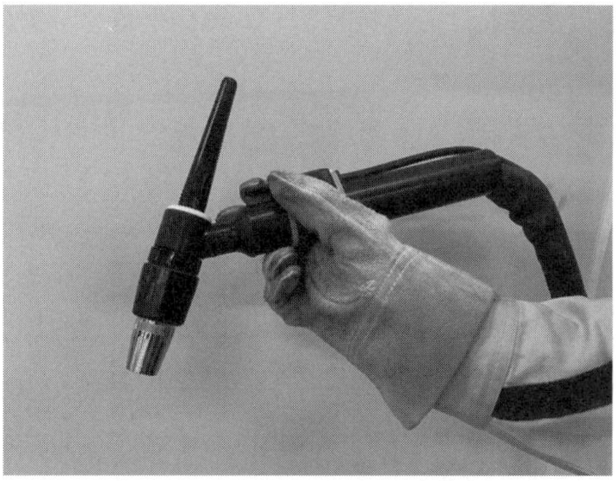

（写真提供：ダイヘン）

写真3-4　ティグ溶接トーチ

5　セルフシールドアーク溶接

フラックス入りワイヤを用いて，外部からシールドガスを供給しないで行うアーク溶接である。溶接ワイヤに内蔵するフラックス中には，高温で蒸気圧の高い物質を含んでおり，溶接中は，この物質から発生した蒸気が溶融スラグと一緒に溶滴の周囲や溶融池を覆って空気を遮断する。このため，溶接ヒュームの発生量は多くなる。また，フラックス中には強力な脱酸剤および脱窒剤を含んでいる。

溶接システムはミグ／マグ溶接と同様の構成にある。

6　各種金属アーク溶接における溶接ヒューム発生量

溶接等作業（ろう接を除く。）によって母材の種類に関係して発生する溶接ヒューム中の主な成分は，**表3-1** による。なお，母材表面がめっき，塗装および処理されている場合は，めっき，塗装および処理部からも溶接ヒュームが発生するので注意が必要となる。たとえば，亜鉛めっき鋼板の溶接等作業においては，亜鉛成分が溶接ヒューム中に含まれる。さらに，付加要因としては，フラックスを含む溶接材料があり，フラックスの種類によって，ヒューム中にクロム（(Cr)（VI)），チタン（Ti），カルシウム（Ca），マグネシウム（Mg），フッ素（F）などが含まれる場合がある。

なお，アルミ溶接において，母材となるアルミニウム合金がリサイクルで製造されるため，不純物としてマンガン（Mn）が存在する場合がある。このため，溶接ヒューム量が多くてもマンガン濃度が低い場合があるので，注意しなければならない。また，**表 3-2** に各種溶接法における溶接ヒュームの発生量を示す。

表 3-1　溶接等作業（ろう接を除く。）において，母材の種類に関係して発生する溶接ヒューム中の主な成分

母材の種類	ヒューム中に含まれる主な成分[a]																
	ケイ素 (Si)	マンガン (Mn)	鉄 (Fe)	クロム (Cr)	酸化クロム (Cr) (Ⅵ)	ニッケル (Ni)	モリブデン (Mo)	銅 (Cu)	アルミニウム (Al)	コバルト (Co)	亜鉛 (Zn)	バナジウム (V)	タングステン (W)	チタン (Ti)	カルシウム (Ca)	マグネシウム (Mg)	ベリリウム (Be)
炭素鋼・低合金鋼	○	○	○	△	△	—	—	—	—	—	—	—	—	—	—	—	—
ステンレス鋼	○	○	○	○	○	△	△	—	—	—	—	—	—	—	—	—	—
ニッケル・ニッケル合金	○	○	○	△	△	○	△	△	—	△	—	△	△	—	—	—	—
銅・銅合金	△	△	—	—	—	△	—	○	—	—	△	—	—	—	—	—	△
アルミニウム・アルミニウム合金	△	△	—	—	—	—	—	△	○	—	△	—	—	△	—	△	—

注記　○：含まれるもの　　△：母材の成分によっては含まれるもの　　—：微量または含まれない
注[a]：表は，発生する可能性のある成分全てを網羅したものではない。

（出典：『WES9009（溶接，熱切断及び関連作業における安全衛生）第2部：ヒューム及びガス』日本溶接協会，2022年，一部改変）

表 3-2　溶接ヒューム発生量の一例

溶接法	対象母材の鋼種	溶接ワイヤあるいは溶接棒	溶接電流	溶接ヒューム発生量 (mg/min)
CO_2 アーク溶接	軟鋼および 490 MPa 級高張力鋼	ソリッドワイヤ	280 A	630
		フラックス入りワイヤ	280 A	697
	ステンレス鋼	フラックス入りワイヤ	200 A	480
被覆アーク溶接	軟鋼および 490 MPa 級高張力鋼	イルミナイト系	170 A	415
		ライムチタニヤ系		250
		高酸化チタン系		256
		鉄粉酸化鉄系		280
		低水素系	170 A	308
	ステンレス鋼	—	140 A	229
サブマージアーク溶接	軟鋼および 490 MPa 級高張力鋼	ソリッドワイヤ×フラックス	1200 A	40
セルフシールドアーク溶接	軟鋼および 490 MPa 級高張力鋼	フラックス入りワイヤ	300 A	2480

（出典：日本溶接協会安全衛生・環境委員会編『溶接安全衛生マニュアル』産報出版，2002年，一部改変）

(1) CO_2 アーク溶接および被覆アーク溶接における溶接ヒューム発生量

マグ / ミグ溶接法は溶接ワイヤ（ソリッドまたはフラックス入り）を一定速度で送給しながらアークを発生させる方法であり，シールドガスとして CO_2 ガスや Ar と CO_2 ガスの混合ガスを用いる。

CO_2 アーク溶接と被覆アーク溶接を比較すると CO_2 アーク溶接の方が1分間当たりの溶接ヒューム発生量が多い。一般的にはフラックス入りワイヤはソリッドワイヤよりも溶接ヒューム発生量がやや多い傾向にあるが，最近では，ソリッドワイヤに近いレベルまで溶接ヒューム発生量を低下させた溶接ワイヤもある。

(2) サブマージアーク溶接における溶接ヒューム発生量

アーク溶接方法の中で，自動溶接の一種であり，高温の部分がフラックスで覆われているサブマージアーク溶接は，最も溶接ヒューム発生量が少ない溶接法の一つである。高電流にもかかわらず被覆アーク溶接や CO_2 アーク溶接より1桁少ない。ただし，使用するフラックスや裏当て材の種類によっては，有害なガスが発生することもある。

(3) ティグ溶接における溶接ヒューム発生量

ガスシールドアーク溶接の中でも，ティグ溶接では電極自体が溶解しないため，アーク温度が高いにもかかわらず，溶接ヒューム発生量はきわめて少ない。

(4) セルフシールドアーク溶接における溶接ヒューム発生量

シールドガスを用いないセルフシールドアーク溶接はワイヤから発生する高温蒸気自身で溶滴をシールドするため高温蒸気の発生量もそれが溶接ヒューム化する割合も大きい。このため，この溶接方法はアーク溶接方法の中で，溶接ヒューム発生量が最も多い。

第３章　作業環境管理の工学的対策

1　工学的作業環境対策

工学的な作業環境対策として次のような方法が広く使われている。

① 有害な化学物質そのものの使用を止めるか，より有害性の少ないほかの物質に転換する（原材料の転換）。
② 生産工程，作業方法を改良して発散を防ぐ。
③ 有害化学物質の消費量をできるだけ少なくする。
④ 発散源となる設備を密閉構造にする。
⑤ 自動化，遠隔操作で有害化学物質と作業者を隔離する。
⑥ 局所排気・プッシュプル換気で有害化学物質の拡散を防ぐ。
⑦ 全体換気で希釈して有害化学物質の濃度を低くする。

これらの方法のうち①は最も根本的な対策でそれだけでも大きな効果が期待できるが，一般にたとえば，②の生産工程の改良によって発散を減らすとともに，⑥の局所排気を行って周囲への拡散を防ぐ，④の密閉設備または⑥の局所排気等と⑦の全体換気を併用して密閉設備から漏れた蒸気または局所排気で捕捉しきれなかった蒸気を，全体換気で希釈して濃度を下げ作業者のばく露を減らすというように，複数の方法を組み合わせて実施する方が少ないコストで高い効果を得られることが多い。

これらの中から具体的に対策を選ぶ際には，有害化学物質の種類，発散時の性状，揮発性等の性質，消費量，作業の形態などによって対策の適，不適があり，同じ対策がいつでも同じ効果を生むとは限らない。また，手作業を必要とする工程では，設備の計画設計に際して作業性を損なわないよう，たとえば発散源のそばに設けた局所排気フードに手や道具がぶつかることのないように配慮しないと，作業環境対策が作業者に受け入れられないことがある。

臨時の作業，屋外作業等の場合で環境改善対策を屋内常時作業と同等に十分に行えないときは，保護具の使用が有効な対策であるが，保護具の効果には限界があるので，環境改善の努力を怠ったまま保護具の使用に頼るべきではない。

2　化学物質の使用の中止・有害性の低い物質への転換

化学物質に限らず健康に有害な物質の使用をやめてより有害でない物質に転換することができれば，これが最良の対策である。

石綿，黄りんマッチ，ベンジジン，ベンゼンゴムのり等は有害性がきわめて大きく，現在ではこれらの製造，使用が禁止されており（安衛法第55条）有害性の小さい代替品がある。

また，たとえ法律で禁止されていなくても，有害性の高い化学物質はより有害性の低い物質に転換を図ることが有効な対策である。この仕事は主として生産技術者が担当するが，作業の実態をよく知る作業主任者が衛生管理スタッフと協力してリスクアセスメント（危険有害性の特定・評価）とリスク低減措置を講じることが望ましい。特別規則の対象となっていないからといって，必ずしも，有害性が低いというわけではないことに留意し，物質の有害性についてはSDSで確認することが重要である。

なお，特化則等の規制対象物質だけでなくSDS交付義務対象である通知対象物すべてについて新規に採用する際や作業手順を変更する際にリスクアセスメントを実施することが義務付けられている。

原材料や資材の転換が見かけ上コスト高になることもあるが，職業性疾病発生に伴う人的，経済的損失，企業の信用失墜を考えれば問題外といえよう。また，原材料の転換によって多少作業がしにくくなったり能率が落ちることがあるかも知れないが，作業主任者は，作業者自身に自分の健康を守るために必要であることを理解させ，協力させなければならない。

金属アーク溶接等作業では，溶接の代替方法として，ボルト・ナット，リベット等による結合，金属材の圧縮によるクリンチング接合，接着剤による接合など他の接合方法に転換することがあるが，母材の種類，耐久性，耐摩耗性，耐腐食性，水密性等を検討して採用することになる。また，アーク溶接方法の適切な選定，低ヒューム溶材等への変更による溶接ヒュームの発生を低減する転換の例があげられる。

3 生産工程，作業方法の改良による発散防止

生産工程や作業方法を変えたり，工程の順序を入れ換えることによって危険有害な化学物質を使わずに済ませたり，発散を止めたり，減らすことができる。この仕事も主として生産技術者が担当するが，作業の実態をよく知る作業主任者の協力が必要である。

アーク溶接等作業については特別の発散防止の改善例はなく，全体換気装置による換気の実施または局所排気およびプッシュプル型換気など，作業者の健康障害を予防するために必要な措置を講じることが必要である。

発散源対策として次に考えられることは有害化学物質の消費量を減らすことである。たとえば有害化学物質を化学反応用の溶媒として使用する場合，濃度，温度などの反応条件を再検討して溶媒の消費量を最少に抑えることが可能である。この仕事も主として生産技術者が担当するが，作業実態をよく知る作業主任者が衛生管理スタッフと協力して必要以上に溶媒を消費しないよう抑制しなければならない。

アーク溶接等作業による溶接ヒューム発生対策として考えられることは，アーク溶接機の電流および電圧などの溶接条件を適切に設定することなどにより，溶接ヒュームの発生を低減することも対策となる。また，マグ溶接またはミグ溶接をティグ溶接に変更することや，定電流溶接をパルス溶接に変更することで，スパッタや溶接ヒュームを低減できる。

4 自動化，遠隔操作による有害化学物質と作業者の隔離

作業者を有害化学物質から隔離する方法には，隔壁のような設備による物理的隔離，気流を利用した空間的隔離，工程の組み方による時間的隔離がある。

(1) 物理的隔離

物理的隔離とは，有害化学物質の発散源になる機械装置が自動化され，正常な稼働状態で作業者が近づく必要がない場合には隔壁，パーティション等で囲んで作業者と隔離する方法である。

物理的隔離を有効に行うためには設備だけでなく，立入りの際の適切な作業手順を定めて守らせる作業主任者の指導が重要である。

また，特定化学物質などの有害なガス，蒸気または粉じんを発散する作業場では，

作業場外に休憩の設備を設けなければならない（特化則第 37 条，第 5 編参照）が，作業場と休憩設備を別の建屋にできない場合には，隔壁を設けて隔離し，休憩設備にきれいな空気を給気してわずかに加圧状態にするか，または作業場を排気してわずかに負圧状態にして圧力差を保ち，特定化学物質が休憩室に流れこまないようにする。

(2) 空間的隔離

空間的隔離とは，ただ距離を離すだけでなく，緩やかな給気または排気を行って作業者のいる方から発散源に向かう気流をつくり，有害化学物質が作業者の方に流れないようにする方法である。

また作業主任者は作業者に対し，作業開始に先立って換気装置をスタートさせ作業終了後もしばらくは稼働を続けさせることと，作業中に発散源より風下側に立ち入ることのないよう指導しなければならない。

(3) 時間的隔離

時間的隔離というのは，有害化学物質を発散する工程の進行中は作業者が発散源に近づかず，発散する工程が終わり濃度が十分に下がってから近づくという方法で，有害化学物質を発散する時間帯が限られている場合に有効であるが，発散工程終了後安全な濃度まで下げるためには全体換気等の対策と，工程に合わせた適切な作業手順を定めて守らせることが重要である。

5　溶接作業に対する工学的対策等

金属アーク溶接等作業を行う屋内作業場については，作業にかかる溶接ヒュームを減少させるため，全体換気装置による換気の実施またはこれと同等以上の措置として局所排気装置およびプッシュプル型換気装置を設置することが必要である。

金属アーク溶接等作業を継続して行う屋内作業場については，金属アーク溶接等作業を新たに採用し，または溶接方法が変更された場合，溶接材料，母材や溶接作業場所の変更が溶接ヒュームの濃度に大きな影響を与える場合，個人サンプリングにより空気中の溶接ヒューム濃度を測定し，その結果に応じて，換気装置の風量の増加その他必要な改善措置を講じなければならない。

金属アーク溶接の工学的な作業環境対策として，次のような方法がある。

① 原材料の転換による発散抑制

溶接材料を低ヒューム発散溶材等へ変更することにより，溶接ヒュームの発生量を低減させることができる。低ヒューム溶材は，溶材中に蒸気圧の低い成分

（酸化チタン（TiO_2）など）を含むことによりヒューム発生量が低減する。

低ヒューム化の手段は一般的に溶接作業性を著しく劣化させことがあるので，溶接条件，溶材組成，用途等により適切な溶材を選択すること。また，低ヒューム溶材を使用しても，ヒュームは発生するので，全体換気装置等の換気装置と有効な呼吸用保護具の着用は必要となる。

②　自動溶接装置による発散防止，拡散防止

自動溶接設備，溶接ロボット設備による溶接作業は，作業者が直接作業による溶接ヒュームのばく露を防ぐことができ，健康障害防止の観点からも効果的な作業環境対策となる。

自動溶接装置を屋内作業場に設置し，稼働させることにより溶接ヒュームが拡散する場合は，隔離，局所排気装置等の換気の併用が必要となる。

③　全体換気装置による希釈換気

金属アーク溶接作業の屋内作業場に定常的に新鮮な空気を入れ替え，溶接ヒュームの濃度を低減させるための換気装置で，局所排気装置等の作業位置での換気装置が難しい作業，発散源が不特定多数ある場合に設置される。全体換気装置は，装置が比較的小型であるため設備費，電力経費が少なく，また，設置場所も取らないため，作業性を損なわないが，溶接ヒュームの濃度の低減は限定的で，溶接作業者の個人ばく露濃度は抑えにくいため，作業者に対しては，有効な呼吸用保護具の着用が義務付けられる。

④　局所排気装置による拡散防止

金属アーク溶接作業での局所排気装置は，発散源の吸い込み口であるフードからヒュームを吸引する装置で，フード，ダクト，除じん装置，ファン，排出口から構成される。局所排気装置は，溶接ヒュームだけでなく一酸化炭素などのガスの排出にも効果があるが，溶接の品質に悪影響を及ぼすことがあるので注意が必要である。

個人サンプリングにより空気中の溶接ヒューム濃度が高い場合は，フードを発散源にできるだけ近づけるか，ファンの排風量を増加させるためのファンの交換等により溶接ヒュームの飛散を抑えることが必要になる。

⑤　プッシュプル型換気装置による拡散防止

溶接ヒュームの発散源または周辺から発散する溶接ヒュームを一様気流によって溶接ヒュームを捕捉し，吸込み側フードに取り込んで排出する装置で，汚染空気が周囲まで広がらず効果的に溶接ヒュームを捕捉し除去することができる。

局所排気装置より風速を抑えられるのでブローホールなどの溶接欠陥を防ぐことができ，大きな溶接物や形状が複雑なもの，移動しながらの作業に適している。

第４章　全体換気

1　全体換気

全体換気は希釈換気とも呼ばれ，給気口から入ったきれいな空気は，有害物質で汚染された空気と混合希釈をくり返しながら，換気扇に吸引排気され，その結果有害物質の平均濃度を下げる方法である（**図 3-7**，**図 3-8**）。

全体換気では発散源より風下側の濃度が平均濃度より高くなる危険があるので，有害性の大きい物質を取り扱う屋内作業場所では，臨時の作業，短時間の作業等の例外を除き，もっぱら局所排気で漏れ出した有害物質を希釈する目的で使われる。また，作業者に対し発散源の風下側に立ち入って作業しないような指導が必要である。

全体換気には一般に壁付き換気扇が使用される。天井扇（電動ベンチレータ）は空気より比重の大きい有害物質の排気には不適当であり，天井扇を設ける場合は給気用に使用するべきである。

また，しばしば見かけることであるが，開放された窓のすぐ上の壁に換気扇を取り付けたために，窓から入った空気がそのまま換気扇に短絡してしまい，作業場内がまったく換気されないことがある。換気扇のそばの窓は閉め，反対側の窓を開けて給気口とするべきである。

全体換気では，排気は一般に有害物質を処理せずにそのまま屋外に放出される。

図 3-7　天井換気方式の例

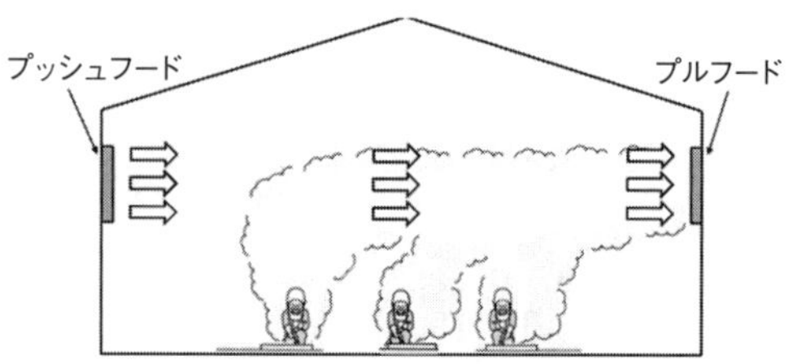

図 3-8　プッシュプルゾーン換気方式の例

（出典：『WES9009（溶接，熱切断及び関連作業における安全衛生）第２部：ヒューム及びガス』日本溶接協会，2022 年）

全体換気を効果的に行うためには，

① 希釈に必要な換気量を確保する

② 給気口と換気扇は，給気が作業場全体を通って排気されるように配置する。そのために大容量の換気扇を1台設置するより小容量の換気扇を複数分散して設置する方がよい

③ 比重の大きい有害物質に対しては換気扇はできるだけ床に近い低い位置に設置する

④ 発散源をできるだけ換気扇の近くに集める

⑤ 作業主任者は，作業者が発散源より風下側に行かないように指導する

⑥ 溶接ヒュームの濃度にかかわらず有効な呼吸用保護具を使用させる

などが重要である。

全体換気に一般的に使われる換気扇は，発生できる圧力が低いために，壁に取り付けた場合，壁の外側に風が吹き付けると十分な排気ができない。外の風の影響を避けるために短い排気ダクトを設けて屋根より高い位置に排気したり，より積極的には建物の両側に回転の向きを反転できるタイプの換気扇を取り付けて，その日の風向きに合わせて風上側を給気用，風下側を排気用にすることも行われる。

また，作業場が広く換気扇までの距離が大きく十分な混合希釈が行われない場合には，作業場内に別の扇風機（ジェットファン）を設置して空気を攪拌し全体換気の効果を上げることもできる（**写真3-5**）。

そのほか，金属アーク溶接等作業における換気風量の増加その他必要な措置（特化則第38条の21，第5編参照）としても，ポータブルファンなどの移動式送風機による送風の実施が示されている。

写真3-5　アーク溶接作業場に設置したジェットファンの例

2　狭あいな場所での溶接ヒュームのばく露防止対策

狭あいな場所での溶接等作業を行う場合，溶接作業場所に立ち入る前に酸素欠乏，有害物質などが存在しないことを確認しなければならない。狭あいな場所では，溶接等作業において発生する溶接ヒュームならびにシールドガスが蓄積し，酸素欠乏が生じる危険および有害成分が許容濃度を超える危険があるため，十分な換気を行わなければならない。特に，二酸化炭素（CO_2）をシールドガスとして用いるマグ溶接作業では，CO_2 が還元され一酸化炭素（CO）が発生し，この濃度がリスク評価濃度（50ppm）を超える危険性が大きいので，作業場所のCO濃度測定を行うとともに，十分な換気を行うようにする必要があり，換気には，次の方法がある。

（1）送・排気方式による換気

作業場外の新鮮な空気を送風機によりダクトを通じて作業場に送り込むとともに，作業場の汚れた空気を排風機によりダクトを通じて作業場外に排出する方式である。**図3-9** に示すように送・排気ともに機械力を利用するので必要換気量を確保することが容易であるとともに，必要な場所へ必要な量の清浄空気を供給することが可能である。

図3-9　送・排気方式による換気の例

（出典：『WES9009（溶接，熱切断及び関連作業における安全衛生）第２部：ヒューム及びガス』日本溶接協会，2022年）

（2）排気方式による換気

作業場外の汚れた空気を，排風機によってダクトを通じて作業場外へ排出する方式である。**図3-10** に示すように，排気のみ機械力を利用するものであるため，有効な給気口の面積と適切な給気口の位置を決めなければならない。

図 3-10　排気方式による換気の例
（出典：『WES9009（溶接，熱切断及び関連作業における安全衛生）第 2 部：ヒューム及びガス』日本溶接協会，2022 年）

(3) 送気方式による換気

作業場外の新鮮な空気を，送風機によってダクトを通じて作業場内に送り込み，他の排気口から作業場内の汚れた空気を自然に排出する方式である。**図 3-11** に示すように，送気のみ機械力を利用するもので，有効な排気口の面積と適切な排気口の位置を決めなければならない。この方式は，酸欠防止には効果的であるが，排気口との位置関係によっては，溶接ヒュームが十分に排気されない場合もあるので注意が必要である。また，溶接作業者への送気は側面からが望ましいが，狭あいな空間では排気口の位置などを考慮した上で，呼吸用保護具の吸気口付近の溶接ヒューム濃度が高くならないよう配慮しなければならない。

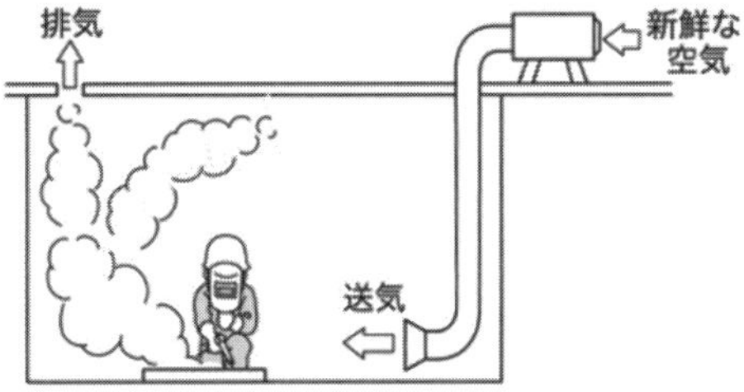

図 3-11　送気方式による換気の例
（出典：『WES9009（溶接，熱切断及び関連作業における安全衛生）第 2 部：ヒューム及びガス』日本溶接協会，2022 年）

これらを実現するために，換気に使用する空気は，有害物質が許容濃度を十分に下回る新鮮な空気でなければならず，純酸素は，換気に適していない。また，溶接作業では，アーク点近傍の気流風速が 0.5 m/s を超えると溶接欠陥が発生する可能性があるため，アーク点近傍の気流風速は 0.4 m/s ～ 0.5 m/s に調整することが望ましく，溶接点近辺の気流速度に注意しなければならない。換気を行う際には，換気量だけではなく，気流方向や粉じんの拡散，濃度分布の動態などにも配慮しなければならない。溶接等作業のために使用する局所排気装置のフレキシブルダクトおよびフードは，溶接時の高温スパッタが飛び込む可能性があるため，不燃性であることが望ましい。

第５章　局所排気

局所排気またはプッシュプル換気は，有害物質が発散する工程で，作業者の手作業が必要などの理由で発散源を密閉できない場合に有効な対策である。

1　局所排気装置

局所排気の定義は，「発散源に近いところに空気の吸込口を設けて，局部的かつ定常的な吸込み気流をつくり，有害物質が周囲に拡散する前になるべく発散したときのままの高濃度の状態で吸い込み，作業者が汚染された空気にばく露されないようにする。また，吸い込んだ空気中の有害物質をできるだけ除去してから排出する」ことである。

局所排気は，**図 3-12** に示すような構造の局所排気装置を使って行われる。この装置は，ファンを運転して吸込み気流を起こし，発散した有害物質を周囲の空気と一緒にフードに吸い込む。フードは，発散源を囲む（囲い式）か，囲いにできない場合はできるだけ近い位置に設ける（外付け式）。フードで吸い込んだ空気はダクトで運び，空気清浄装置（排気処理装置）で有害物質を取り除き，きれいになった空気を排気ダクトを通して屋外に設けた排気口から大気中に放出するしくみになっている。

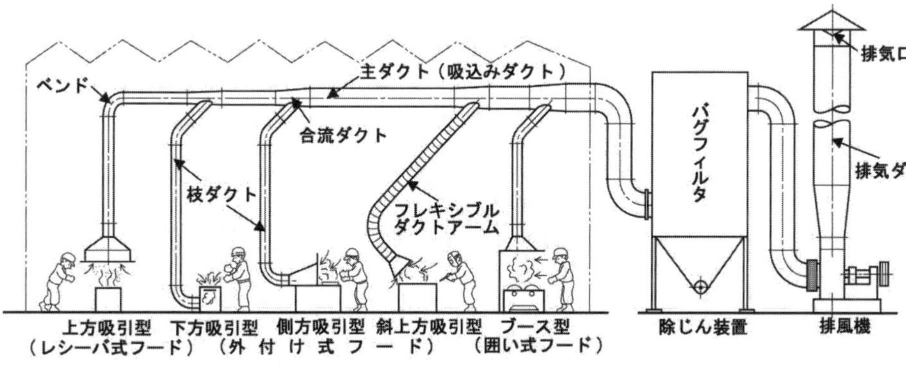

図 3-12　局所排気装置の例
（出典：『WES9009（溶接，熱切断及び関連作業における安全衛生）第 2 部：ヒューム及びガス』日本溶接協会，2022 年）

2　フードの型式

局所排気を効果的に行うためには，発散源の形，大きさ，作業の状況に適合した形と大きさのフードを使うことが重要である。

局所排気装置のフードには，気流の力で有害物質をフードに吸引する捕捉フードと，有害物質の方からフードに飛び込んで来るレシーバ式フードがあり，さらに捕捉フードには，囲い式，外付け式がある（**図3-13**）。

発散源がフードの構造で包囲されているものを囲い式フードという。囲い式フードは，開口部に吸込み気流をつくって，囲いの内側で発散した特定化学物質が開口面の外に漏れ出さないようにコントロールするもので，外の乱れ気流の影響を受けず，小さい排風量で大きな効果が得られる，最も効果的なフードである。囲い式フードの開口面が大きいものをブース型と呼ぶ。

外付け式フードは，開口面の外にある発散源の周囲に吸込み気流をつくって，まわりの空気と一緒に有害物質を吸引するもので，まわりの空気を一緒に吸引するために排風量を大きくしないと十分な能力が得られない。また，まわりの乱れ気流の影響を受けやすく，囲い式に比べ効果がよくない。外付け式フードは吸込み気流の向きによって，下方吸引型，側方吸引型，上方吸引型に分類される。

下方吸引型の換気作業台はグリッド型とも呼ばれ，化学薬品の秤量，混合，洗浄，払しょくなどの手作業に適する。

側方吸引型にはスロット形，円形，長方形などいろいろな形があり，あらゆる作業に使われる。

キャノピーと呼ばれる上方吸引型は，一見作業の邪魔にならないように見えるため乱用される傾向があるが，本来は熱による上昇気流や煙を発散源の上方で捉える

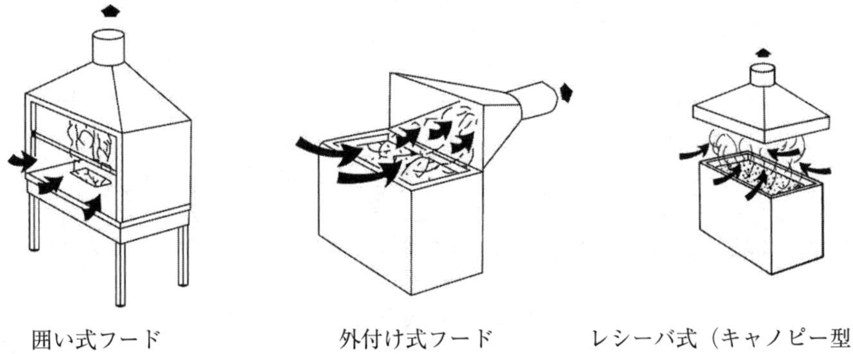

囲い式フード　　外付け式フード　　レシーバ式（キャノピー型）フード

図3-13　フードの型式の例

円形（外付け式側方吸引型）

キャノピー（外付け式上方吸引型）

（右写真提供：日鉄溶接工業）

写真 3-6　フードの例

レシーバ式フードとして使われるべきものであり，空気より比重が大きい有害物質の蒸気，粉じん等に対しては効果が期待できない。

上方吸引型でなくても，作業者が発散源とフードの間に立ち入ると，フードに吸引される高濃度の有害物質にばく露される危険があるので，作業主任者は作業者が作業中に発散源とフードの間に立ち入ったり顔を入れないように指導しなければならない。

3　排風量

フードから吸い込む空気の量を排風量という。吸込み気流の速度は排風量に比例する。制御風速（有害物質を捕捉点で捉えて，安全にフードに吸い込むために必要な気流の速度）を満足する気流をつくるために必要な排風量は，**表 3-3** の式で計算する。

表 3-3 の①式でわかるように，外付け式フードの排風量は開口面から捕捉点までの距離 X の二乗に比例するので，発散源となる作業位置が開口面から離れると吸込み風速は急激に小さくなってしまう。外付け式フードを使う作業では，作業主任者は作業者に対してできるだけフードの開口面の近くで作業するよう指導しなければならない。

表 3-3 の②式は，外付け式フードの開口面のまわりにフランジを取り付けると，フードの後方から回り込んでくる気流を止めて，制御風速を得るために必要な排風

表 3-3 フードの排風量計算式（沼野）（一部改変）

フードの形式	例　図	排風量 Q（m^3/min）
① 外付け式 自由空間に設けた円形または長方形フード	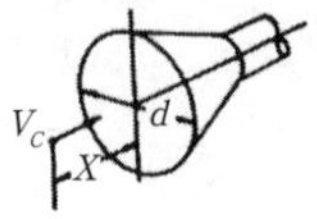 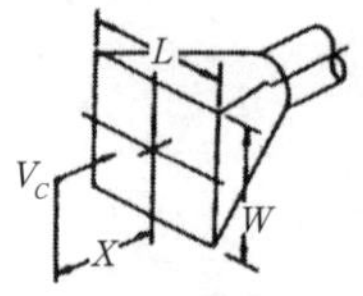 $A = \frac{\pi}{4} \cdot d^2$　$A = L \cdot W$ 縦横比：$W/L > 0.2$ 開口面積：A（m^2）　距離：X（m）	$Q = 60 \cdot V_C \cdot (10X^2 + A)$ V_C＝制御風速（m/s）
② 外付け式 自由空間に設けたフランジ付き円形または長方形フード	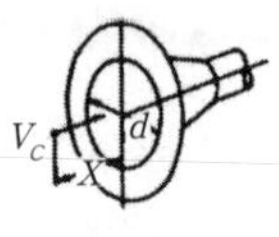 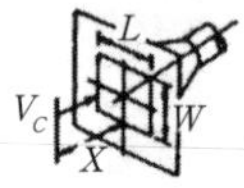 $A = \frac{\pi}{4} \cdot d^2$　$A = L \cdot W$ $W/L > 0.2$	$Q = 60 \cdot 0.75 \cdot V_C \cdot (10X^2 + A)$
③ 外付け式 床，テーブル，壁等に接して設けたフランジ付きまたは長方形フード	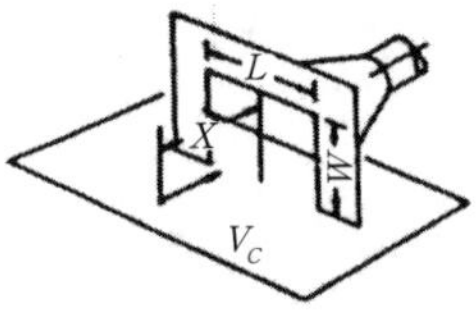 $A = L \cdot W$ $W/L > 0.2$	$Q = 60 \cdot 0.75 \cdot V_C \cdot (5X^2 + A)$

量を25%少なくできることを表している。したがって外付け式フードにはできるだけフランジを取り付けて使わせることが望ましい。

表 3-3 の③式はフランジ付きの外付け式フードが床，テーブル，壁等に接していると，片側から流れ込む気流を止めて排風量を少なくできることを表している。床，テーブル，壁だけでなく，フードの横につい立て，カーテン，バッフル板等を置いても同じ効果が得られる。また，つい立て，カーテンには横から来る乱れ気流の影響を小さくする効果もあるので，乱れ気流のある場所で外付け式フードを使う場合にはつい立て，カーテン，バッフル板等を設けるとよい。

また，給気が不足して室内が減圧状態になると，局所排気装置の排風量が確保できない。窓等の開口が少ない建物には排風量に見合う給気を確保できる給気口を設ける必要がある。給気口の前に物を置くなどして給気を妨害しないように指導する必要がある。

4 ダクト

ダクトの中を空気が流れるときには，壁と空気の摩擦や気流の向きの変化などによる通気抵抗（圧力損失）を生じる。摩擦による圧力損失はダクトの長さが長いほど大きい。また，ダクトの曲がりの部分（ベンド）では気流の向きの変化のために大きな圧力損失を生じる。局所排気装置の稼働に要するエネルギーは圧力損失が大きいほど大きくなり，ランニングコストが高くなる。したがって，ダクトは長さができるだけ短く，ベンドの数ができるだけ少なくなるように配置するべきである。

また，ダクトの断面積が大きいほど圧力損失は小さくて済むが，気流速度が小さくなるために立上がりベンドの部分に粉じんが堆積しやすくなる。排気の対象が気体だけで粒子状物質の堆積の危険がない場合には，ダクトを太くした方が有利である。以前は流速を 10 m/s 前後にすることが推奨されていたが, 最近ではエネルギー節約の見地からさらに小さい流速が推奨されている。

また，最近では，施工やレイアウト変更のしやすさからフレキシブルダクトがよく使われるが，フレキシブルダクトは破損しやすいので無理な力が掛からないような配置と，頻繁な点検補修が必要である。

5　ダンパーによる排風量の調整

複数のフードを 1 本のダクトに接続して排気する場合には，フードごとに調整ダンパー（ボリュームダンパー）を取り付け，ダンパーの開き角度を調整して各フードの排風量のバランスをとることが行われる。調整ダンパーは調整を完了した時点でペイントロック等の方法で固定してあるが，不用意に動かすと排風量のバランス

写真 3-7　調整ダンパーの例

がくずれるので動かしてはならない（**写真 3-7**）。

6　空気清浄装置

局所排気装置，プッシュプル型換気装置の排気に有害物質が含まれる場合には，そのまま排出することは大気を汚染し地球環境破壊の原因となるので，空気清浄装置を設けてできるだけきれいにして排出することが望ましい。

7　ファン（排風機）と排気口

ファンには，大きく分けて軸流式と遠心式があり，遠心式には中の羽根車の形により多翼ファン，ラジアルファン，ターボファンなどの型式がある。

ファンは圧力損失にうち勝つ静圧が出せるもので，かつ必要排風量を出せるものを選ばなければならない。局所排気装置には一般に遠心式が使われ，軸流式は主として全体換気用に使われる。

また，羽根車の損傷，腐食，可燃性ガス・蒸気の爆発の危険を避けるために，空気清浄装置を設ける局所排気装置のファンは，空気清浄装置を通過した後の，有害物質を含まない空気の通る位置に設置すること。

排気口は，排気が作業室内に舞い戻ることを防ぐために，直接屋外に排気できる位置に設けなければならない。

8　局所排気装置を有効に使うための条件

局所排気装置を有効に使うための条件をまとめると以下のとおりである。

① 発散源の形，大きさ，作業の状況に適合した形と大きさのフードを使うことが重要である。

② 外付け式フードを使う作業では，作業者に対してできるだけフードの開口面の近くで作業するよう指導しなければならない。

③ 乱れ気流のある場所で外付け式フードを使う場合にはつい立て，カーテン，バッフル板等を設けるとよい。

④ 作業者が発散源とフードの間に立ち入ると，フードに吸引される高濃度の有害物質にばく露される危険があるので，そのような作業の仕方をしないよう作

業者を指導しなければならない。

⑤　調整ダンパーを不用意に動かしてはならない。

⑥　排風量に見合う給気を確保する。

第６章　プッシュプル換気

1　プッシュプル型換気装置

局所排気装置は，発散源に近いところにフードを設けるために作業性が悪くなることがある。また，外付け式フードの場合には乱れ気流の影響を受けて効果が失われることがある。

作業性を損なわずに乱れ気流の影響を避けるひとつの方法として，フードの吸込み気流のまわりを同じ向きの緩やかな吹出し気流で包んで乱れ気流を吸収し，同時に有害物質を吹出し気流の力で発散源からフードの近くまで運んで吸い込みやすくする方法がある。これがプッシュプル換気である（**図 3-14**）。

プッシュプル換気は，有害物質の発散源を挟んで向き合うように２つのフードを設け，片方を吹出し用（プッシュフード），もう片方を吸込み用（プルフード）として使い，２つのフードの間につくられた一様な気流によって発散した有害物質をかきまぜることなく流して吸引する理想的な換気の方法で，平均 0.2 m/s 以上という緩やかな気流で汚染をコントロールでき，また，フードを発散源から離れた位置に設置できるので，強い気流による品質低下を嫌う作業，発散源が大きい作業，発散源が移動する作業などに使われる。

プッシュプル型換気装置には，自動車塗装用ブースのように，周囲を壁で囲んで外との空気の出入りをなくし，作業室（ブース）内全体に一様なプッシュプル気流をつくる密閉式と，ブースなしで室内空間の一部に一様なプッシュプル気流をつく

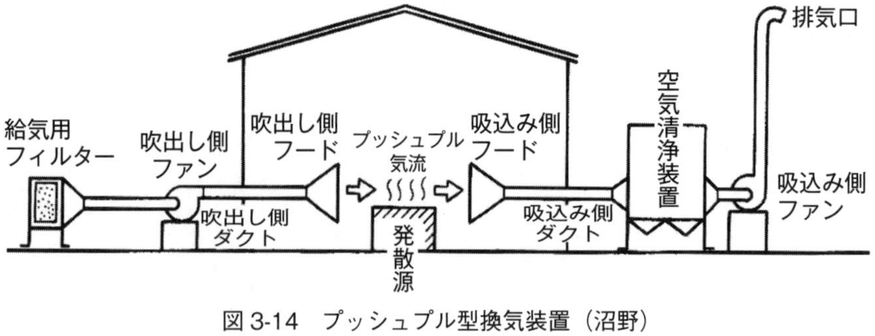

図 3-14　プッシュプル型換気装置（沼野）

(a) 開放式（斜降流型）

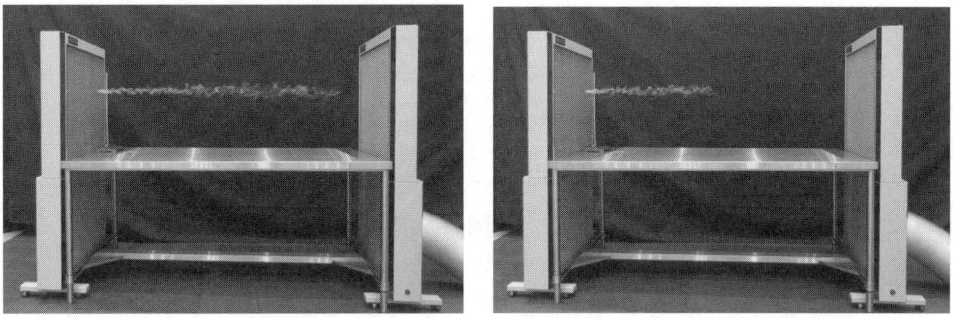

(b) 開放式（水平流型）

（写真提供：興研）

写真 3-8　プッシュプル型換気装置（例）

る開放式があり，さらに気流の向きによって下降流型（天井→床），斜降流型（天井→側壁または側壁上部→反対側の側壁下部），水平流型（側壁→反対側の側壁）がある（**写真 3-8**）。

2　プッシュプル型換気装置の構造と性能

吹出し側フードと吸込み側フードの間のプッシュプル気流の通る区域を換気区域，吸込み側フードの開口面から最も離れた発散源を通りプッシュプル気流の方向と直角な換気区域の断面を捕捉面と呼ぶ（**図 3-15**）。ダクト，空気清浄装置，ファンについては局所排気装置と同じである。

プッシュプル換気を効果的に行うためには，

① 有害物質の発散源を平均 0.2 m/s 以上の緩やかでかつ一様に流れる気流で包み込むこと

② 開放式の場合には，発散源が換気区域の中にあること

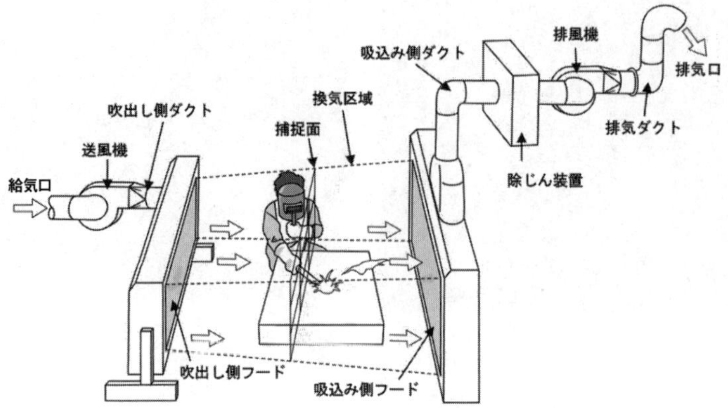

図 3-15　プッシュプル型換気装置の構造
（出典：『WES9009（溶接，熱切断及び関連作業における安全衛生）第 2 部：ヒューム及びガス』日本溶接協会，2022 年）

③　発散源から吸込み側フードに流れる空気を作業者が吸入するおそれがないこと。そのために下降流型とするか，吸込み側フードをできるだけ発散源に近い位置に設置すること

④　作業主任者は，作業者が発散源と吸込み側フードの間に立ち入らないように指導すること

が重要である。

また，プッシュプル型換気装置の性能は，

①　捕捉面を 16 等分してそれぞれの中心で測った平均風速が 0.2 m/s 以上であること

②　16 等分した中心の速度が平均風速の 2 分の 1 以上 1.5 倍以下であること

③　換気区域と換気区域の外の境界における気流が全部吸込み側フードに向かって流れること

と定められている。

なお，開放式プッシュプル型換気装置で上記③の条件を満足するためには吸い込み風量が吹き出し風量より大きくなるよう，吹出し側と吸込み側の気流量のバランス（流量比）を保つことが重要である。

第７章　局所排気装置等の点検

1　点検と定期自主検査

局所排気装置等の性能を維持するためには，常に点検・検査を行いその結果に基づいて適切なメンテナンスを行うことが重要である。点検・検査と呼ばれるものには，「はじめて使用するとき，または分解して改造もしくは修理を行ったときの点検」，「定期自主検査」，「作業主任者が行う点検」の３つがある。

「はじめて使用するとき，または分解して改造もしくは修理を行ったときの点検」は，設備が当初の計画どおりにできているか，性能は確保されているかを確認することを目的としている。また，「定期自主検査」は，その後１年以内ごとに１回，設備が損傷していないか，性能は維持されているかを調べることを目的としている。

これらの点検・検査は，項目と，異常が見つかった場合の補修の義務と，点検・検査結果の３年間の記録保存が特化則に定められており，具体的な方法については性能の確認（吸気および排気の能力の検査）は発散源とフード周辺の気中濃度を測定して厚生労働大臣が定めたいわゆる抑制濃度と比較するか，熱線風速計でフードの吸込み風速を測定して規定の制御風速と比較する方法で行う。その他の項目についても「局所排気装置の定期自主検査指針」（平成20年自主検査指針公示第１号）に具体的な方法が定められている。

これらの点検・検査には，局所排気装置等に関する高度の知識と，熱線風速計など高価な測定器具を必要とするので，専門の設備担当部署のある大企業でなければ，自社で実施することはきわめて困難である。このうち「はじめて使用するときの点検」は，信用のおける業者に施工を依頼した場合には，当然完成検査が行われ検査成績書が発行されるので，これを保存すればよい。

「定期自主検査」については，施工した業者に依頼するか，作業環境測定機関に依頼して作業環境測定に先立って検査してもらい，日常点検や検査において異常が見つかったときは，直ちに補修を行った上で作業環境測定を実施するのがよい。なお，定期自主検査は「局所排気装置等の定期自主検査者等の養成講習」を修了した者に行わせることが望ましい。

2　作業主任者が行う点検

（1）点検項目

作業主任者の職務として，特化則第28条の2第2号に「全体換気装置その他労働者が健康障害を受けることを予防するための装置を1月を超えない期間ごとに点検すること。」と定められており，点検の内容は，装置の主要部分の損傷，脱落，腐食，異常音等の有無等の確認を行う。

（2）全体換気装置の点検

①　排気ファンの状態

排気ファンの回転方向は正しいか，電源スイッチをON/OFFして目視観察する。工事の際の誤配線等によって排気ファンの回転の向きが逆になっていると外気が室内に逆流する。外気の逆流は無風の状態で発煙法を使って観察する。

また，排気ファンの羽根に損傷はないか，汚れ等が付着していないか，回転によって異常音が発生していないか，点検する。

②　排気能力

全体換気の排気には一般に壁付き換気扇が使用される。局所排気装置等の吸引効果の確認と同様，換気扇の直前で発煙法を使って気流を観察し，煙が完全に換気扇に吸い込まれるなら排気能力があるものと判定する。

排気能力不十分の原因の多くは給気不足である。窓等を給気に利用している場合には窓を閉め切らず給気に必要な面積を開放する。

③　給気フィルター

吸気口に埃除けのフィルターを付けている場合にはフィルターの点検を行い，必要に応じて掃除する。フィルターを清掃しても排気能力が不足の場合には給気用の換気扇を設置して強制的に給気することもある。

④　排気の逆流

壁付き換気扇は発生できる圧力が低いため，取り付けた壁の外側から風が吹き付けると十分な排気ができず外気が室内に逆流することがある。逆流は排気ファンの運転状態で発煙法を使って観察する。

逆流に対する対策は排気扇の外側に短い排気ダクトを設けて屋根より高い位置に排気する。

⑤　局所排気の妨害

全体換気の気流が局所排気装置のフードの吸込みを妨害している場合には，つい立てやカーテンを設けて発散源とフードの間に風が当たらないようにする。

(3) 発煙法による局所排気装置等の吸引効果の確認

効果の確認は，定期自主検査の吸気および排気の能力の検査に対応するもので，煙の流れを観察する発煙法を使い，煙が完全にフードに吸い込まれるなら吸気および排気の能力があるものと判定する。

発煙法には，スモークテスターと呼ばれる気流検査器を使う（**写真 3-9**）。引火性がある有害物質の場合には，たばこや線香の煙を使用してはならない。

スモークテスターの発煙管は，ガラス管に発煙剤（無水塩化第二スズ等）を浸み込ませた軽石の粒を詰めて両端を溶封したもので，使うときに両端を切り取って付属のゴム球をつなぎ，ゴム球をゆっくりとつぶして空気を通すと，発煙剤と空気中の水分が化学反応を起こして酸化第二スズ等の非常にこまかい結晶と塩化水素が生成し，これが煙のように見える。火気を使わないので引火の危険がない。

気流の速度によって煙の流れ方が変化するので，慣れるとおおよその気流速度を判断することもできる（**図 3-16**）。

スモークテスターの煙には微量の塩化水素が含まれていて刺激性があるので，吸わないように注意しなければならない。

発煙管は気流の向きと直角に持ち，ゴム球をゆっくりつぶして，発生した煙が全部フードに吸い込まれるなら吸気および排気の能力があるものと判定する。

吸気能力が不十分な場合には，理由として第５章で勉強したように，開口面の大きさに対して排風量が不足していることが考えられる。開口面をできるだけ小さくする工夫が必要である。

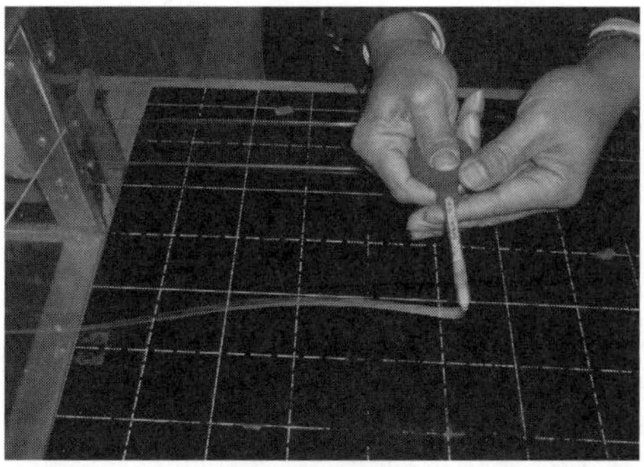

(1) 0.4 m/s

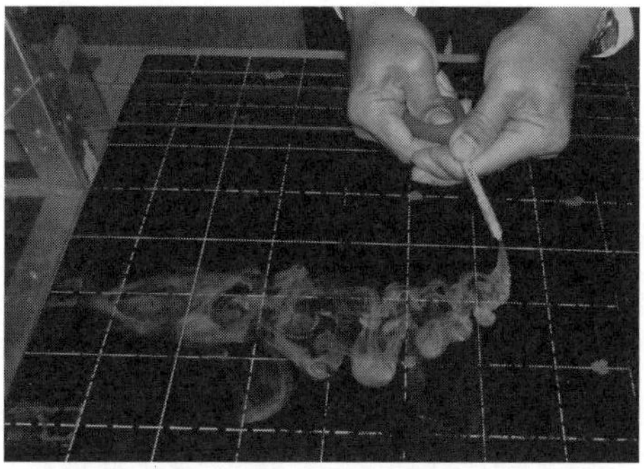

(2) 0.2 m/s

写真 3-9　スモークテスターによる気流のチェック

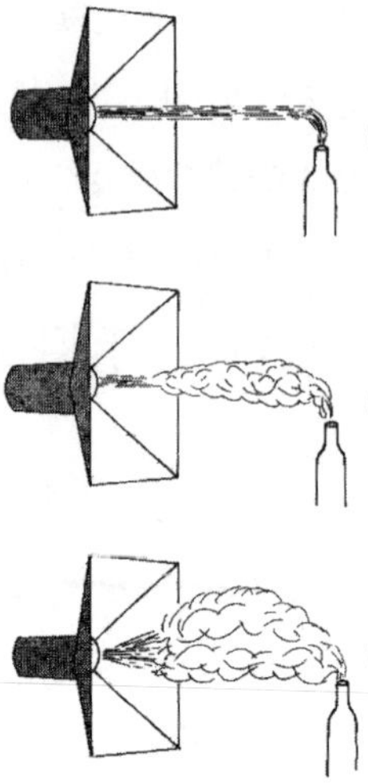

図3-16 気流速度と煙の流れ方（沼野）

外付け式フードの場合には，煙を出す位置は制御風速の測定と同じ，フードの開口面から最も離れた作業位置である。まず，作業者に普段どおりの作業をさせてどこが最も離れた作業位置であるかを確認し，その位置で煙を出して煙の流れ方を観察する。煙が全部フードに吸い込まれるなら，吸気および排気の能力があるものと判定する。

煙がフードに吸い込まれずに拡散して消えてしまう場合には，フードの開口面に少し近い点で再度煙を出して，煙が全部吸い込まれる位置を探す。作業者には「煙が吸い込まれないということは，有害物質も吸い込まれずに拡散しており，作業中にばく露される危険がある」ことを説明して，煙が吸い込まれる位置までフードに近づいて作業するように指導する。

乱れ気流の影響で煙がフードに吸い込まれずに横流れする場合は，窓から風が流れ込んでいるなら窓を閉めるか，つい立てやカーテンを利用して発散源とフードの間に風が当たらないようにする。

開放式プッシュプル型換気装置の場合には，捕捉面上の煙の流れのほか，換気区域の外側の数カ所で煙を出して，全部の煙が吸込み側フードに吸い込まれることを確認する。煙が吸い込まれない場合は，吸込み側の排風量の不足か，吹出し側の給気量と吸込み側の排風量のアンバランスが原因である。

(4) 目視による損傷等の点検

局所排気装置，プッシュプル型換気装置の主要部分の損傷，脱落，腐食の有無，異常音等の有無は，まずフード，ダクト，空気清浄装置，ファン，排気口を順に外から観察して，へこみ，変形，破損，摩耗腐食による穴あき，接続箇所の緩みなどの目視点検を行う。ダクト内の粉じんの堆積は立上がりのベンド部分で起こりやすい。ダクトの外側を細い木か竹の棒で軽くたたいて，にぶい音がするなら粉じんの堆積が疑われる。

ダクトの継ぎ目の漏れ込みは，静かな場所では吸込み音で見つけることができるが，一般にはスモークテスターを使って，煙が継ぎ目に吸い込まれないことを確認する。

排風機の異常音は，機械的な故障が起きていることを示すもので，速やかに専門家に依頼してくわしい検査を行うことが必要である。異常を発見した場合には，速やかに設備担当部署に連絡して処置を行う。

除じん装置についてはハウジング，集じんホッパーの外観点検のほか，スモークテスターによるハウジング扉のパッキングの損傷等による外気の漏れ込みの有無の点検を行う。ろ過除じん方式の場合にはろ材の機能を低下させるような目詰まり，破損，劣化，粉じん堆積等がないこと。またマノメータ，微差圧計等を用いて，ろ材の前後の圧力差が規定範囲内にあることの確認を行う。

排液処理装置について，中和剤などの調整剤の異常の有無は，液面計（レベルゲージ），pH計等の指示，攪拌（かくはん）機の動作状態を目視確認する。異常を発見した場合には速やかに公害防止管理者等の担当者に連絡して処置を行うことが必要である。

(5) 点検の際の安全措置

高所に設置されたダクト，排気口等の点検に際しては墜落転落防止措置を講じる。機械設備等の稼働中に点検を行うことが危険な場合には機械設備等を停止した状態で点検する等，安全の確保に十分配慮すること。

3　点検の事後措置

局所排気装置の吸込み不足の主な原因としては，設計ミスによるファンの能力不足のほか，次のようなことが考えられる。

① 発散源から外付け式フードの開口面までの距離が離れすぎている。
② フードの開口面の近くに置かれた物が気流を妨害している。
③ 乱れ気流の影響が大きい。
④ ダクト内に粉じんが堆積して通気抵抗が増えている。
⑤ ダンパー調整が不適当である。

⑥　吸込みダクトの途中に漏れがあり，大量の空気が途中から漏れ込んでいる。

⑦　フードの形，大きさがその作業に向いていない。

⑧　給気が不足して室内が減圧状態になっている。

⑨　3相交流電動機の配線が入れ替わったために，ファンが逆回転している。

点検で，たとえばダクトの漏れが発見された場合に，ダクトにあいた小さな穴を粘着テープでふさぐ，ダクトのつなぎ目のフランジを増し締めする，隙間をコーキング材でふさぐなど，作業主任者が自分で補修できるものは補修し，できないものは速やかに上司に報告して会社の責任で補修を行う。

ファンの風量が足りない場合，ファンの電源に周波数調節用のインバーターが組み込まれていれば周波数を調整して回転を上げ，風量を増やすことが容易にできる。また，外付け式フードの開口面から離れたところで作業するなど，作業者の作業の仕方に問題がある場合には，局所排気装置等を有効に稼働させた上で作業方法や作業手順の見直しを行うとともに，どうすれば作業者自身が有害物質にばく露されずに作業できるか，正しい作業方法について教えて守らせることが作業主任者の仕事である。

第８章　特定化学物質の製造，取扱い設備等の管理

1　第２類物質の製造，取扱い設備等の管理の要点

特定化学物質には，物理的，化学的性質および危険有害性等の異なる多くの物質があり，製造工程や取扱いの方法なども多種多様であるが，製造設備等の管理の原則は共通である。

第 2 類物質の製造，取扱い設備の管理の要点は以下のとおりである。

① 製造または取扱い作業を行う作業場は，他の作業場から隔離しなければならない。できれば独立した建屋とすることが望ましい。

② 製造または取扱い作業を行う作業場には，全体換気装置を設置して換気ができる構造にすること。

③ 粉状または液状の物質を取り扱う作業場所の床は，コンクリート造りその他の不浸透性のものとし，水洗可能で凹凸などもないようにすること（特化則第 21 条，第 5 編参照）。

④ 第 2 類物質の製造，取扱い作業場では喫煙，飲食を禁止し，休憩室は作業場以外の場所に設けること。同一建屋内に設ける場合には，隔壁を設けて作業場と物理的に隔離すること。

⑤ 第 2 類物質の製造，取扱い作業場には，関係者以外の者が立ち入ることを禁止し，かつ，その旨を見やすい箇所に表示すること。

2　金属アーク溶接等作業の措置

金属アーク溶接等作業としては，①金属をアーク溶接する作業，②アークを用いて金属を溶断し，またはガウジングする作業，③その他の溶接ヒュームを製造し，または取り扱う作業が規定される。

金属アーク溶接等作業による溶接ヒュームのばく露を防止するため，特化則の特定化学物質第 2 類として，作業主任者の選任，溶接作業での個人ばく露測定，健康診断の実施，適切な呼吸保護具の選定着用等の措置が求められている。

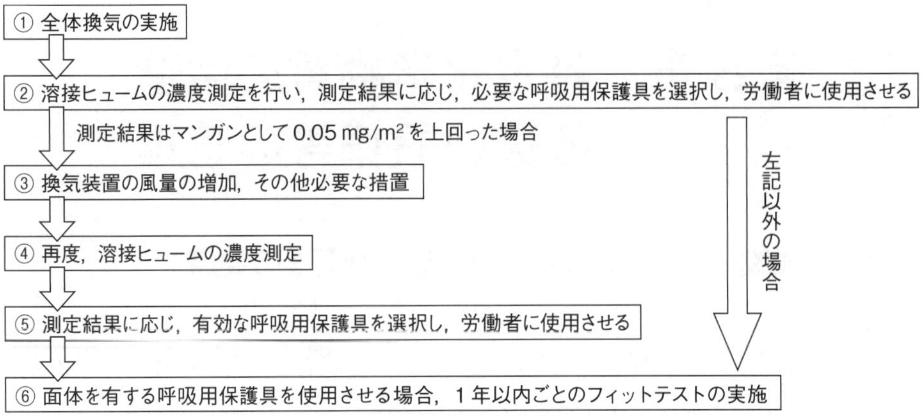

図 3-17　金属アーク溶接等の作業を継続して行う屋内作業場の措置

なお，アーク溶接機を用いて行う金属の溶接，溶断等の業務は安衛法の特別教育を必要とする業務に指定されている。※雇い入れ，作業内容を変更したときの安全衛生教育を含む（安衛則第35条）。

金属アーク溶接等作業には，燃焼ガス・レーザービーム等を熱源とする溶接等の作業，溶接機のトーチ等から離れた操作盤の作業，溶接作業に付帯する材料の搬入・搬出作業，片付け作業，溶接ロボットを含む自動アーク溶接において操作が溶接箇所，切断箇所から十分離れている場合は対象外となる。

①　全体換気による換気の実施

金属アーク溶接等作業が行われる屋内作業場では，作業が継続して行われるか否かにかかわらず，発散した溶接ヒュームを減少させるため，全体換気装置による換気またはその他同等以上の換気措置（局所排気装置もしくはプッシュプル型換気装置またはヒューム吸引トーチ等を設置）が必要である。

なお，粉じん則では従来から特定粉じん発生源に係る措置として局所排気装置等の措置が，また，粉じん作業を行う屋内作業場については，全体換気装置等による換気等の実施を講じなければならないと規定されている。

②　溶接ヒューム濃度の測定の実施

金属アーク溶接等作業を継続して行われる屋内作業場では，新たな金属アーク溶接等作業の方法を採用するとき，または作業の方法を変更しようとするときは，あらかじめ作業に従事するものの身体に装着する試料採取機器等を用いて行う測定（個人ばく露測定）により，作業場の空気中の溶接ヒュームの濃度を測定しなければならない。

測定結果がマンガンとして 0.05 mg/m^3 を上回った場合には，換気装置の風量の増加，溶接方法もしくは溶接材料等の変更による溶接ヒューム発生量の低減，集じん装置による集じんもしくは移動式送風機による送風の実施など必要な措置をしなければならない（第 9 章参照）。

③　呼吸用保護具の選定・着用，フィットテスト

金属アーク溶接等作業に従事するときは，すべての作業場所で，有効な呼吸用保護具を使用しなければならない。

また，面体を有する呼吸用保護具は，適切に装着されていることを，定期に確認しなければならない（120 頁参照）。

④　その他　溶接ヒューム作業での必要な措置

- 溶接ヒュームに汚染されたぼろ（ウェス等），紙くず等は，蓋付きの不浸透性容器に納めておく。
- 金属アーク溶接等の作業場は床を不浸透性の材料で造る。屋外での金属アーク溶接でも，作業場の床に堆積した溶接ヒュームの発じん防止に留意する。
- 金属アーク溶接等の作業場は，関係者以外を立入禁止とし，その旨の表示を行う。
- 金属アーク溶接作業に作業者を常時従事させるときは，作業場以外の場所に休憩室を設ける。
- 洗顔，洗身またはうがいの設備，更衣設備，洗濯のための設備などの洗浄設備を設置する。
- 金属アーク溶接等の作業場での喫煙・飲食は禁止し，その旨の表示を行う。
- 必要な保護具を作業場に備え付ける。
- 金属アーク溶接等作業を行う屋内作業場の床等を水洗等粉じんの飛散しない方法で毎日 1 回以上掃除する。なお，水洗等には，超高性能（HEPA）フィルタ付きの真空掃除機による清掃を含む。

第９章　金属アーク溶接等作業の溶接ヒュームの濃度測定

1　金属アーク溶接等作業の溶接ヒュームの濃度測定

金属アーク溶接等作業を継続して行う屋内作業場は，新たな金属アーク溶接作業等の方法を採用しようとするとき，または溶接作業等の方法を変更しようとするときには，あらかじめ，空気中の溶接ヒュームの濃度を測定しなければならない。また，溶接ヒュームの濃度を測定した結果に応じ，換気装置の風量の増加，呼吸用保護具の選択ならびにフィットテストの実施等の措置を行わなければならないとされている（特化則第38条の21第2項，第5編参照）。

2　溶接ヒュームの濃度測定の方法

金属アーク溶接等作業の溶接ヒュームの測定方法は，「金属アーク溶接等作業を継続して行う屋内作業場に係る溶接ヒュームの濃度の測定の方法等（令和2年厚生労働省告示第286号）」（参考資料1参照）で，金属アーク溶接に従事する労働者の身体に装着する試料採取機器（個人サンプラー）等を用いて行う測定方法（個人ばく露測定）が示されている。

この測定は安衛法第65条に定められた指定作業場の作業環境測定ではないが，個人ばく露測定について十分な知識，経験を有する第1種作業環境測定士，作業環境測定機関等に行わせることが望ましい。

個人ばく露の測定方法等は次のとおりである。

① 個人サンプラーの試料採取口は，作業者の呼吸域（溶接用の面体の内側）となるようにする。

② 試料採取の対象者はばく露される溶接ヒュームの量がほぼ均一であると見込まれる作業（均等ばく露作業）ごとに2人以上とする。均等ばく露作業に従事する作業者が1人の場合には必要最小限の間隔をおいた2以上の作業日に測定する。

③ 試料空気の採取時間は，作業日ごとに労働者が金属アーク溶接等に従事する

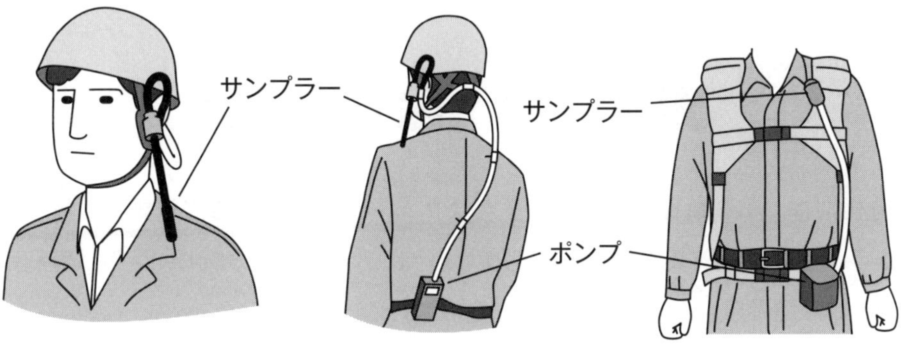

図 3-18　個人ばく露測定の個人サンプラー装着例
（参考：厚生労働省リーフレット）

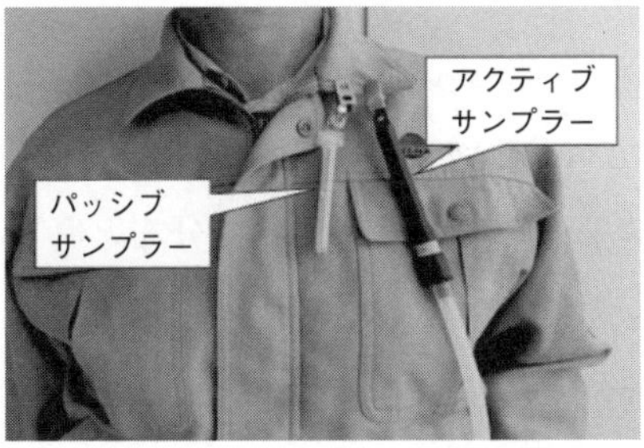

アクティブサンプラー：吸引ポンプを用いて，作業者呼吸域の空気を吸引し分析対象を吸着剤等の捕集するもの
パッシブサンプラー：吸引ポンプを使わずに，吸着剤の表面に分析対象が拡散することを利用して捕集するもの

写真 3-10　個人サンプラーの器材（例）

全時間とする。

④　試料採取方法は，作業環境測定基準第 2 条第 2 項の要件に該当する分粒装置を用いるろ過捕集方法またはこれと同等以上の性能を有する試料採取方法とする。

⑤　分析方法は，吸光光度分析方法，原子吸光分析方法，または左記と同等以上の性能を有する分析方法により行う。

⑥　溶接ヒューム濃度の測定結果がマンガンとして 0.05 mg/m^3 以上の場合には，換気装置の風量の増加，溶接方法や母材，溶接材料の変更による溶接ヒューム量の低減，集じん装置による集じん，移動式送風機による送風の実施等濃度低減措置を講じる。

⑦　濃度低減措置を講じたときはその効果を確認するため，再度，個人ばく露測定により溶接ヒューム濃度を測定する。

⑧　個人ばく露濃度測定による溶接ヒューム濃度の測定等を行ったときは，その都度必要な事項を記録し，結果を 3 年間保存する。

第10章　除じん装置

特化則は，第2類物質の粉じんまたはヒュームを排出する局所排気装置またはプッシュプル型換気装置には，粒子の大きさに応じた方式の除じん装置（特化則第9条，第5編参照）を，設けることを定めている。

1　除じん装置

除じん装置には，粒子を分離する原理によってろ過除じん方式，電気除じん方式，サイクロンによる除じん方式，スクラバによる除じん方式などの除じん装置がある。どの方式の除じん装置を選ぶかは，対象となる粒子の種類・性状，粒径分布と必要な捕集効率等によって決まる。特化則は，粉じんの粒径に応じて**表3-4**に示す方式の除じん装置を設けることと定めている（特化則第9条，第5編参照）。

（1）ろ過除じん方式

局所排気装置，プッシュプル型換気装置の排気中の粉じんは，一般に粒径が5 µm（マイクロメートル）未満のものを多く含むので，ろ過除じん方式が広く使用されている。

表3-4　粉じんの粒径と除じん方式

粉じんの粒径（µm）	除じん方式
5未満	ろ過除じん方式 電気除じん方式
5以上20未満	スクラバによる除じん方式 ろ過除じん方式 電気除じん方式
20以上	マルチサイクロン（処理風量が20 m^3/min以内ごとに1つのサイクロンを設けたものをいう。）による除じん方式 スクラバによる除じん方式 ろ過除じん方式 電気除じん方式
備考　この表における粉じんの粒径は，重量法で測定した粒径分布において最大頻度を示す粒径をいう。	

写真3-11　ろ過除じん装置（バグフィルター）の例

写真3-12　バグフィルターの内部

ろ過除じん方式は，布等のろ過材（フィルター）で粒子をろ過捕集する方式で，フエルト等のろ布製の筒（バッグ）をろ過材として使うものはバグフィルター（**写真3-11**，**写真3-12**）と呼ばれ，局所排気装置，プッシュプル型換気装置用に広く使用されている。

ろ過除じん方式は圧力損失が大きいので，十分な静圧の出せるファンを使用することと，目詰まりによる過負荷を防ぐために重力沈降室，サイクロン等の前置き除じん装置を併用することが望ましい。

(2) 電気除じん方式

電気除じん方式は，高電圧のコロナ放電を利用して粒子を帯電させ静電引力を利用して電極板（捕集板）に付着捕集するもので，発明者の名を取ってコットレルとも呼ばれる。圧力損失が小さく微細な粒子を高い捕集率で捕集することができる。一般に大容量の設備に適し，小容量のものは設備費が割高になるため火力発電所の煙道ガスに含まれる微粒子（フライアッシュ）の捕集などが主な用途で，局所排気装置，プッシュプル型換気装置に使われることはまれである。

(3) スクラバによる除じん方式

スクラバ（湿式除じん装置）は，排気を水などの液体中にくぐらせたり，液体を気流中に噴霧したりして粒子を液体に接触させて捕集するもので，洗浄除じん装置とも呼ばれる。粉じんの捕集と同時に液体に溶けやすい有害ガスの吸収除去や酸性・アルカリ性ガスの中和を行うことができるが，排水排液の処理が必要でそのための設備とメンテナンスに費用と手間がかかるため，除じんだけの目的にはあまり使われない。

(4) サイクロンによる除じん方式

サイクロンは，円錐形の室内で気流を高速度で回転させ遠心力で粒子を分離するので遠心力除じん装置とも呼ばれる。直径1 m以上の大型サイクロンは粒径10 μm以下の粒子は捕集できないが，圧力損失が小さいので，主としてろ過除じん装置など高性能の除じん装置の手前で粗い粉じんを取り除き，高性能除じん装置の負荷を小さくするための前置き除じん装置として使用される。

サイクロンは直径を小さくして気流の回転を速くすると，小さい粒子も捕集できるが大量の空気を通せなくなってしまうので，複数の小型サイクロンを並列に並べて使うことがある。これをマルチサイクロンと呼び，粒径5 μm程度の粒子も捕集できる。

写真3-13　サイクロンの例

第4編

労働衛生保護具

第4編のポイント

【第1章】概　　説

□　金属アーク溶接等に係る業務で使用する労働衛生保護具について知る。

【第2章】呼吸用保護具の種類と防護係数

□　呼吸用保護具の種類・選択方法，防護係数について学ぶ。

【第3章】防じんマスク

□　防じんマスクの種類・構造や選択・使用・保守管理にあたっての留意点について学ぶ。

【第4章】防じん機能を有する電動ファン付き呼吸用保護具（P-PAPR）

□　P-PAPRの種類・性能や選択・保守管理にあたっての留意点について学ぶ。

【第5章】送気マスク

□　送気マスクの種類・構造や使用の際の注意事項について学ぶ。

□　空気呼吸器は自給式呼吸器の一種であり，特に災害時の救出作業等の緊急時に使用される。

【第6章】呼吸用保護具の選択とフィットテスト

□　呼吸用保護具の選択について学ぶ。

□　フィットテストについて学ぶ。

【第7章】遮光保護具

□　遮光保護具の種類・選択・使用について学ぶ。

【第8章】溶接用かわ製保護手袋等

□　溶接用かわ製保護手袋等の種類，留意点について学ぶ。

第 1 章　概　　説

金属アーク溶接等作業で発生する溶接ヒューム等による健康障害を防ぐには，作業環境の改善を第一に行うことが必要であり，作業環境の改善を進めた上で作業者の溶接ヒューム等のばく露をさらに低減させるために，また臨時の作業等で最適な作業環境が得られない場合に労働衛生保護具を使用する。不良な環境をそのままにして，はじめから労働衛生保護具だけに頼るのは誤りである。

溶接ヒューム等に係る業務で使用する労働衛生保護具には，吸入による健康障害を防止するための呼吸用保護具，アーク光などから発生する有害光（眼にとって有害な光）から眼を保護するための遮光保護具，スパッタ，スラブから皮膚の火傷を防止するための溶接用かわ製保護手袋，前掛け，足カバー，腕カバーおよび溶接作業用防護服などがある。

これらの保護具は作業者の健康と生命を守る大切なもので，防じんマスクについては「防じんマスクの規格」（昭和 63 年労働省告示第 19 号），防じん機能を有する電動ファン付き呼吸用保護具（P-PAPR）については「電動ファン付き呼吸用保護具の規格」（平成 26 年厚生労働省告示第 455 号）に基づく国家検定品の使用が義務付けられており，**図 4-1** の検定合格標章のついた国家検定品を選定しなければならない。

金属アーク溶接等作業主任者は，保護具の使用状況を監視する職務を確実に遂行しなければならない。具体的には，以下の事項が重要になる。

ア　保護具共通

・防じんマスク，防じん機能を有する電動ファン付き呼吸用保護具（P-PAPR）は検定合格標章のついた保護具（**図 4-1**）を選定し，その他は日本産業規格（JIS）に適合する保護具（**表 4-1**）を選ぶ。

・保護具の適正な選択，装着，および交換，廃棄方法等について理解し，作業者を指導する。

イ　呼吸用保護具

・溶接ヒューム等の吸入ばく露を防護するために，用途に適した呼吸用保護具を使用させる。

・防じんマスクは作業者の顔にあった面体の呼吸用保護具を選定し，取扱説明書，

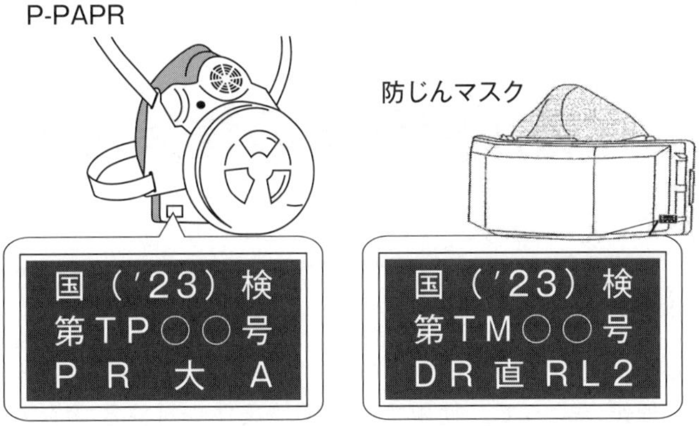

図4-1　検定合格標章の例

表4-1　溶接ヒューム等による健康障害防止用保護具の日本産業規格

JIS T 8151	防じんマスク
JIS T 8153	送気マスク
JIS T 8157	防じん機能を有する電動ファン付き呼吸用保護具
JIS T 8141	遮光保護具
JIS T 8113	溶接用かわ製保護手袋

ガイドブック，パンフレット等（以下，「取扱説明書等」という。）に基づき，防じんマスクの適正な装着方法，使用方法，および顔面と面体の密着性の確認方法について十分な教育や訓練を行い，使用のたびに作業開始に先立って作業者が実行していることを確認する。

・ろ過材はいつまでも使用できるものではなく，適切な交換が必要である。

ウ　遮光保護具

・アーク光などから発生する有害光から眼を保護するために，作業場の環境に適する遮光保護具を選択し，適切に使用しなければならない。

・遮光保護具には，遮光めがね，溶接用保護面がある。

エ　溶接用かわ製保護手袋，前掛け，足カバーおよび腕カバー，溶接等作業用防護服

・スパッタ，スラブ等から皮膚を守るために使用する。

・難燃性等に優れた材質のものを使用する。

第２章　呼吸用保護具の種類と防護係数

1　呼吸用保護具の種類

呼吸用保護具は種類によって，使用できる環境条件や対象とする物質，あるいは使用可能時間等が異なり，通常の作業用か，火災・爆発・その他の事故時の救出用かなどの用途によっても着用する保護具の種類は異なるので，使用に際しては用途に適した正しい選択をしなければならない。

呼吸用保護具は，大きく分けて，ろ過式（作業者周囲の有害物質をマスクのろ過材や吸収缶により除去し，有害物質の含まれない空気を呼吸に使用する形式）と，給気式（離れた位置からホースを通して新鮮な空気を呼吸に使用する，または，空気または酸素ボンベを作業者が携行しボンベ内の空気または酸素を呼吸に使用する形式）がある（**図 4-2**）。金属アーク溶接等作業では，主に防じんマスクや防じん機能を有する電動ファン付き呼吸用保護具を用いる。

ア　防じんマスク

防じんマスクは，作業環境中に浮遊する粉じん，ミスト，ヒューム等の粒子状物質を吸入することにより発生する化学物質中毒，じん肺などの健康障害を防止するため，粒子状物質をろ過材で除去する呼吸用保護具である。また，平成 30（2018）年５月１日より，吸気補助具付き防じんマスクも防じんマスクとして分類された。厚生労働大臣または登録型式検定機関の行う型式検定に合格したものを使用しなければならない。

イ　防じん機能を有する電動ファン付き呼吸用保護具（P-PAPR）

P-PAPR は，作業環境中に浮遊する粉じん，ミスト，ヒューム等の粒子状物質をろ過材で清浄化した空気を，電動ファンにより作業者に供給する呼吸用保護具である。厚生労働大臣または登録型式検定機関の行う型式検定に合格したものを使用しなければならない。

ウ　防毒マスク

防毒マスクは，作業環境中の有害なガス，蒸気を吸入することにより発生する中毒などの健康障害を防止するため，それらのガス，蒸気を吸収缶で除去する呼

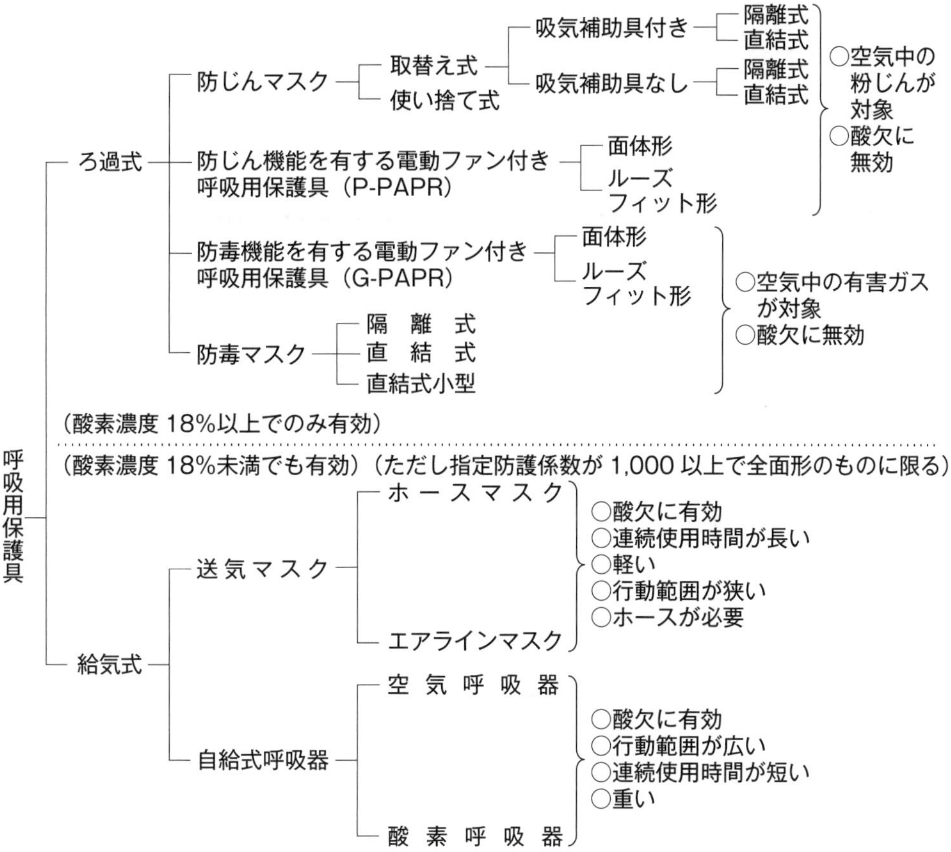

図4-2　呼吸用保護具の種類

吸用保護具である。防毒マスク（ハロゲンガス用，有機ガス用，一酸化炭素用，アンモニア用，亜硫酸ガス用）については，厚生労働大臣または登録型式検定機関の行う型式検定に合格したものを使用しなければならない。

エ　防毒機能を有する電動ファン付き呼吸用保護具（G-PAPR）

G-PAPRは，P-PAPRのろ過材を，有毒なガス，蒸気を除去する吸収缶に替えたものである。

特徴は，P-PAPRと同じである。G-PAPR（ハロゲンガス用，有機ガス用，アンモニア用，亜硫酸ガス用）については，厚生労働大臣または登録型式検定機関の行う型式検定に合格したものを使用しなければならない。

オ　送気マスク

送気マスクは，清浄な空気を有害な環境以外からパイプ，ホース等により作業者に給気する呼吸用保護具である。送気マスクには，自然の大気を空気源とするホースマスクと圧縮空気を空気源とするエアラインマスクおよび複合式エアラインマスクがある。

カ　自給式呼吸器

自給式呼吸器は，清浄な空気または酸素を携行し，それを給気する呼吸用保護具である。自給式呼吸器には，圧縮空気を使用する空気呼吸器と酸素を使用する酸素呼吸器があり，酸素呼吸器には圧縮酸素形と酸素発生形がある。

2　呼吸用保護具の選び方

呼吸用保護具の作業現場の状況をふまえた選択方法を，**図 4-3** に示す。

(1)　酸素濃度が 18％未満の酸素欠乏，あるいは酸素濃度がわからない作業場では，ろ過式呼吸用保護具は使用できない。

(2)　空気中の酸素濃度が 18％以上あり，有害物質の種類がよくわからない場合は，給気式呼吸用保護具（送気マスクまたは自給式呼吸器）を使用する。

(3)　空気中の酸素濃度が 18％以上あり，有害物質の種類が粒子状物質のときは防じんマスク，P-PAPR を選定することが多いが，給気式呼吸用保護具（送気マスクまたは自給式呼吸器）を使用することもできる。

(4)　気体状物質のときは対象ガスに適合する吸収缶を選択し，さらに使用する吸収缶に限界があるため，濃度が２％以下の範囲（**図 4-3** の注を参照）で防毒マスク，G-PAPR を使用することができる。

これらのうち，自給式呼吸器は災害時の救出作業等の緊急時に用いるものであって，通常の金属アーク溶接等作業に使用することは適当ではない。

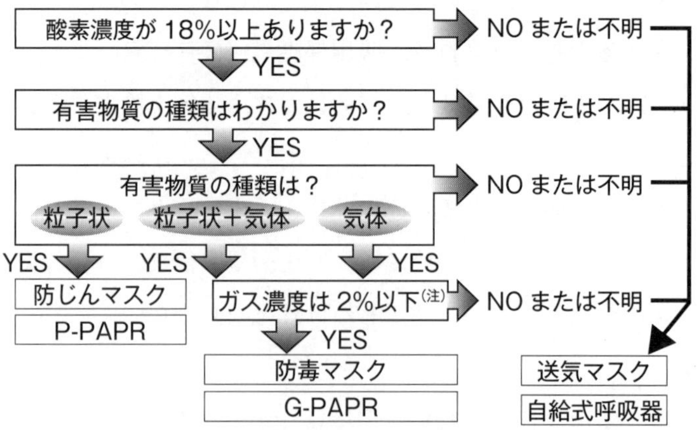

（注）隔離式は 2%以下，直結式は 1%以下（アンモニアはそれぞれ 3%以下，1.5%以下），直結式小型は 0.1%以下の濃度で使用可。

図 4-3　呼吸用保護具の選択方法

3　防護係数，指定防護係数

呼吸用保護具を装着したときにどのくらい有害物質から防護できるか，を示す防護係数をふまえて，保護具を選定する必要がある。防護係数とは，呼吸用保護具の防護性能を表す数値であり，次の式で表すことができる。

$$PF = \frac{C_o}{C_i}$$

PF：防護係数　C_o：呼吸用保護具の外側の測定対象物質の濃度

C_i：呼吸用保護具の内側の測定対象物質の濃度

すなわち，防護係数が高いほど，呼吸用保護具内への有害物質の漏れ込みが少ないことを示し，作業者のばく露が少ない呼吸用保護具といえる。また，C_i を特定化学物質等の管理濃度やばく露限界（日本産業衛生学会の許容濃度や，米国ACGIH の TLV など）とし，防護係数を乗じることにより，C_o，すなわち，呼吸用保護具がどの程度の作業環境濃度あるいはばく露濃度まで使用できるかが予想できる。作業強度が高いと呼吸量が増えるので，防護係数の高い呼吸用保護具を使用する。

指定防護係数は，実験結果から算定された多数の防護係数値の代表値で，訓練された着用者が，正常に機能する呼吸用保護具を正しく着用した場合に，少なくとも得られると期待される防護係数を示している。厚生労働省告示および通達に示された指定防護係数を**表 4-2** に示す。

表 4-2 指定防護係数一覧

呼吸用保護具の種類				指定防護係数	備考
防じんマスク	取替え式	全面形面体	RS3 または RL3	50	RS1，RS2，RS3，RL1，RL2，RL3，DS1，DS2，DS3，DL1，DL2 および DL3 は，防じんマスクの規格（昭和 63 年労働省告示第 19 号）第 1 条第 3 項の規定による区分であること。
			RS2 または RL2	14	
			RS1 または RL1	4	
		半面形面体	RS3 または RL3	10	
			RS2 または RL2	10	
			RS1 または RL1	4	
	使い捨て式		DS3 または DL3	10	
			DS2 または DL2	10	
			DS1 または DL1	4	
防じん機能を有する電動ファン付き呼吸用保護具	全面形面体	S 級	PS3 または PL3	1,000	S 級，A 級および B 級は，電動ファン付き呼吸用保護具の規格（平成 26 年厚生労働省告示第 455 号）第 2 条第 4 項の規定による区分であること。PS1，PS2，PS3，PL1，PL2 および PL3 は，同条第 5 項の規定による区分であること。
		A 級	PS2 または PL2	90	
		A 級または B 級	PS1 または PL1	19	
	半面形面体	S 級	PS3 または PL3	50	
		A 級	PS2 または PL2	33	
		A 級または B 級	PS1 または PL1	14	
	フードまたはフェイスシールドを有するもの	S 級	PS3 または PL3	25	
		A 級		20	
		S 級または A 級	PS2 または PL2	20	
		S 級，A 級または B 級	PS1 または PL1	11	
その他の呼吸用保護具	循環式呼吸器	全面形面体	圧縮酸素形かつ陽圧形	10,000	
			圧縮酸素形かつ陰圧形	50	
			酸素発生形	50	
		半面形面体	圧縮酸素形かつ陽圧形	50	
			圧縮酸素形かつ陰圧形	10	
			酸素発生形	10	
	空気呼吸器	全面形面体	プレッシャデマンド形	10,000	
			デマンド形	50	
		半面形面体	プレッシャデマンド形	50	
			デマンド形	10	
	エアラインマスク	全面形面体	プレッシャデマンド形	1,000	
			デマンド形	50	
			一定流量形	1,000	
		半面形面体	プレッシャデマンド形	50	
			デマンド形	10	
			一定流量形	50	
		フードまたはフェイスシールド形を有するもの	一定流量形	25	
	ホースマスク	全面形面体	電動送風機形	1,000	
			手動送風機形または肺力吸引形	50	
		半面形面体	電動送風機形	50	
			手動送風機形または肺力吸引形	10	
		フードまたはフェイスシールド形を有するもの	電動送風機形	25	

表 4-2　指定防護係数一覧（続き）

<table>
<tr><td rowspan="3">防じん機能を有する電動ファン付き呼吸用保護具 a)</td><td colspan="2">半面形面体</td><td>S 級かつ
PS3 または
PL3</td><td>300</td><td rowspan="10">S 級は，電動ファン付き呼吸用保護具の規格（平成 26 年厚生労働省告示第 455 号）第 2 条第 4 項の規定による区分であること。PS3，PL3 は，同条第 5 項の規定による区分であること。
注記　a）～ c）の指定防護係数は，JIS T 8150 の附属書 JC に従って該当する呼吸用保護具の防護係数を求め，a）～ c）に記載されている指定防護係数を上回ることを該当する呼吸用保護具の製造者が明らかにする書面が製品に添付されている場合に使用できる。
注 b)　防毒機能を有する電動ファン付き呼吸用保護具の指定防護係数の適用は，次による。なお，有毒ガス等と粉じん等が混在する環境に対しては，①と②のそれぞれにおいて有効とされるものについて，呼吸用インタフェースの種類が共通のものが選択の対象となる。
①　有毒ガス等に対する場合：防じん機能を有しないものの欄に記載されている数値を適用。
②　粉じん等に対する場合：防じん機能を有するものの欄に記載されている数値を適用。</td></tr>
<tr><td colspan="2">フード</td><td>S 級かつ
PS3 または
PL3</td><td>1,000</td></tr>
<tr><td colspan="2">フェイスシールド</td><td>S 級かつ
PS3 または
PL3</td><td>300</td></tr>
<tr><td rowspan="6">防毒機能を有する電動ファン付き呼吸用保護具 b)</td><td rowspan="3">防じん機能を有しないもの</td><td colspan="2">半面形面体</td><td>300</td></tr>
<tr><td colspan="2">フード</td><td>1,000</td></tr>
<tr><td colspan="2">フェイスシールド</td><td>300</td></tr>
<tr><td rowspan="3">防じん機能を有するもの</td><td>半面形面体</td><td>PS3 または
PL3</td><td>300</td></tr>
<tr><td>フード</td><td>PS3 または
PL3</td><td>1,000</td></tr>
<tr><td>フェイスシールド</td><td>PS3 または
PL3</td><td>300</td></tr>
<tr><td colspan="3">フードを有するエアラインマスク c)</td><td>一定流量形</td><td>1,000</td></tr>
</table>

（令和 2 年 7 月 31 日厚生労働省告示第 286 号別表第 1 ～ 4，令和 5 年 5 月 25 日基発 0525 第 3 号より）

第３章　防じんマスク

防じんマスクは，必ず「防じんマスクの規格」（昭和63年労働省告示第19号）に基づいて行われる国家検定に合格したものを使用する。

1　防じんマスクの構造

防じんマスクには，**表4-3**，**表4-4**のような種類がある。

表4-3　防じんマスクの種類

取替え式防じんマスク	吸気補助具付き防じんマスク	隔離式防じんマスク	吸気補助具，ろ過材，連結管，吸気弁，面体，排気弁およびしめひもからなり，かつ，ろ過材によって粉じんをろ過した清浄空気を吸気補助具の補助により連結管を通して吸気弁から吸入し，呼気は排気弁から外気中に排出するもの
		直結式防じんマスク	吸気補助具，ろ過材，吸気弁，面体，排気弁およびしめひもからなり，かつ，ろ過材によって粉じんをろ過した清浄空気を吸気補助具の補助により吸気弁から吸入し，呼気は排気弁から外気中に排出するもの
	吸気補助具付き防じんマスク以外のもの	隔離式防じんマスク	ろ過材，連結管，吸気弁，面体，排気弁およびしめひもからなり，かつ，ろ過材によって粉じんをろ過した清浄空気を連結管を通して吸気弁から吸入し，呼気は排気弁から外気中に排出するもの
		直結式防じんマスク	ろ過材，吸気弁，面体，排気弁およびしめひもからなり，かつ，ろ過材によって粉じんをろ過した清浄空気を吸気弁から吸入し，呼気は排気弁から外気中に排出するもの
使い捨て式防じんマスク			一体となったろ過材および面体ならびにしめひもからなり，かつ，ろ過材によって粉じんをろ過した清浄空気を吸入し，呼気はろ過材（排気弁を有するものにあっては排気弁を含む。）から外気中に排出するもの

表4-4　防じんマスクの面体の種類

取替え式防じんマスク	全面形
	半面形
使い捨て式防じんマスク	排気弁付き
	排気弁なし

(1) 取替え式防じんマスク

取替え式防じんマスクは，吸気補助具の付いていないもの（**写真 4-1**）と，吸気補助具付きのもの（**写真 4-2**）に分類される。基本的にはろ過材，吸気弁，排気弁，しめひもが取り替え部分となっており，容易に取り替えできる構造である。また，空気の流れを**図 4-4** で示す。なお，吸気補助具付きのものは，吸気補助具の補助により，吸気弁から吸入し，呼気は排気弁から排出される。

【特徴】

- ろ過材，吸・排気弁等の部品交換をすることで，常に新品時の性能を担保することができる。
- 作業環境にあわせて面体の仕様，構造を選択することができる。
- 面体に耐久性のある素材を使用しているため，適正な保守管理によりくり返し使用できる。

(a) 全面形　(b) 半面形　(c) 排気弁付き　(d) 排気弁なし

(1) 取替え式防じんマスク　(2) 使い捨て式防じんマスク

（写真提供：(a)(b)重松製作所，(c)スリーエムジャパン，(d)興研）

写真 4-1　防じんマスクの例

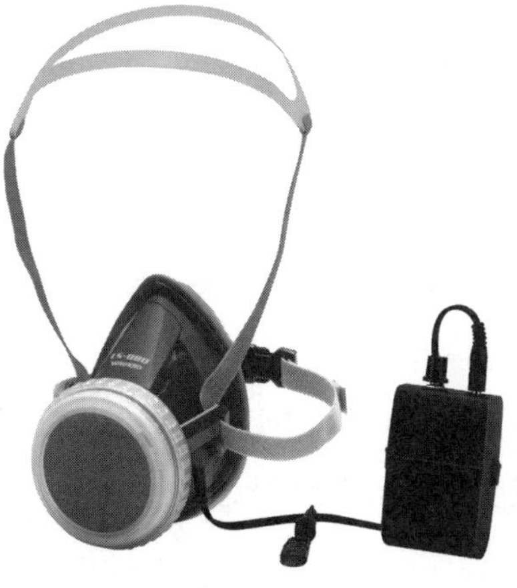

（写真提供：山本光学）

写真 4-2　吸気補助具付き防じんマスク

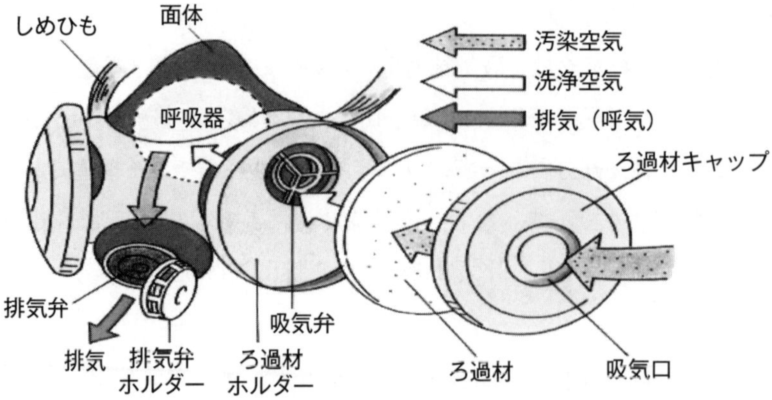

図4-4　取替え式防じんマスク（半面形）の空気の流れ

- マスクを清潔に保つためには作業後，常に掃除する必要がある。
- 着用者自身が顔面と面体との密着性の良否の確認（シールチェック）を随時容易に行える。

取替え式防じんマスクの中で，多く使用されているのは，直結式の半面形である。眼も防護したい場合や，高い防護性能を期待したい場合には，顔面との密着性のよい全面形を選択する（第2章「3 防護係数，指定防護係数」を参照）。

(2) 使い捨て式防じんマスク

【特徴】

- 使用限度時間になったら新しいものに交換する必要がある。
- 面体自体がろ過材なので軽量である。
- 使った後のマスクの清掃や部品交換が不要である。
- 着用者自身が，顔面と面体との密着性の良否を確認（シールチェック）することは難しい。

使用中に次に示すような状態になったら，マスク全体を廃棄し，新品と交換することを前提としている。

- 機能が減じたとき。
- 粉じんが堆積して息苦しくなったり，汚れがひどくなったとき（清浄化による再使用をしてはならない）。
- 変形したとき（顔面との密着性に不具合を感じたとき）。
- 表示してある使用限度時間を超えたとき。

2　防じんマスクの等級別記号

防じんマスクの等級別記号は，**表4-5**に示すとおり粒子捕集効率および試験粒子の種類によって等級が分けられ，さらに，取替え式と使い捨て式の種類も含めて定められている。

等級別記号の意味は，次のとおりである。

R：取替え式（Replaceableの頭文字）

D：使い捨て式（Disposableの頭文字）

L：液体粒子による試験（Liquidの頭文字）

S：固体粒子による試験（Solidの頭文字）

1，2，3：粒子捕集効率によるランク

表4-5　防じんマスクの等級別記号

種　　類	粒子捕集効率（%）	等級別記号	
		DOP[1)] 粒子による試験	NaCl[2)] 粒子による試験
取替え式防じんマスク	99.9 以上	RL3	RS3
	95.0 以上	RL2	RS2
	80.0 以上	RL1	RS1
使い捨て式防じんマスク	99.9 以上	DL3	DS3
	95.0 以上	DL2	DS2
	80.0 以上	DL1	DS1

注　1）DOP：dioctyl phthalate（フタル酸ジオクチル）
　　2）NaCl：sodium chloride（塩化ナトリウム）

3　粒子状物質の種類と防じんマスクの区分

粒子状物質の種類および作業内容ごとの使用すべき防じんマスクの区分を，**表4-6**に示す。防じんマスクを選択する際は，この表を参照すること。

試験粒子が固体粒子のろ過材は，固体粒子に対しては有効であるが，オイルミスト等の粒子を捕集した場合，捕集効率が低下する。一方，試験粒子が液体粒子のろ過材は，固体粒子とともにオイルミスト等に対しても有効なろ過材である。

表 4-6　粉じん等の種類および作業内容に応じて選択可能な防じんマスクおよびP-PAPR

粉じん等の種類および作業内容	オイルミストの有無	防じんマスク 種類	呼吸用インタフェースの種類	ろ過材の種類
○安衛則第592条の5 廃棄物の焼却施設に係る作業で，ダイオキシン類の粉じんばく露のおそれのある作業において使用する防じんマスクおよびP-PAPR	混在しない	取替え式	全面形面体	RS3，RL3
			半面形面体	RS3，RL3
	混在する	取替え式	全面形面体	RL3
			半面形面体	RL3
○電離則第38条 放射性物質がこぼれたとき等による汚染のおそれがある区域内の作業または緊急作業において使用する防じんマスクおよびP-PAPR	混在しない	取替え式	全面形面体	RS3，RL3
			半面形面体	RS3，RL3
	混在する	取替え式	全面形面体	RL3
			半面形面体	RL3
○鉛則第58条，特化則第38条の21，特化則第43条および粉じん則第27条 金属のヒューム（溶接ヒュームを含む。）を発散する場所における作業において使用する防じんマスクおよびP-PAPR※1	混在しない	取替え式	全面形面体	RS3，RL3，RS2，RL2
			半面形面体	RS3，RL3，RS2，RL2
		使い捨て式		DS3，DL3，DS2，DL2
	混在する	取替え式	全面形面体	RL3，RL2
			半面形面体	RL3，RL2
		使い捨て式		DL3，DL2
○鉛則第58条および特化則第43条 管理濃度が0.1 mg/m^3 以下の物質の粉じんを発散する場所における作業において使用する防じんマスクおよびP-PAPR※1	混在しない	取替え式	全面形面体	RS3，RL3，RS2，RL2
			半面形面体	RS3，RL3，RS2，RL2
		使い捨て式		DS3，DL3，DS2，DL2
	混在する	取替え式	全面形面体	RL3，RL2
			半面形面体	RL3，RL2
		使い捨て式		DL3，DL2
○石綿則第14条 負圧隔離養生および隔離養生（負圧不要）の外部（または負圧隔離および隔離養生措置を必要としない石綿等の除去等を行う作業場）で，石綿等の除去等を行う作業<吹き付けられた石綿等の除去，石綿含有保温材等の除去，石綿等の封じ込めもしくは囲い込み，石綿含有成形板等の除去，石綿含有仕上塗材の除去>において使用する防じんマスクおよびP-PAPR※2	混在しない	取替え式	全面形面体	RS3，RL3
			半面形面体	RS3，RL3
	混在する	取替え式	全面形面体	RL3
			半面形面体	RL3
○石綿則第14条 負圧隔離養生および隔離養生（負圧不要）の外部（または負圧隔離および隔離養生措置を必要としない石綿等の除去等を行う作業場）で，石綿等の切断等を伴わない囲い込み／石綿含有形板等の切断等を伴わずに除去する作業において使用する防じんマスク	混在しない	取替え式	全面形面体	RS3，RL3，RS2，RL2
			半面形面体	RS3，RL3，RS2，RL2
	混在する	取替え式	全面形面体	RL3，RL2
			半面形面体	RL3，RL2
○石綿則第14条 石綿含有成形板等および石綿含有仕上塗材の除去等作業を行う作業場で，石綿等の除去等以外の作業を行う場合において使用する防じんマスク	混在しない	取替え式	全面形面体	RS3，RL3，RS2，RL2
			半面形面体	RS3，RL3，RS2，RL2
	混在する	取替え式	全面形面体	RL3，RL2
			半面形面体	RL3，RL2
○除染電離則第16条 高濃度汚染土壌等を取り扱う作業であって，粉じん濃度が10 mg/m^3 を超える場所において使用する防じんマスク※3	混在しない	取替え式	全面形面体	RS3，RL3，RS2，RL2
			半面形面体	RS3，RL3，RS2，RL2
		使い捨て式		DS3，DL3，DS2，DL2
	混在する	取替え式	全面形面体	RL3，RL2
			半面形面体	RL3，RL2
		使い捨て式		DL3，DL2

表 4-6　粉じん等の種類および作業内容に応じて選択可能な防じんマスクおよびP-PAPR（続き）

粉じん等の種類及び作業内容	オイルミストの有無	P-PAPR			
		種類	呼吸用インタフェースの種類	漏れ率の区分	ろ過材の種類
○安衛則第 592 条の 5 廃棄物の焼却施設に係る作業で，ダイオキシン類の粉じんばく露のおそれのある作業において使用する防じんマスクおよび P-PAPR	混在しない	面体形	全面形面体	S 級	PS3，PL3
			半面形面体	S 級	PS3，PL3
		ルーズフィット形	フード	S 級	PS3，PL3
			フェイスシールド	S 級	PS3，PL3
	混在する	面体形	全面形面体	S 級	PL3
			半面形面体	S 級	PL3
		ルーズフィット形	フード	S 級	PL3
			フェイスシールド	S 級	PL3
○電離則第 38 条 放射性物質がこぼれたとき等による汚染のおそれがある区域内の作業または緊急作業において使用する防じんマスクおよび P-PAPR	混在しない	面体形	全面形面体	S 級	PS3，PL3
			半面形面体	S 級	PS3，PL3
		ルーズフィット形	フード	S 級	PS3，PL3
			フェイスシールド	S 級	PS3，PL3
	混在する	面体形	全面形面体	S 級	PL3
			半面形面体	S 級	PL3
		ルーズフィット形	フード	S 級	PL3
			フェイスシールド	S 級	PL3
○石綿則第 14 条 負圧隔離養生および隔離養生（負圧不要）の内部で，石綿等の除去等を行う作業＜吹き付けられた石綿等の除去，石綿含有保温材等の除去，石綿等の封じ込めもしくは囲い込み，石綿含有成形板等の除去，石綿含有仕上塗材の除去＞において使用する P-PAPR	混在しない	面体形	全面形面体	S 級	PS3，PL3
			半面形面体	S 級	PS3，PL3
		ルーズフィット形	フード	S 級	PS3，PL3
			フェイスシールド	S 級	PS3，PL3
	混在する	面体形	全面形面体	S 級	PL3
			半面形面体	S 級	PL3
		ルーズフィット形	フード	S 級	PL3
			フェイスシールド	S 級	PL3
○石綿則第 14 条 負圧隔離養生および隔離養生（負圧不要）の外部（または負圧隔離および隔離養生措置を必要としない石綿等の除去等を行う作業場）で，石綿等の除去等を行う作業＜吹き付けられた石綿等の除去，石綿含有保温材等の除去，石綿等の封じ込めもしくは囲い込み，石綿含有成形板等の除去，石綿含有仕上塗材の除去＞において使用する防じんマスクおよび P-PAPR ※2	混在しない	面体形	全面形面体	S 級	PS3，PL3
			半面形面体	S 級	PS3，PL3
		ルーズフィット形	フード	S 級	PS3，PL3
			フェイスシールド	S 級	PS3，PL3
	混在する	面体形	全面形面体	S 級	PL3
			半面形面体	S 級	PL3
		ルーズフィット形	フード	S 級	PL3
			フェイスシールド	S 級	PL3

※1：P-PAPR のろ過材は，粒子捕集効率が 95 パーセント以上であればよい。
※2：P-PAPR を使用する場合は，大風量形とすること。
※3：それ以外の場所において使用する防じんマスクのろ過材は，粒子捕集効率が 80 パーセント以上であればよい。

（令和 5 年 5 月 25 日付け基発 0525 第 3 号別表 5 をもとに作成）

4 防じんマスクの選択，使用および管理の方法

金属アーク溶接等作業主任者は，防じんマスクを着用する作業者に対し，防じんマスクの取扱説明書等に基づき，適正な装着方法，使用方法，および顔面と面体の密着性の確認方法について十分な教育や訓練を行うとともに，作業者がそれらを実行していることを確認する。

(1) 防じんマスクの選択に当たっての留意点

防じんマスクの選択に当たっては，次の事項に留意する。

(1) 防じんマスクは，機械等検定規則（昭和47年労働省令第45号）第14条の規定に基づき面体およびろ過材ごと（使い捨て式防じんマスクにあっては面体ごと）に付されている検定合格標章により型式検定合格品であることを確認する。

(2) 次の事項について留意の上，防じんマスクの性能が記載されている取扱説明書等を参考に，それぞれの作業に適した防じんマスクを選ぶ。

① **表4-6**に基づき，作業環境中の粉じん等の種類，作業内容，粉じん等の発散状況，作業時のばく露の危険性の程度等を考慮した上で，適切な区分の防じんマスクを選ぶこと。特に，顔面とマスク面体の高い密着性が要求される有害性の高い物質を取り扱う作業については，取替え式防じんマスクを選ぶ。

② 作業環境中に粉じん等に混じってオイルミスト等が存在する場合にあっては，液体の試験粒子を用いた粒子捕集効率試験に合格した防じんマスク（RL 1，RL 2，RL 3，DL 1，DL 2およびDL 3）を選ぶ。

③ 作業内容，作業強度等を考慮し，防じんマスクの重量，吸気抵抗，排気抵抗等が当該作業に適したものを選ぶこと。具体的には，吸気抵抗および排気抵抗が低いほど呼吸が楽にできることから，作業強度が強い場合にあっては，吸気抵抗および排気抵抗ができるだけ低いものを選ぶ（**表4-7**）。

(3) 防じんマスクの顔面への密着性の確認

粒子捕集効率の高い防じんマスクであっても，着用者の顔面と防じんマスクの面体との密着が十分でなく漏れがあると，粉じんの吸入を防ぐ効果が低下するため，防じんマスクの面体は，着用者の顔面に合った形状および寸法の接顔部を有するものを選択すること。特にろ過材の粒子捕集効率が高くなるほど，粉じんの吸入を防ぐ効果を上げるためには，密着性を確保する必要がある。

表 4-7　防じんマスクの選定基準

項　　目	必 要 条 件
粒子捕集効率	高いものほどよい
吸気・排気抵抗	低いものほどよい
吸気抵抗上昇値	低いものほどよい
重　　量	軽いものほどよい
視　　野	広いものほどよい

その方法は作業時に着用する場合と同じように，防じんマスクを着用し，また，保護帽，保護めがね等の着用が必要な作業にあっては，保護帽，保護めがね等も同時に着用させ，次のいずれかの方法により密着性を確認させる。

① 陰圧法（取替え式防じんマスク）

防じんマスクの面体を顔面に押しつけないように，フィットチェッカー等を用いて吸気口をふさぐ。息をゆっくり吸って，防じんマスクの面体と顔面の隙間から空気が面体内に漏れ込まず，苦しくなり，面体が顔面に吸いつけられるかどうかを確認する（**図 4-5**）。

マスクを装着したときに，作業者の手のひらで吸気口を遮断して，吸気した

吸気口にフィットチェッカーを取り付けて息を吸うとき，瞬間的に吸うのではなく，2～3秒の時間をかけてゆっくりと息を吸い，苦しくなれば，空気の漏れ込みが少ないことを示す。

図 4-5　フィットチェッカーを用いたシールチェック

吸気口を手のひらでふさぐときは，押し付けて面体が押されないように，反対の手で面体を抑えながら息を吸い，苦しくなれば空気の漏れ込みが少ないことを示す。

図 4-6　手のひらを用いた陰圧法によるシールチェック

とき苦しくなり，面体が吸いつく（密着する）ことを確認する（**図 4-6**）。

吸気口を手でふさいで吸ったとき漏れ込みを感じたら，もう一度正しく装着して再度漏れチェックする。手でふさぐ際は押しすぎないように注意する。

② 陽圧法

(ア) 取替え式防じんマスク

フィットチェッカー等を用いて，また，手のひらで排気口をふさぐ。息を吐いて，空気が面体内から流出せず，面体内に呼気が滞留することによって面体が膨張するかどうかを確認する。

(イ) 使い捨て式防じんマスク

使い捨て式防じんマスク全体を両手で覆い，息を吐く。使い捨て式防じんマスクと顔の接触部分から息が漏れていないか確認する。

(2) 防じんマスクの使用に当たっての留意点

防じんマスクの使用に当たっては，次の事項に留意する。

(1) 防じんマスクは，酸素濃度18％未満の場所では使用してはならない。このような場所では給気式呼吸用保護具を使用させる。また，防じんマスク（防臭の機能を有しているものを含む）は，有害なガスが存在する場所においては使用してはならない。このような場所では防毒マスク，防毒機能を有する電動ファン付き呼吸用保護具または給気式呼吸用保護具を使用する。

(2) 防じんマスクを適正に使用するため，防じんマスクを着用する前には，その都度，着用者に次の事項について点検を行わせる。

① 面体，吸気弁，排気弁，しめひも等に破損，亀裂または著しい変形がないこと。

② 吸気弁，排気弁および弁座に粉じん等が付着していないこと。なお，排気弁に粉じん等が付着している場合には，相当の漏れ込みが考えられるので，陰圧法により密着性，排気弁の気密性等を十分に確認する。

③ 吸気弁および排気弁が弁座に適切に固定され，排気弁の気密性が保たれていること。

④ ろ過材が適切に取り付けられていること。

⑤ ろ過材が破損したり，穴が開いていないこと。

⑥ ろ過材から異臭が出ていないこと。

⑦ 予備の防じんマスクおよびろ過材を用意していること。

(3) 防じんマスクを適正に使用するため，顔面と面体の接顔部の位置，しめひもの位置および締め方等を適切にさせる。また，しめひもについては，耳にかけることなく，後頭部において固定させる。

(4)　着用後，防じんマスクの内部への空気の漏れ込みが少ないことをフィットチェッカー等を用いて確認させる。

(5)　次のような防じんマスクの着用は，粉じん等が面体の接顔部から面体内へ漏れ込むおそれがあるため，行わせてはならない。

①　タオル等を当てた上から防じんマスクを使用する。

②　着用者のひげ，もみあげ，前髪等が面体の接顔部と顔面の間に入り込んだり，排気弁の作動を妨害するような状態で防じんマスクを使用する。

③　ヘルメットの上からしめひもを使用すること。

(6)　防じんマスクの使用中に息苦しさを感じた場合には，ろ過材を交換する。

なお，使い捨て式防じんマスクにあっては，当該マスクに表示されている使用限度時間に達した場合または使用限度時間内であっても，息苦しさを感じたり，著しい型くずれを生じた場合には廃棄する。

(3) 防じんマスクの保守管理上の留意点

防じんマスクの保守管理に当たっては，次の事項に留意する。

(1)　予備の防じんマスク，ろ過材その他の部品は常時備え付けておき，適時交換して使用できるようにする。

(2)　防じんマスクを常に有効かつ清潔に保持するため，使用後は粉じん等および湿気の少ない場所で，面体，吸気弁，排気弁，しめひも等の破損，亀裂，変形等の状況およびろ過材の固定不良，破損等の状況を点検するとともに，防じんマスクの各部を次の方法により手入れをさせる。ただし，取扱説明書等に特別な手入れ方法が記載されている場合は，その方法に従う。

①　面体，吸気弁，排気弁，しめひも等については，乾燥した布片または軽く水で湿らせた布片で，付着した粉じん，汗等を取り除く。また，汚れの著しいときは，ろ過材を取り外した上で面体を中性洗剤等により水洗する。

②　ろ過材については，ろ過材上に付着した粉じん等を圧縮空気等で吹き飛ばしたり，ろ過材を強くたたくなどの方法によるろ過材の手入れは，ろ過材を破損させる他，粉じん等を再飛散させることとなるので行わない。また，ろ過材には水洗して再使用できるものと，水洗すると性能が低下したり破損したりするものがあるので，取扱説明書等の記載内容を確認し，水洗が可能な旨の記載のあるもの以外は水洗してはならない。

③　取扱説明書等に記載されている防じんマスクの性能は，ろ過材が新品の場合のものであり，一度使用したろ過材を手入れして再使用（水洗して再使用することを含む）する場合は，新品時より粒子捕集効率が低下していないことおよび吸気抵抗が上昇していないことを確認して使用する。

(3)　次のいずれかに該当する場合には，防じんマスクの部品を交換し，または防じんマスクを廃棄させる。

①　ろ過材について破損した場合，穴が開いた場合または著しい変形を生じた場合

②　面体，吸気弁，排気弁等について破損，亀裂もしくは著しい変形を生じた場合または粘着性が認められた場合

③　しめひもについて破損した場合または弾性が失われ，伸縮不良の状態が認められた場合

(4)　点検後，直射日光の当たらない，湿気の少ない清潔な場所に専用の保管場所を設け，管理状況が容易に確認できるように保管させる。なお，保管に当たっては，積み重ね，折り曲げ等により面体，連結管，しめひも等が，亀裂，変形等の異常を生じないようにする。

(5)　使用済みのろ過材および使い捨て式防じんマスクは，付着した粉じん等が再飛散しないように容器または袋に詰めた状態で廃棄させる。

第 4 章　防じん機能を有する電動ファン付き呼吸用保護具（P-PAPR）

防じん機能を有する電動ファン付き呼吸用保護具（Powered Air Purifying Respirator for Particulate Matter. 以下，「P-PAPR」という。）は，電動ファンにより，ろ過材で有害粉じんを除去した清浄な空気を面体内に供給する機能を持つ呼吸用保護具である（**図 4-7** 参照）。

P-PAPR の長所は電動ファンにより清浄空気が供給されるため，通常の使用においては防じんマスクより吸気抵抗が低く，呼吸が楽にできることである。また，面体等の内部が電動ファンにより陽圧になるため，面体と顔面との隙間から粉じんが入りにくく，高い防護性能が期待できる。さらに，フードおよびフェイスシールドは，保護めがねに準じた機能を備え，フェイスシールドには，保護帽の機能を備えるものもある。

P-PAPR は「電動ファン付き呼吸用保護具の規格」（平成 26 年厚生労働省告示第 455 号）に基づいた，国家検定が行われており，この国家検定に合格したものを使用する必要がある。

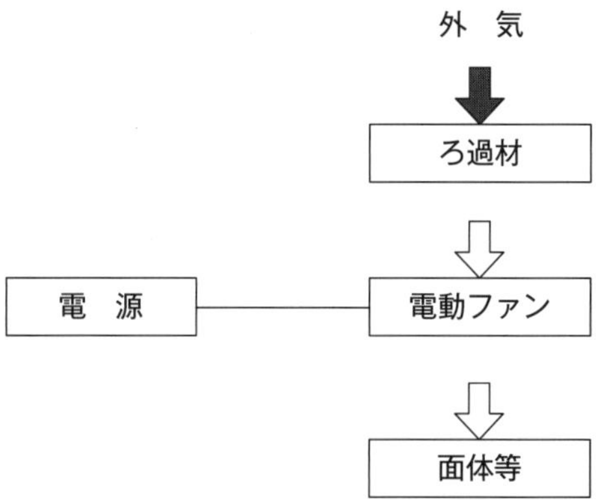

図 4-7　P-PAPR の概念図

1　P-PAPR の種類と性能

P-PAPR は，形状により次のように区分される（**写真 4-3，図 4-8**）。

ア　面体形隔離式

電動ファンおよびろ過材により清浄化された空気を，連結管を通して面体内に送り，着用者の呼気および余剰な空気を排気弁から排出する。

面体には，眼，鼻および口辺を覆う全面形，ならびに鼻および口辺を覆う半面形がある。

(a) 隔離式（半面形）　(b) 直結式（全面形）　(c) 直結式（半面形）

(1) 面体形の例

(a) 隔離式（フェイスシールド）　(b) 隔離式（フード）

(2) ルーズフィット形の例

（写真提供：(1)(b) 興研，その他重松製作所）

写真 4-3　P-PAPR の例

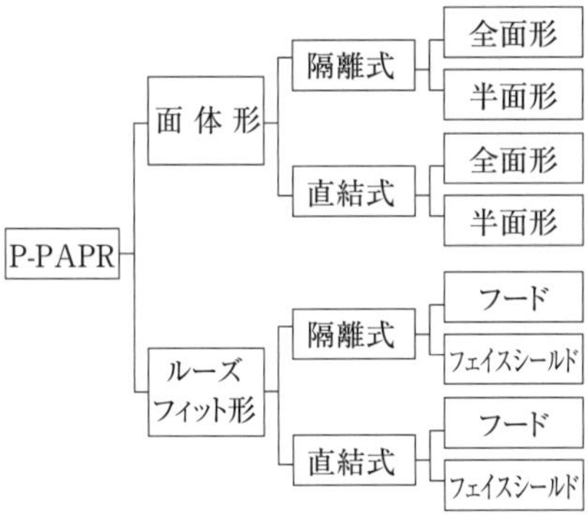

図4-8　P-PAPRの形状による種類

表4-8　P-PAPRの性能による区分

(1)　電動ファンの性能による区分

区分	呼吸模擬装置の作動条件
通常風量形	1.5 ± 0.075L/回 20回/分
大風量形	1.6 ± 0.08L/回 25回/分

（呼吸波形：正弦波，面体内圧（Pa）：$0 < P_F < 400$）

(2)　漏れ率に係る性能による区分

区分	漏れ率
S級	0.1%以下
A級	1.0%以下
B級	5.0%以下

イ　面体形直結式

電動ファンおよびろ過材により清浄化された空気を面体内に送り，着用者の呼気および余剰な空気を排気弁から排出する。

面体には，眼，鼻および口辺を覆う全面形，ならびに鼻および口辺を覆う半面形がある。

ウ　ルーズフィット形隔離式

電動ファンおよびろ過材により清浄化された空気を，連結管を通してフードまたはフェイスシールド内に送り，着用者の呼気および余剰な空気をフードの裾部またはフェイスシールドと顔面の隙間から排出する。

エ　ルーズフィット形直結式

電動ファンおよびろ過材により清浄化された空気を，フードまたはフェイスシールド内に送り，着用者の呼気および余剰な空気をフードの裾部またはフェイスシールドと顔面の隙間から排出する。

上記アとイは，面体と顔面に密着させて使用するため，外気の漏れ込みが少なく高い防護性能が期待できる。

上記ウとエはフェイスシールド等と顔面が密着していないため，防護性能を確保するためには，フェイスシールド等と顔面の隙間から絶え間なく送気が排出される十分な送風量が必要となる。

このほか，電動ファンの性能により，「通常風量形」と「大風量形」に区分され，また漏れ率に係る性能により，「S級」「A級」「B級」に区分される（**表4-8**）。

表 4-9　ろ過材の性能による区分

区分		粒子捕集効率
試験粒子 DOP（フタル酸ジオクチル）	PL3	99.97％以上
	PL2	99.0％以上
	PL1	95.0％以上
試験粒子 NaCl（塩化ナトリウム）	PS3	99.97％以上
	PS2	99.0％以上
	PS1	95.0％以上

表 4-10　ルーズフィット形 P-PAPR の最低必要風量

電動ファンの性能区分	最低必要風量
通常風量形	104L／分
大風量形	138L／分

粒子状物質用 PAPR の性能は，次の 3 要素によって決まる。

① ろ過材の捕集効率

② 面体と顔面との隙間，フェイスシールドやフードと人体との隙間からの漏れ率

③ 連結管の接続部，フィルタの押さえ部などからの漏れ率

これらの要素のうち，①は，防じんマスクのろ過材の性能と同様に固体粒子（NaCl 粒子での試験，種類別記号 S），液体粒子（DOP 粒子での試験，種類別記号 L）で試験し，それぞれ，PS3 または PL3，PS2 または PL2，PS1 または PL1 の 3 段階に区分されている（**表 4-9**）。②および③は，送風量に依存する性能要素である。面体形 PAPR は，一定の呼吸条件において電動ファンからの送風によって面体内を陽圧に保つことができる性能および面体内部への外気の漏れ率によって性能が規定される。ルーズフィット形 P-PAPR は，内部が陽圧に保持されていることを確認するのは困難であるため，電動ファンの最低必要風量が規定される（**表 4-10**）。

近年においては，着用者の呼吸のパターンに合わせて送気量が変化する面体形 P-PAPR（呼吸レスポンス形）が多くの事業場で使用されている。これは，自然な呼吸ができるとともに，バッテリーの消耗や，ろ過材の寿命等のランニングコスト面の向上についても寄与している。

2　P-PAPR の選択，使用上の留意点および保守管理の方法

（1）P-PAPR の選択

P-PAPR を選択するに当たって，粉じん等の種類および作業内容に応じて，**表 4-6**（118 頁）を参考に選択する。

（2）使用上の留意点

送風量が低下する原因は，次のとおりである。

① 粉じんなどの目づまりによるろ過材の通気抵抗の増大

② 電池の消耗による電圧低下

これらについて警報を発する装置が付属していれば，性能低下を知ることができる。ルーズフィット形を使う場合には，送風量低下警報装置の付いたものを使用すべきである。送風量低下警報装置が付属していない場合は，使用中に電池交換または充電の必要が生じたとき，着用者に電池の消耗を知らせる警報装置が必要となる。面体形は，万一送風が停止した場合でも，防じんマスクと同様に機能するので，必ずしも警報装置を必要としない。送風量低下警報装置を備えていないPAPRを使用する場合は，使用開始前に，メーカーが供給している風量計測器を用いて，作業時間中十分な送風量が得られることを確認する必要がある。

(3) 保守管理の方法

① 定期的に点検および整備を行う。面体，連結管，ハーネスなどが劣化した場合は，新しいものと交換する。

② 使用後には次の点に留意する必要がある。

- ろ過材は，圧縮空気等を用いて付着した粉じんを吹き飛ばしたり，ろ過材を強くたたくなどの方法による手入れは，ろ過材を破損させるほか，粉じん等を再飛散させることとなるので行わない。
- ろ過材には水洗して再使用できるものと，水洗すると性能が低下したり破損したりするものがあるので，取扱説明書等の記載内容を確認し，水洗が可能な旨の記載のあるもの以外は水洗してはならない。
- 取扱説明書等に記載されている防じんマスクの性能は，ろ過材が新品の場合のものであり，一度使用したろ過材を手入れして再使用（水洗して再使用することを含む）する場合は，新品時より粒子捕集効率が低下していないことおよび吸気抵抗が上昇していないことを確認して使用する。

③ 充電式のバッテリーを使用したときは，充電を行って次の使用に備える。

- 寒いところで使用した場合，使用時間が短くなる。充電は必ず専用充電器を使用する。
- ショートさせない。
- 火の中に投げ込まない。

第5章　送気マスク

送気マスクは，行動範囲は限られるが，軽くて連続使用時間が長く，一定の場所での長時間の作業に適している。また，酸素欠乏環境およびそのおそれがある場所でも使用することができる。

送気マスクには，自然の大気を空気源とするホースマスクと，圧縮空気を空気源とするエアラインマスクおよび複合式エアラインマスク（総称して「ALマスク」という。）がある（**写真 4-4**，**表 4-11**）。

(a) 肺力吸引形ホースマスク　(b) 一定流量形エアラインマスク　(c) 複合式エアラインマスク（プレッシャデマンド形）

（写真提供：重松製作所）

写真 4-4　送気マスクの例

表 4-11　送気マスクの種類（JIS T 8153：2002）

種類		形式		使用する面体等の種類
ホースマスク		肺力吸引形		面体
		送風機形	電動	面体，フェイスシールド，フード
			手動	面体
ALマスク	エアラインマスク	一定流量形		面体，フェイスシールド，フード
		デマンド形		面体
		プレッシャデマンド形		面体
	複合式エアラインマスク	デマンド形		面体
		プレッシャデマンド形		面体

1　ホースマスク

① 肺力吸引形ホースマスク（**図 4-9(a)**）は，ホースの末端の空気取入口を新鮮な空気のとれるところに固定し，ホース，面体を通じ，着用者の自己肺力によって吸気させる構造のもので，面体，連結管，ハーネス，ホース（原則として内径19 mm以上，長さ10 m以下のもの），空気取入口等から構成されている。

② 肺力吸引形ホースマスクは呼吸に伴ってホース，面体内が陰圧となるため，顔面と面体との接顔部，接手，排気弁等に漏れがあると有害物質が侵入するの

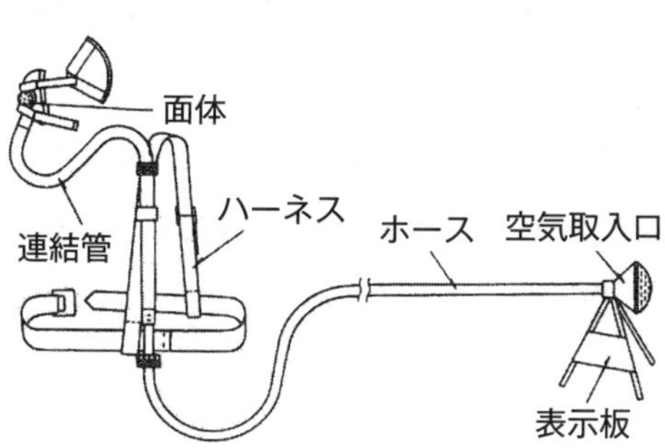

(a) 肺力吸引形ホースマスク

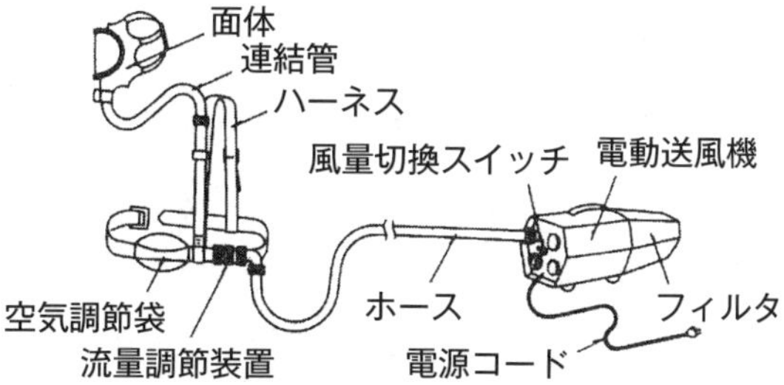

(b) 電動送風機形ホースマスク

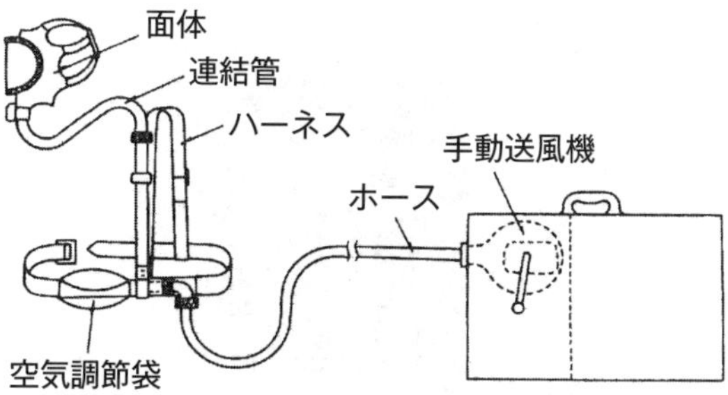

(c) 手動送風機形ホースマスク

図 4-9　ホースマスクの構造例

で，危険度の高いところでは使わないほうがよい。

③　肺力吸引形ホースマスクの空気取入口には目の粗い金網のフィルタしか入っていないので，酸素欠乏空気，有害ガス，悪臭，ほこり等が侵入するおそれのない場所に，ホースを引っ張っても簡単に倒れたり，外れたりしないようしっかりと固定して使用させる。

④　送風機形ホースマスク（**図 4-9(b),(c)**）は，手動または電動の送風機を新鮮な空気のあるところに固定し，ホース，面体等を通じて送気する構造で，中間に流量調節装置（手動送風機を用いる場合は空気調節袋で差し支えない）を備えている。

⑤　送風機は酸素欠乏空気，有害ガス，悪臭，ほこり等のない場所を選んで設置し，運転する。

⑥　電動送風機（**図 4-9(c),写真 4-5**）は長時間運転すると，フィルタにほこりが付着して通気抵抗が増え，送気量が減ったり，モーターが過熱することがあるから，フィルタは定期的に点検し，汚れていたら水でゆすぎ洗いし，乾燥させる。

⑦　2つ以上のホースを同時に接続して使える電動送風機の場合，使用していない接続口には，付属のキャップをさせる。

また，風量を変えられる型式の場合にはホースの数と長さに応じて適当な風量に調節して使用させる。

⑧　電動送風機の回転数を調節できない構造のもので，送気量が多すぎる場合は，ホースと連結管の中間の流量調節装置を回して送気量を調節し，呼吸しやすい送風量にして使用させる。

⑨　電動送風機は一般に防爆構造ではないので，メタンガス，LP ガス，その他の可燃性ガスの濃度が爆発下限界を超えるおそれのある危険区域に持ち込んで

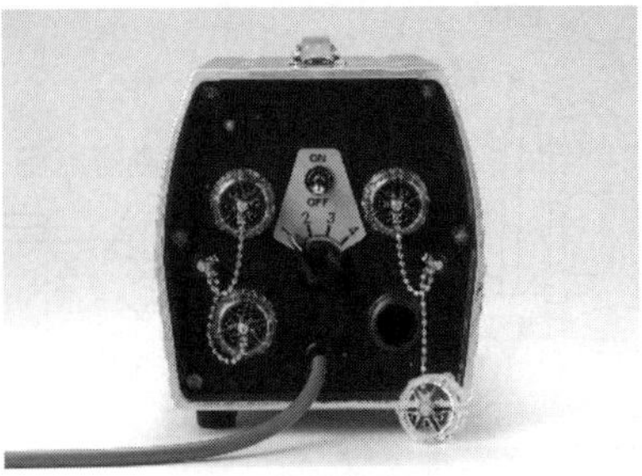

（写真提供：重松製作所）

写真 4-5　電動送風機

使用してはならない。

⑩　手動送風機を回す仕事は相当疲れるので，長時間連続使用する場合には2名以上で交代させて行う。

2　エアラインマスクおよび複合式エアラインマスク

①　一定流量形エアラインマスク（**図4-10(a)**）は，圧縮空気管，高圧空気容器，空気圧縮機等からの圧縮空気を，中圧ホース，面体等を通じて着用者に送気す

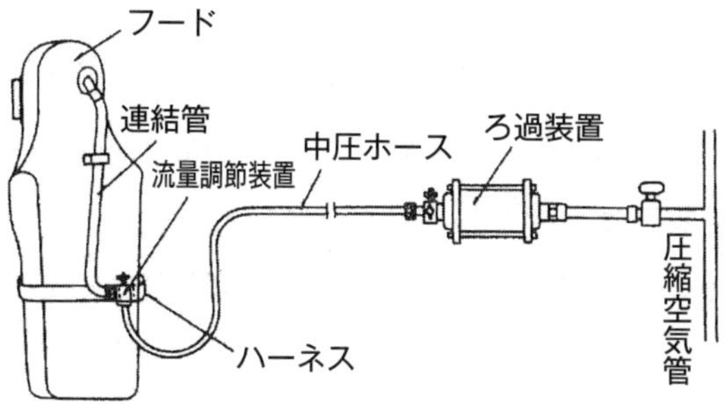

(a) 一定流量形エアラインマスク

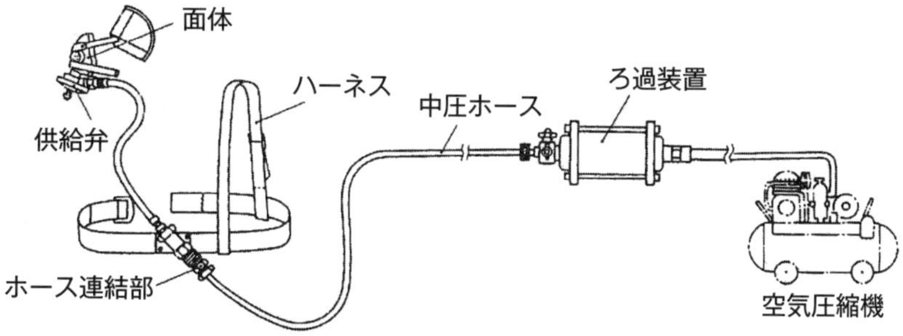

(b) デマンド形エアラインマスク

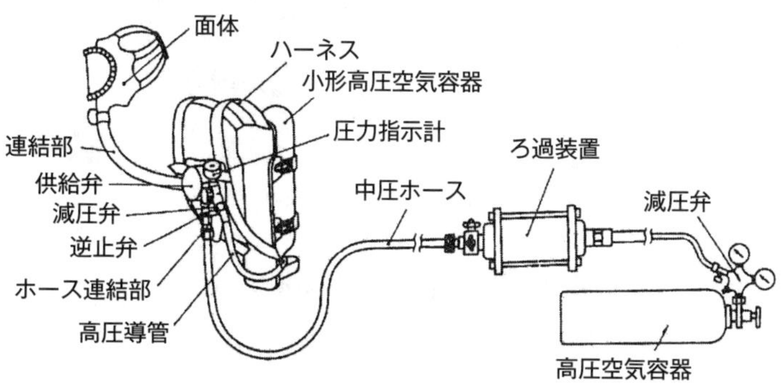

(c) 複合式エアラインマスク

図4-10　エアラインマスクの構造例

る構造のもので，中間に流量調節装置とろ過装置が設けられている。

② 一定流量形エアラインマスクで，連結管がよじれたりしてつまるとエアラインからの圧力が連結管にかかる欠点がある。使用中に連結管がよじれたため中圧ホースに圧力がかかって破裂した事故例がある。

③ デマンド形およびプレッシャデマンド形エアラインマスク（**図4-10(b)**）は，圧縮空気を送気する方式のもので，供給弁を設け，着用者の呼吸の需要量に応じて面体内に送気するものである。

④ 複合式エアラインマスク（**図4-10(c)**）は，デマンド形エアラインマスクまたはプレッシャデマンド形エアラインマスクに，高圧空気容器を取り付けたもので，通常の状態では，デマンド形エアラインマスクまたはプレッシャデマンド形エアラインマスクとして使い，給気が途絶したような緊急時に携行した高圧空気容器からの給気を受け，退避することができる。きわめて危険度の高い場所ではこの方式がよい。

⑤ エアラインマスクの空気源としては，圧縮空気管，空気圧縮機，高圧空気容器等を使用する。空気は清浄な空気を使用する。空気の品質についてはJIS T 8150で示されている。

⑥ 送気マスクに使用する面体等には**写真4-6**に示すような種々の形のものがある。一般には全面形面体が使用され，危険度が少ない場合には，全面形面体に比べ指定防護係数の小さい（第2章，**表4-2**参照）半面形面体，フード形，あるいはフェイスシールド形が使用される。

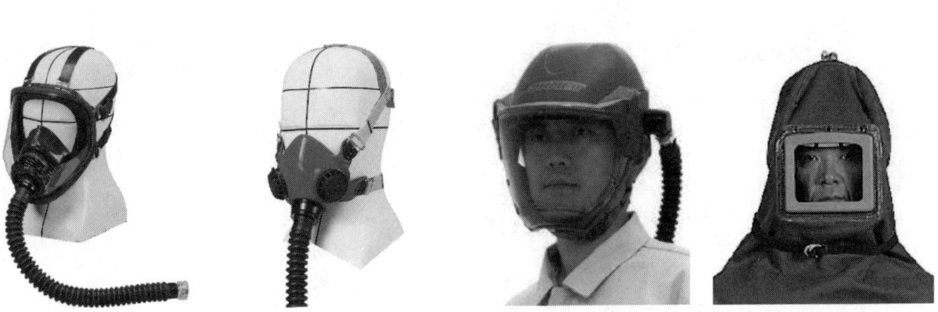

(a) 全面形面体　(b) 半面形面体　(c) フェイスシールド　(d) フード

（写真提供：重松製作所）

写真4-6　送気マスク用面体等の例

3　送気マスク使用の際の注意事項

送気マスクを使用するに当たっては，次の点に留意する必要がある。

① 使用前は面体から空気源に至るまで入念に点検させる。

② 監視者を選任する。監視者は専任とし，作業者と電源からホースまで十分に監視できる人員とする。原則として2名以上とし，監視分担を明記しておく。

③ 送風機の電源スイッチまたは電源コンセント等必要箇所には，「送気マスク使用中」の明瞭な標識を掲げておく。

④ 作業中の必要な合図を定め，作業者と監視者は熟知しておく。

⑤ タンク内または類似の作業をする場合には，墜落制止用器具の使用，あるいは救出の準備をしておく。

⑥ 空気源は常に清浄な空気が得られる安全な場所を選定する。

⑦ ホースは所定の長さ以上にせず，屈曲，切断，押しつぶれ等の事故がない場所を選定して設置させる。

⑧ マスクを装着したら面体の気密テストを行うとともに作業強度も加味して，送風量その他の再チェックをさせる。

⑨ マスクまたはフード内は陽圧になるように送気する（空気調節袋が常にふくらんでいること等を目安にする）。

⑩ 徐々に有害環境に入っていくように指導する。

⑪ 作業中に送気量の減少，ガス臭または油臭，水分の流入，送気の温度上昇等異常を感じたら，直ちに退避して点検させる（故障時の脱出方法や，その所要時間をあらかじめ考えておく）。

⑫ 空気圧縮機は故障その他による加熱で一酸化炭素を発生することがあるので，一酸化炭素検知警報装置を設置することが望ましい。

⑬ 送気マスクが使用されていたが，顔面と面体との間に隙間が生じていたことや空気供給量が少なかったことなどが原因と思われる労働災害が発生した（平成25年10月29日基安化発1029第1号「送気マスクの適正な使用等について」）。厚生労働省は通達を通じて送気マスクの使用について指導する要請を行った。

(a) 送気マスクの防護性能（防護係数）に応じた適切な選択

使用する送気マスクの防護係数が作業場の濃度倍率（有害物質の濃度と許容濃度等のばく露限界値との比）と比べ，十分大きいものであることを確認する。

(b) 面体等に供給する空気量の確保

作業に応じて呼吸しやすい空気供給量に調節することに加え，十分な防護性能を得るために，空気供給量を多めに調節する。

(c) ホースの閉塞などへの対処

十分な強度を持つホースを選択すること。ホースの監視者（流量の確認，ホースの折れ曲がりを監視するとともに，ホースの引き回しの介助を行う者）を配置する。給気が停止した際の警報装置の設置，面体を持つ送気マスクでは，個人用警報装置付きのエアラインマスクを，空気源に異常が生じた際，自動的に空気源が切り替わる緊急時給気切替警報装置に接続したエアラインマスクの使用が望ましい。

(d) 作業時間の管理および巡視

長時間の連続作業を行わないよう連続作業時間に上限を定め，適宜休憩時間を設ける。

(e) 緊急時の連絡方法の確保

長時間の連続作業を単独で行う場合には，異常が発生した時に救助を求めるブザーや連絡用のトランシーバー等の連絡方法を備える。

(f) 送気マスクの使用方法に関する教育の実施

雇い入れ時または配置転換時に，送気マスクの正しい装着方法および顔面への密着性の確認方法について，作業者に教育を行う。

4 送気マスクの点検等

送気マスクは，使用前に必ず作業主任者が点検を行って，異常のないことを確認してから使用させること。また１カ月に１回定期点検，整備を行って常に正しく使用できる状態に保つことが望ましい。

第 6 章　呼吸用保護具の選択とフィットテスト

1　呼吸用保護具の選択

金属アーク溶接等作業を継続して行う屋内作業場では，個人ばく露測定により空気中の溶接ヒュームの濃度を測定し（第 3 編第 9 章 2 参照），その結果に応じて，以下の方法で「要求防護係数」に応じた呼吸用保護具の選択をする。

① 次の式で「要求防護係数」を算定する。

$$PFr = \frac{C}{0.05} \qquad PFr：要求防護係数$$

※ C = 溶接ヒュームの濃度測定結果のうち，マンガン濃度の最大の値を使用

※ 0.05 mg/m^3 = 要求防護係数の計算に際してのマンガンに係る基準値

② 指定防護係数一覧（**表 4-2**（112 頁））から「要求防護係数」を上回る「指定防護係数」を有する呼吸用保護具を選択，使用する。ただし，溶接ヒュームの場合は RS2，RL2 以上もしくは DS2，DL2 以上の防じんマスクを使用しなければならない。

2　フィットテスト

面体を有する呼吸用保護具を使用する場合は，1 年以内ごとに 1 回，定期に，呼吸用保護具の適切な装着の確認として定量的フィットテスト，または，これと同等以上の方法（定性的フィットテスト）を行う。フィットテストは，十分な知識および経験を有する者により，JIS T 8150（呼吸用保護具の選択，使用及び保守管理方法）等による方法で実施し，その確認の記録を 3 年間保存する。

(1) 定量的フィットテスト（写真 4-7）

① 呼吸用保護具の外側と内側の濃度を測定

大気粉じんを用いる漏れ率測定装置（マスクフィッティングテスターなど）を使って，呼吸用保護具の内側と外側の測定対象物質の濃度を測定する。

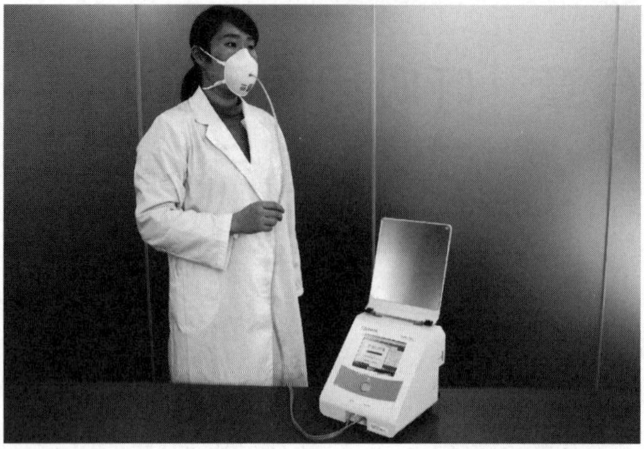

（写真提供：柴田科学）

写真 4-7　定量的フィットテスト

② 「フィットファクタ」（当該作業者の呼吸用保護具が適切に装着されている程度を示す係数）を算出

次の式で「フィットファクタ」を算出する。

$$\text{フィットファクタ} = \frac{\text{呼吸用保護具の外側の測定対象物質の濃度}}{\text{呼吸用保護具の内側の測定対象物質の濃度}}$$

③ 「要求フィットファクタ」を上回っているか確認する

②の「フィットファクタ」が「要求フィットファクタ」を上回っているかを確認する（**表 4-12**）。上回っていれば呼吸用保護具は適切に装着されている。

表 4-12　要求フィットファクタ

呼吸用保護具の種類	要求フィットファクタ
全面形面体を有するもの	500
半面形面体を有するもの	100

(2) 定性的フィットテスト（図 4-11）

① 人の味覚による試験。

一般的に甘味をもつサッカリンナトリウム（以下，「サッカリン」という。）の溶液を使用する。

② 被験者は呼吸用保護具の面体を着用し，頭部を覆うフィットテスト用フードを被り，規定の動作を行う間，計画的な時間間隔でフード内にサッカリン溶液

図4-11　定性的フィットテスト
（出典：『金属アーク溶接等作業者のためのマスクフィットテスト』中央労働災害防止協会，2021年）

を噴霧する。

最終的に被験者がサッカリンの甘味を感じなければ，その面体は被験者にフィットし，フィットファクタが100以上であると判定される。

③　定性的フィットテストが行えるのは，半面形面体だけである。

(3) フィットテストの動作

次の動作を各1分ずつ行い，それぞれのフィットファクタの算術平均を出す。

1. 通常の呼吸
2. 深呼吸
3. 頭を左右に回す
4. 頭を上下に動かす
5. 発生
6. 前屈
7. 通常の呼吸

（注）　定量的フィットテストには，動作を4つで行う短縮定量フィットテストもある。

(4) フィットテストの記録の方法

確認を受けた者の氏名，確認の日時，装着の良否などと，外部に委託して行った場合は受託者の名称を記録する（**表4-13**）。

表4-13　フィットテストの記録例

確認を受けた者	確認の日時	装着の良否	備考
甲山一郎	12/8　10：00	良	○○社に委託して実施（以下同じ）
乙田次郎	12/8　10：30	否（1回目） 良（2回目）	最初のテストで不合格となったが，マスクの装着方法を改善し，2回目で合格となった。

第 7 章　遮光保護具

1　遮光保護具

アーク光，熱切断などから発生する紫外線，強烈な可視光線，赤外線など眼にとって有害な光（以下，「有害光」という。）から眼を保護するためには，作業場の環境に適する遮光保護具を選択し，適切に使用しなければならない。

遮光保護具には，「遮光めがね」と「溶接用保護面」の 2 種類がある。

表 4-14　フィルタプレートおよびフィルタレンズの使用標準

<table>
<tr><th rowspan="2">遮光度番号</th><th colspan="3">アーク溶接・切断作業（アンペア）</th></tr>
<tr><th>被覆アーク溶接</th><th>ガスシールド
アーク溶接</th><th>アークエア
ガウジング</th></tr>
<tr><td>1.2</td><td rowspan="6" colspan="3">散乱光または側射光を受ける作業</td></tr>
<tr><td>1.4</td></tr>
<tr><td>1.7</td></tr>
<tr><td>2</td></tr>
<tr><td>2.5</td></tr>
<tr><td>3</td></tr>
<tr><td>4</td><td>—</td><td rowspan="5">—</td><td rowspan="6">—</td></tr>
<tr><td>5</td><td rowspan="2">30 以下</td></tr>
<tr><td>6</td></tr>
<tr><td>7</td><td rowspan="2">35 を超え
75 まで</td></tr>
<tr><td>8</td></tr>
<tr><td>9</td><td rowspan="3">75 を超え
200 まで</td><td rowspan="2">100 以下</td></tr>
<tr><td>10</td><td rowspan="2">125 を超え
225 まで</td></tr>
<tr><td>11</td><td rowspan="2">100 を超え
300 まで</td></tr>
<tr><td>12</td><td rowspan="2">200 を超え
400 まで</td><td rowspan="2">225 を超え
350 まで</td></tr>
<tr><td>13</td><td rowspan="2">300 を超え
500 まで</td></tr>
<tr><td>14</td><td>400 を超えた場合</td><td rowspan="3">350 を超えた場合</td></tr>
<tr><td>15</td><td rowspan="2">—</td><td rowspan="2">500 を超えた場合</td></tr>
<tr><td>16</td></tr>
</table>

備　考　遮光度番号の小さいフィルタを 2 枚重ねて，遮光度番号の大きいフィルタの代わりに使用する場合，重ねたフィルタの全体の遮光度番号は，次の式による。

$$N = (n_1 + n_2) - 1$$

ここに，N：2 枚のフィルタを重ねた場合の遮光度番号

n_1，n_2：各々のフィルタの遮光度番号

例：遮光度番号の小さいフィルタ 2 枚で，遮光度番号 10 のフィルタに相当する場合　$10 = (8 + 3) - 1$，$10 = (7 + 4) - 1$

（出典：『アーク溶接等作業の安全』第 8 版，中央労働災害防止協会，2022 年）

溶接，熱切断などの種類および使用条件によって有害光の有害度も異なるので，保護面用のプレートおよびめがね用のレンズの遮光度番号は，遮光保護具（JIS T 8141：2016）附属書1（参考）に記載されている使用標準（**表4-14**）を参考に，自らの作業に適合する遮光度番号を選択・使用する。

2　遮光めがね

アークの点火時または再点火時は，保護面での遮光が遅れて有害光にばく露する危険をはらんでいる。また，溶接後の母材が冷えるときに，スラグが飛散するおそれがある。それに備えて，常時，保護面の装着とは別に，下めがね（遮光めがね）を着用していることが望ましい。

遮光めがねとしては，**写真4-8**に示すようなスペクタクル形（サイドシールド有り）の一眼式または二眼式めがねの遮光度番号1.2～3のレンズ付きのものを着用するのが好ましい。

なお，一眼式は，近視用などの矯正用めがねをしていても，その上から着用できる便利さもある。

（a）一眼式　　　　（b）二眼式

（写真提供：山本光学）

写真4-8　スペクタクル形の遮光めがね（サイドシールド有り）の例

3　溶接用保護面

顔面全体を覆うもので，ヘルメット形とハンドシールド形の2種類がある（**図4-12，写真4-9**）。

溶接用保護面は，下めがねでは防護できないアーク光，スパッタなどから顔部および頭や頸部（けいぶ）の前面を保護する役目もある。また，アーク光をセンサーが感知し，自動で液晶部分が遮光する自動遮光液晶溶接面があり，視認性が優れていることと作業性の良さから近年普及が進んでいる。

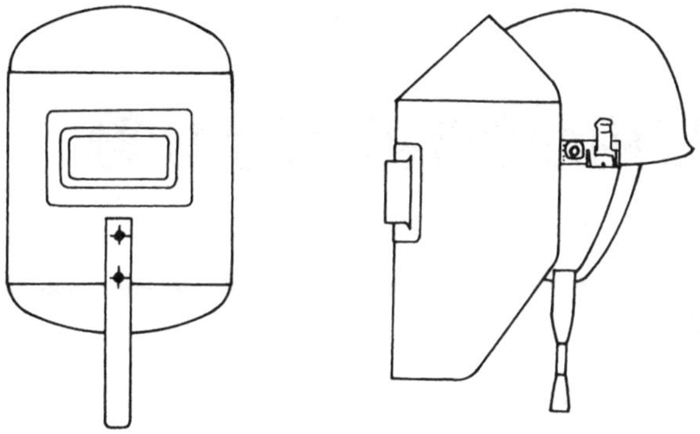

(a) ハンドシールド形　(b) ヘルメット形

図 4-12　溶接用保護面の種類

（写真提供：山本光学）

写真 4-9　液晶自動遮光面の例

なお，溶接用保護面の着用による長時間連続の作業は，眼に大きな負担を伴うので，計画的な休息をとり，作業終了時には，冷水で洗顔するなどの対策を行うことが望ましい。

第8章　溶接用かわ製保護手袋等

1　溶接用かわ製保護手袋

溶接用かわ製保護手袋（JIS T 8113：1976）は，スパッタ，スラグ，熱い材料などが手に直接接触することを防止するために，難燃性，耐熱性および絶縁性の優れた材料の手首覆いがついたものを着用する。

なお，かわ製保護手袋だけでは耐熱性が不十分な場合があるので，軍手を下に着用しておくのが望ましい。

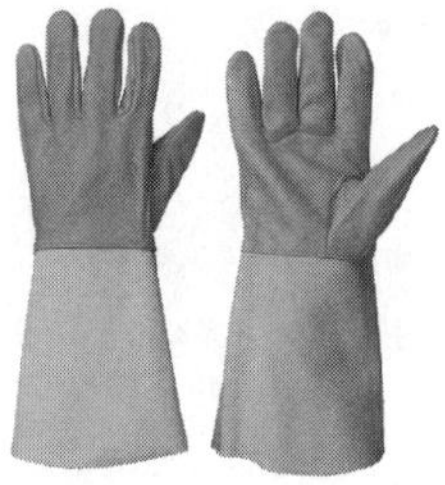

(a) コンビタイプ
5本指の例

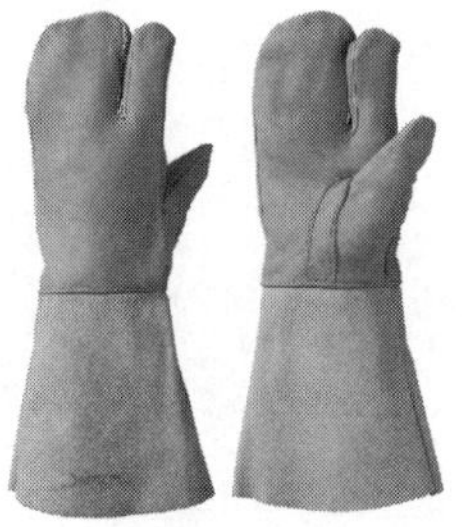

(b) コンビタイプ
3本指の例

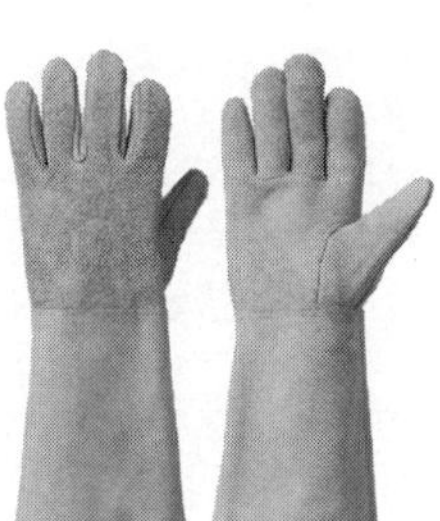

(c) オール床革製
5本指の例

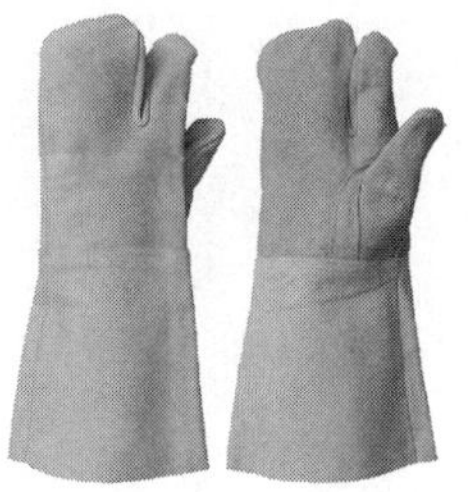

(d) オール床革製
3本指の例

（写真提供：シモン）

写真4-10　溶接用かわ製保護手袋の例

2　前掛け，足カバーおよび腕カバー

①　スパッタおよびスラグから体を保護するために，難燃性の前掛けおよび足カバーを着用する。

②　上向姿勢の溶接作業などでは，必要に応じて腕カバーなどを着用する。

③　これらの保護具は，かわなどの難燃性材料を用いる。

(a) 前掛けの例

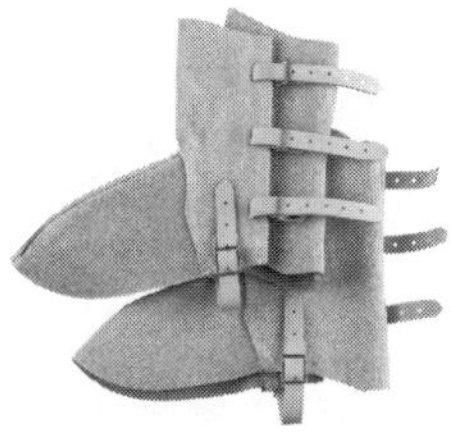

(b) 足カバーの例

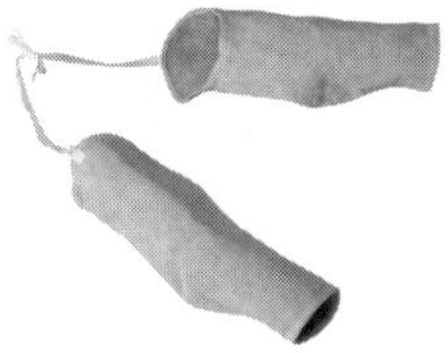

(c) 腕カバーの例

（写真提供：シモン）

写真 4-11　前掛け，足カバー，腕カバーの例

3　溶接等作業用防護服

溶接等作業用防護服は，皮膚の火傷を防止するために，発火・燃焼することなく，高温のスパッタ・スラグとの接触およびアーク光の直接照射に耐える材質のものでなければならない。さらに，身体を十分に覆い，破れ，ボタンの欠損などがなく，作業

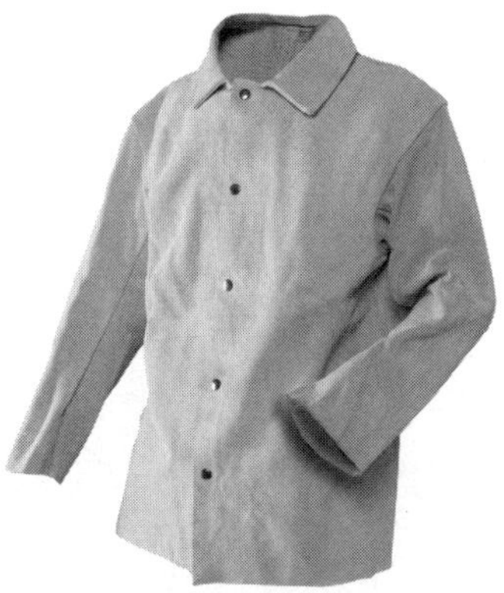

（写真提供：シモン）

写真 4-12　溶接等作業用防護服（上衣）の例

者の体格に合った衣類を着用しなければならない。なお，次の点に注意が必要である。

① 燃えやすい合成繊維（難燃性の合成繊維は除く）の衣類は着用しない。

② 通気性が低いので，熱中症が発生しやすい条件の一つになる。

③ 油類の付着した衣類は着用しない。

④ まくり上げた袖，ポケット，ズボンの折返し部などに，高温のスパッタ・スラグが飛来して，熱傷の原因になることがあるので，袖はまくり上げない。袖や襟のボタンは留める。

第5編
関 係 法 令

第5編のポイント

【第1章】法令の意義
□　法律, 政令, 省令とは何かなど, 関係法令を学ぶ上での基本事項についてまとめている。
【第2章】労働安全衛生法のあらまし
□　金属アーク溶接等作業に関連する労働安全衛生法の概略を説明している。
【第3章】特定化学物質障害予防規則のあらまし～金属アーク溶接等作業を中心に
□　特定化学物質障害予防規則の概略を説明している。
【第4章】特定化学物質障害予防規則（抄）
□　特定化学物質障害予防規則の条文のうち, 金属アーク溶接等作業に関するものについて必要な解説を加えている。
（参考）労働安全衛生規則中の化学物質の自律的な管理に関する規制の主なもの
□　化学物質の管理方法を事業者が決定する自律的な管理の手法を説明している。

〈法令名の略称について〉

- 安衛法，法　→　労働安全衛生法
- 安衛令，令　→　労働安全衛生法施行令
- 安衛則　→　労働安全衛生規則
- 特化則　→　特定化学物質障害予防規則

第１章　法令の意義

〈第１章および第２章中の枠内の条文について〉

法　　律
政　　令
省　　令

1　法律，政令，省令

国民を代表する立法機関である国会が制定した「法律」と，法律の委任を受けて内閣が制定した「政令」および専門の行政機関が制定した「省令」などの「命令」をあわせて一般に「法令」と呼ぶ。

たとえば，工場や建設工事の現場などの事業場には，放置すれば労働災害の発生につながるような危険有害因子（リスク）が常に存在する。一例として，ある事業場で労働者に有害な化学物質を製造し，または取り扱う作業を行わせようとする場合に，もし労働者にそれらの化学物質の有害性や健康障害を防ぐ方法を教育しなかったり，正しい作業方法を守らせる指導監督を怠ったり，作業に使う設備に欠陥があったりするとそれらの化学物質による中毒や，化学物質によってはがん等の重篤な障害が発生する危険がある。そこで，このような危険を取り除いて労働者に安全で健康的な作業を行わせるために，事業場の最高責任者である事業者（法律上の事業者は会社そのものであるが，一般的には会社の代表者である社長が事業者の義務を負っているものと解釈される。）には，法令に定められたいろいろな対策を講じて労働災害を防止する義務がある。

事業者も国民であり，民主主義のもとで国民に義務を負わせるには，国民を代表する立法機関である国会が制定した「法律」によるべきであり，労働安全衛生に関する法律として「労働安全衛生法」がある。

しかしながら，たとえば技術的なことなどについては，日々変化する社会情勢，複雑化する行政内容，進歩する技術に関する事項をいちいち法律で定めていたのでは社会情勢の変化等に対応することはできない。むしろそうした専門的，技術的な事項については，それぞれ専門の行政機関に任せることが適当である。

そこで，法律を実施するための規定や，法律を補充したり規定を具体化したり，より詳細に解釈する権限が行政機関に与えられている。これを「法律」による「命令」への「委任」といい，政府の定める命令を「政令」，行政機関の長である大臣が定める命令を「省令」（厚生労働大臣が定める命令は「厚生労働省令」）と呼ぶ。

2　労働安全衛生法と政令，省令

労働安全衛生法については，政令としては「労働安全衛生法施行令」があり，労働安全衛生法の各条に定められた規定の適用範囲，用語の定義などを定めている。また，省令には，すべての事業場に適用される事項の詳細等を定める「労働安全衛生規則」の「第１編　通則」のようなものと，特定の設備や，特定の業務等を行う事業場だけに適用される「特別規則」がある。一定の化学物質を製造し，または取り扱う業務を行う事業場だけに適用される設備や管理に関する詳細な事項を定める「特別規則」の例が「特定化学物質障害予防規則」である。

3　告示，公示および通達

法律，政令，省令とともにさらに詳細な事項について具体的に定めて国民に知らせるものに「告示」あるいは「公示」がある。技術基準などは一般に告示として公表される。「指針」などは一般に公示として公表される。告示や公示は厳密には法令とは異なるが法令の一部を構成するものといえる。また，法令，告示／公示に関して，上級の行政機関が下級の機関に対し（たとえば厚生労働省労働基準局長が都道府県労働局長に対し）て，法令の内容を解説するとか，指示を与えるために発する通知を「通達」という。通達は法令ではないが，法令を正しく理解するためには「通達」も知る必要がある。法令，告示／公示の内容を解説する通達は「解釈例規」として公表されている。

4　金属アーク溶接等作業主任者と法令

第1編で学んだように金属アーク溶接等作業主任者が職務を行うためには，「特定化学物質障害予防規則」中の関係条項と関係する法令，告示／公示，通達についての理解が必要である。

ただし，法令は，社会情勢の変化や技術の進歩に応じて新しい内容が加えられるなどの改正が行われるものであるから，すべての条文を丸暗記することは意味がない。金属アーク溶接等作業主任者は「特定化学物質障害予防規則」の関係条項と関係法令の目的と，必要な条文の意味をよく理解するとともに，今後の改正にも対応できるように「法（＝法律）」，「政令」，「省令」，「告示／公示」，「通達」の関係を理解し，労働者の指揮に応用することが重要である。

以下に例として，作業主任者の資格と選任に関係する「法」，「政令」，「省令」，「告示／公示」および「通達」について解説する。

（1）法（労働安全衛生法）

労働安全衛生法（以下，「法」という。）第14条は「作業主任者」に関して次のように定めている。

> 労働安全衛生法
>
> （作業主任者）
>
> **第14条**　事業者は，高圧室内作業その他の労働災害を防止するための管理を必要とする作業で，政令で定めるものについては，都道府県労働局長の免許を受けた者又は都道府県労働局長の登録を受けた者が行う技能講習を修了した者のうちから，厚生労働省令で定めるところにより，当該作業の区分に応じて，作業主任者を選任し，その者に当該作業に従事する労働者の指揮その他の厚生労働省令で定める事項を行わせなければならない。

法第14条は事業者に対して，労働災害を防止するための管理を必要とする作業のうち一定のものについて『作業主任者』を選任しなければならないことと「その者に当該作業に従事する労働者の指揮その他の事項を行わせなければならない」ことを定め，具体的に作業主任者の選任を要する作業は「政令」に委任している。また法では，政令で定められた作業主任者を選任しなければならない作業ごとに「作業主任者」となるべき者の資格を「都道府県労働局長の免許を受けた者」か「都道府県労働局長の登録を受けた者が行う技能講習を修了した者」のどちらかとしているが，そのどちらにするかは「厚生労働省令」で定めることとしている（最初の

「厚生労働省令」)。さらに,「作業主任者」の職務も作業ごとにまちまちであるため,法では作業主任者としては,どの作業にも共通な「当該作業に従事する労働者の指揮」をすることを例示した上で,その他のそれぞれの作業に特有な必要とされる事項も合わせて「厚生労働省令」に委任して定めることとしている(後の「厚生労働省令」)。

(2) 政令(労働安全衛生法施行令)

作業主任者の選任を要する作業の範囲を定めた「政令」であるが,この場合の「政令」は,労働安全衛生法施行令(以下,「令」という。)で,具体的には令第6条に作業主任者を選任しなければならない作業を列挙している。金属アーク溶接等作業については,その第18号に,特定化学物質を製造し,または取り扱う作業として次のように定められている(金属アーク溶接等作業によって発生する「溶接ヒューム」は「特定化学物質」である)。

なお,令第6条第18号にはカッコ内に適用が除外される場合をあげているが,令別表第3第2号34の2の「溶接ヒューム」は除外対象にない(適用される)。

労働安全衛生法施行令

(作業主任者を選任すべき作業)(抄)

第6条　法第14条の政令で定める作業は,次のとおりとする。

18　別表第3に掲げる特定化学物質を製造し,又は取り扱う作業(試験研究のため取り扱う作業及び同表第2号3の3,11の2,13の2,15,15の2,18の2から18の4まで,19の2から19の4まで,22の2から22の5まで,23の2,33の2若しくは34の3に掲げる物又は同号37に掲げる物で同号3の3,11の2,13の2,15,15の2,18の2から18の4まで,19の2から19の4まで,22の2から22の5まで,23の2,33の2若しくは34の3に係るものを製造し,又は取り扱う作業で厚生労働省令で定めるものを除く。)

(注)別表第3(抄)は,172頁に掲載。

(3) 省令(厚生労働省令)

①　作業主任者の選任

上記(1)に述べた法第14条には2カ所の「厚生労働省令」がある。最初の「厚生労働省令」は,作業主任者の選任等を定めた労働安全衛生規則(以下,「安衛則」という。)第16条・第17条および特定化学物質障害予防規則(以下,「特化則」という。)第27条であり,後の「厚生労働省令」は,作業主任者の場合の職務を定めたもので金属アーク溶接等作業主任者の場合は特化則第28条の2に規定されている。

安衛則第16条では,その第1項に政令により指定された作業主任者を選任しなければならない作業ごとに当該作業主任者となりうる者の資格および当該作業主任者の名称を定めている。金属アーク溶接等作業関係については，作業主任者となるべき者の資格として「特定化学物質及び四アルキル鉛等作業主任者技能講習（金属アーク溶接等作業主任者限定技能講習を含む）を修了した者」と定め，その名称を「金属アーク溶接等作業主任者」としている。

労働安全衛生規則

（作業主任者の選任）（抄）

第16条　法第14条の規定による作業主任者の選任は，別表第1の上欄（編注:左欄）に掲げる作業の区分に応じて，同表の中欄に掲げる資格を有する者のうちから行なうものとし，その作業主任者の名称は，同表の下欄（編注：右欄）に掲げるとおりとする。

②　略

別表第1（第16条，第17条関係）（抄）

作業の区分	資格を有する者	名称
令第6条第18号の作業のうち，金属をアーク溶接する作業，アークを用いて金属を溶断し，又はガウジングする作業その他の溶接ヒュームを製造し，又は取り扱う作業（以下この項において「金属アーク溶接等作業」という。）	特定化学物質及び四アルキル鉛等作業主任者技能講習（金属アーク溶接等作業主任者限定技能講習を含む。）を修了した者	金属アーク溶接等作業主任者

安衛則第16条の規定は，政令に定められた作業主任者を選任しなければならない作業ごとに，作業主任者となるべき人の資格要件およびその作業主任者の名称を定めたものに対し，特化則第27条では，事業者に「金属アーク溶接等作業主任者」選任の義務を定めたものである。

特定化学物質障害予防規則

（特定化学物質作業主任者等の選任）

第27条　事業者は，令第6条第18号の作業については，特定化学物質及び四アルキル鉛等作業主任者技能講習（次項に規定する金属アーク溶接等作業主任者限定技能講習を除く。第51条第1項及び第3項において同じ。）（特別有機溶剤業務に係る作業にあつては，有機溶剤作業主任者技能講習）を修了した者のうちから，特定化学物質作業主任者を選任しなければならない。

②　事業者は，前項の規定にかかわらず，令第6条第18号の作業のうち，金属をアーク溶接する作業，アークを用いて金属を溶断し，又はガウジングする作業その他の溶接ヒュームを製造し，又は取り扱う作業（以下「金属アーク溶接等作業」という。）については，講習科目を金属アーク溶接等作業に係るものに限定した特定化学物質及び四アルキル鉛等作業主任者技能講習（第51条第4項において「金属アーク溶接等作業主任者限定技能講習」という。）を修了した者のうちから，金属アーク溶

接等作業主任者を選任することができる。
③　略

安衛則では，作業主任者に関して上記の第16条のほか，次の2つの条項を置いている。

労働安全衛生規則

（作業主任者の職務の分担）
第17条　事業者は，別表第1の上欄に掲げる一の作業を同一の場所で行なう場合において，当該作業に係る作業主任者を2人以上選任したときは，それぞれの作業主任者の職務の分担を定めなければならない。
（作業主任者の氏名等の周知）
第18条　事業者は，作業主任者を選任したときは，当該作業主任者の氏名及びその者に行なわせる事項を作業場の見やすい箇所に掲示する等により関係労働者に周知させなければならない。

また，上記（2）に述べた令第6条第18号にも「厚生労働省令」がある。この「厚生労働省令」は，特化則第27条第3項に「令第6条第18号の厚生労働省令で定めるもの」として，「第2条の2各号に掲げる業務」および「第38条の8において準用する有機則第2条第1項及び第3条第1項の場合におけるこれらの項の業務（別表第1第37号に掲げる物に係るものに限る。）」と規定されているが，金属アーク溶接等作業主任者に関しては関係がない。

②　作業主任者の職務

上記（1）に述べた法第14条の2カ所の「厚生労働省令」のうち，後の「厚生労働省令」は，法に定められている「当該作業に従事する労働者の指揮」をはじめ，それぞれの作業の作業主任者に必要な職務は「厚生労働省令」に委任している。金属アーク溶接等作業では，特化則第28条の2に「金属アーク溶接等作業主任者の職務」についての定めがある。具体的には，作業に従事する労働者が溶接ヒュームにより汚染され，またはこれらを吸入しないように，作業の方法を決定し，労働者を指揮することや保護具の使用状況を監視することなどの職務について定められている（195頁参照）。

特定化学物質障害予防規則

（金属アーク溶接等作業主任者の職務）
第28条の2　事業者は，金属アーク溶接等作業主任者に次の事項を行わせなければならない。
1　作業に従事する労働者が溶接ヒュームにより汚染され，又はこれを吸入しないように，作業の方法を決定し，労働者を指揮すること。
2　全体換気装置その他労働者が健康障害を受けることを予防するための装置を1

月を超えない期間ごとに点検すること。
3　保護具の使用状況を監視すること。

(4) 告示／公示

告示／公示は，法令の規定に基づき主に技術的な事項について各省大臣が発するもので，告示の具体的な例としては，法第65条第2項に「作業環境測定は，厚生労働大臣の定める作業環境測定基準に従つて行わなければならない。」と定められており，この「厚生労働大臣の定める作業環境測定基準」は，昭和51年労働省告示第46号（最終改正：令和5年厚生労働省告示第174号）の「作業環境測定基準」という告示が公布されている。

また，公示の例としては，法第57条の3第3項に「厚生労働大臣は，第28条第1項及び第3項に定めるもののほか，前二項の措置に関して，その適切かつ有効な実施を図るため必要な指針を公表するものとする。」と定められている。この指針として「化学物質等による危険性又は有害性の調査等に関する指針」（平成27年9月18日危険性又は有害性等の調査等に関する指針公示第3号　改正：令和5年4月27日危険性又は有害性等の調査等に関する指針公示第4号）が公示されている。

(5) 通　達

通達は，本来，上級官庁から下級官庁に対して行政運営方針や法令の解釈・運用等を示す文書をいう。その中にはそれらの事項を広く関係者に周知するべきことを指示するものも多いため（そのような通達は公表されている），法令を正しく理解するためには，法・令・規則とともに通達にも留意する必要がある。

第 2 章　労働安全衛生法のあらまし

労働安全衛生法は，労働条件の最低基準を定めている労働基準法と相まって，

① 事業場内における安全衛生管理の責任体制の明確化

② 危害防止基準の確立

③ 事業者の自主的安全衛生活動の促進

等の措置を講ずる等の総合的，計画的な対策を推進することにより，労働者の安全と健康を確保し，さらに快適な職場環境の形成を促進することを目的として昭和 47 年に制定された。

その後何回も改正が行われて現在に至っている。

労働安全衛生法は，労働安全衛生法施行令，労働安全衛生規則等で適用の細部を定め，特定化学物質の製造・取扱い業務について事業者の講ずべき措置の基準を特定化学物質障害予防規則で細かく定めている。労働安全衛生法と関係法令のうち，労働衛生に係わる法令の関係を示すと**図 5-1** のようになる。

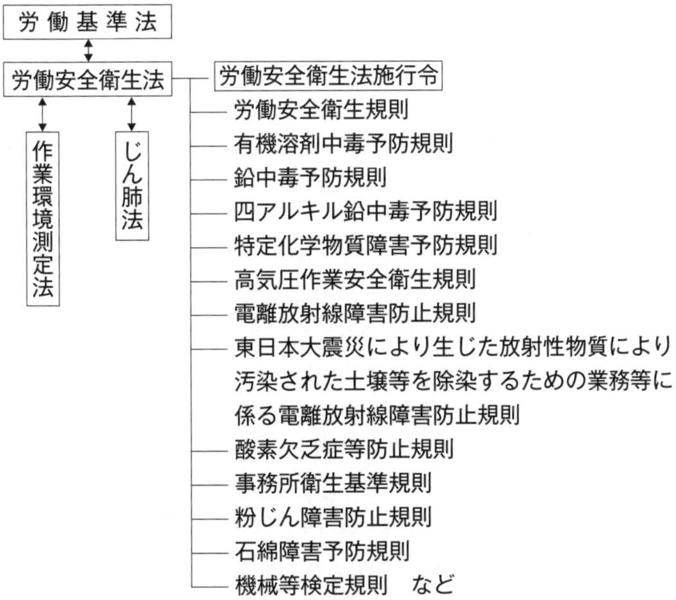

図 5-1　労働衛生関係法令

1　総則（第１条～第５条）

この法律の目的，法律に出てくる用語の定義，事業者の責務，労働者の協力，事業者に関する規定の適用について定めている。

（目　的）
第１条　この法律は，労働基準法（昭和22年法律第49号）と相まつて，労働災害の防止のための危害防止基準の確立，責任体制の明確化及び自主的活動の促進の措置を講ずる等その防止に関する総合的計画的な対策を推進することにより職場における労働者の安全と健康を確保するとともに，快適な職場環境の形成を促進することを目的とする。

労働安全衛生法（安衛法）は，昭和47年に従来の労働基準法（労基法）第5章，すなわち労働条件の1つである「安全及び衛生」を分離独立させて制定されたものである。本条は，労基法の賃金，労働時間，休日などの一般労働条件が労働災害と密接な関係があるため，安衛法と労基法は一体的な運用が図られる必要があることを明確にしながら，労働災害防止の目的を宣言したものである。

【労働基準法】

第５章　安全及び衛生

第42条　労働者の安全及び衛生に関しては，労働安全衛生法（昭和47年法律第57号）の定めるところによる。

（定　義）
第２条　この法律において，次の各号に掲げる用語の意義は，それぞれ当該各号に定めるところによる。

1　労働災害　労働者の就業に係る建設物，設備，原材料，ガス，蒸気，粉じん等により，又は作業行動その他業務に起因して，労働者が負傷し，疾病にかかり，又は死亡することをいう。

2　労働者　労働基準法第9条に規定する労働者（同居の親族のみを使用する事業又は事務所に使用される者及び家事使用人を除く。）をいう。

3　事業者　事業を行う者で，労働者を使用するものをいう。

3の2　化学物質　元素及び化合物をいう。

4　作業環境測定　作業環境の実態をは握するため空気環境その他の作業環境について行うデザイン，サンプリング及び分析（解析を含む。）をいう。

安衛法の「労働者」の定義は，労基法と同じである。すなわち，職業の種類を問わず，事業または事務所に使用されるもので，賃金を支払われる者である。

労基法は「使用者」を「事業主又は事業の経営担当者その他その事業の労働者に

関する事項について，事業主のために行為をするすべての者をいう。」（第10条）と定義しているのに対し，安衛法の「事業者」は，「事業を行う者で，労働者を使用するものをいう。」とし，労働災害防止に関する企業経営者の責務をより明確にしている。

（事業者等の責務）
第3条　事業者は，単にこの法律で定める労働災害の防止のための最低基準を守るだけでなく，快適な職場環境の実現と労働条件の改善を通じて職場における労働者の安全と健康を確保するようにしなければならない。また，事業者は，国が実施する労働災害の防止に関する施策に協力するようにしなければならない。
②　機械，器具その他の設備を設計し，製造し，若しくは輸入する者，原材料を製造し，若しくは輸入する者又は建設物を建設し，若しくは設計する者は，これらの物の設計，製造，輸入又は建設に際して，これらの物が使用されることによる労働災害の発生の防止に資するように努めなければならない。
③　建設工事の注文者等仕事を他人に請け負わせる者は，施工方法，工期等について，安全で衛生的な作業の遂行をそこなうおそれのある条件を附さないように配慮しなければならない。

第1項は，第2条で定義された「事業者」，すなわち「事業を行う者で，労働者を使用するもの」の責務として，自社の労働者について法定の最低基準を順守するだけでなく，積極的に労働者の安全と健康を確保する施策を講ずべきことを規定し，第2項は，製造した機械，輸入した機械，建設物などについて，それぞれの者に，それらを使用することによる労働災害防止の努力義務を課している。さらに第3項は，建設工事の注文者などに施工方法や工期等で安全や衛生に配慮した条件で発注することを求めたものである。

第4条　労働者は，労働災害を防止するため必要な事項を守るほか，事業者その他の関係者が実施する労働災害の防止に関する措置に協力するように努めなければならない。

第4条では，当然のことであるが，労働者もそれぞれの立場で，労働災害の発生の防止のために必要な事項，作業主任者の指揮に従う，保護具の使用を命じられた場合には使用するなどを守らなければならないことを定めたものである。

2　労働災害防止計画（第6条～第9条）

労働災害の防止に関する総合的計画的な対策を図るために，厚生労働大臣が策定する「労働災害防止計画」の策定等について定めている。

3 安全衛生管理体制（第10条～第19条の3）

企業の安全衛生活動を確立させ，的確に促進させるために安衛法では組織的な安全衛生管理体制について規定しており，安全衛生組織には次の2とおりのものがある。

（1）労働災害防止のための一般的な安全衛生管理組織

これには ①総括安全衛生管理者，②安全管理者，③衛生管理者（衛生工学衛生管理者を含む），④安全衛生推進者（衛生推進者を含む），⑤産業医，⑥作業主任者があり，安全衛生に関する調査審議機関として，安全委員会および衛生委員会がある。安全衛生委員会と衛生委員会の両方を設置しなければならない事業場では，それをあわせて安全衛生委員会としても良いこととされている。

安全管理者および衛生管理者は，安全面および衛生面の実務管理者として位置付けられており，安全衛生推進者や産業医についても，その役割が明確に規定されている。また，作業主任者については，安衛法第14条に規定されており，すでに第1章（4の（1））に述べたとおりである。

（2）1の場所において，請負契約関係下にある数事業場が混在して事業を行うことから生ずる労働災害防止のための安全衛生管理組織

これには，建設業と造船業に適用される安全衛生管理体制として，①統括安全衛生責任者，②元方安全衛生管理者，③店社安全衛生管理者および④安全衛生責任者の規定があり，また，関係請負人を含めての協議組織の規定もある。

なお，安衛法第19条の2には，労働災害防止のための業務に従事する者に対し，その業務に関する能力の向上を図るための教育を受けさせるよう努めることが規定されている。金属アーク溶接等作業主任者も，5年ごとの定期または随時（機械設備，取り扱う原材料，作業方法等に大幅な変更があったとき）に，この能力向上教育を受講することが望ましいとされている。

4 労働者の危険または健康障害を防止するための措置（第20条～第36条）

労働災害防止の基礎となる，いわゆる危害防止基準を定めたもので，①事業者の講ずべき措置，②労働者の法令順守の義務，③厚生労働大臣による技術上の指針の公表，④元方事業者の講ずべき措置，⑤注文者の講ずべき措置，⑥機械等貸与者等の講ずべき措置，⑦建築物貸与者の講ずべき措置，⑧重量物の重量表示などが定められている。

これらのうち金属アーク溶接等作業主任者に関係が深いのは，健康障害を防止するために必要な措置を定めた第22条である。

> （事業者の講ずべき措置等）
> **第22条**　事業者は，次の健康障害を防止するため必要な措置を講じなければならない。
> 1　原材料，ガス，蒸気，粉じん，酸素欠乏空気，病原体等による健康障害
> 2～3　略
> 4　排気，排液又は残さい物による健康障害

金属アーク溶接等作業に関して関係の深い特化則のおもな規定は，この安衛法第22条を根拠として定められている。また，安衛法第27条第2項には，特化則等の省令においては公害防止にも配慮しなければならないことが定められており，特化則第3章（用後処理）の規定は，この条文にも配慮したものといえる。

金属アーク溶接等作業に係る特化則第38条の21第2項の規定による「測定」は，本条に基づく作業環境測定である。

なお，この規定による保護対象は，自社以外の労働者にも及ぶことから，作業を請け負わせる請負事業者および同じ場所で作業を行う労働者以外の人も対象となる。

> **第26条**　労働者は，事業者が第20条から第25条まで及び前条第1項の規定に基づき講ずる措置に応じて，必要な事項を守らなければならない。
> **第27条**　第20条から第25条まで及び第25条の2第1項の規定により事業者が講ずべき措置及び前条の規定により労働者が守らなければならない事項は，厚生労働省令で定める。
> ②　前項の厚生労働省令を定めるに当たつては，公害（環境基本法（平成5年法律第91号）第2条第3項に規定する公害をいう。）その他一般公衆の災害で，労働災害と密接に関連するものの防止に関する法令の趣旨に反しないように配慮しなければならない。

危険性または有害性の調査（リスクアセスメント）を実施し，その結果に基づいて労働者への危険または健康障害を防止するための必要な措置を講ずることについては，安全衛生管理を進める上で今日的な重要事項となっている。

安衛法第28条の2は，いわゆるリスクアセスメント実施の努力義務の規定である。化学物質のリスクアセスメントは，同条の規定とは別に安衛法第57条の3の規定により通知対象物について，その実施が義務付けられている。なお，通知対象物以外

の化学物質については本条による実施の努力義務が課せられている。

また，安衛法第29条は，元方事業者について，関係請負人等が労働安全衛生法令に違反しないよう指導を行い，さらに特定化学設備等の改造作業に係る仕事の注文者は請負労働者が労働災害にあわないよう必要な措置を講じなければならないことが規定されている。

（事業者の行うべき調査等）

第28条の2 事業者は，厚生労働省令で定めるところにより，建設物，設備，原材料，ガス，蒸気，粉じん等による，又は作業行動その他業務に起因する危険性又は有害性等（第57条第1項の政令で定める物及び第57条の2第1項に規定する通知対象物による危険性又は有害性等を除く。）を調査し，その結果に基づいて，この法律又はこれに基づく命令の規定による措置を講ずるほか，労働者の危険又は健康障害を防止するため必要な措置を講ずるように努めなければならない。ただし，当該調査のうち，化学物質，化学物質を含有する製剤その他の物で労働者の危険又は健康障害を生ずるおそれのあるものに係るもの以外のものについては，製造業その他厚生労働省令で定める業種に属する事業者に限る。

② 厚生労働大臣は，前条第1項及び第3項に定めるもののほか，前項の措置に関して，その適切かつ有効な実施を図るため必要な指針を公表するものとする。

③ 厚生労働大臣は，前項の指針に従い，事業者又はその団体に対し，必要な指導，援助等を行うことができる。

（元方事業者の講ずべき措置等）

第29条 元方事業者は，関係請負人及び関係請負人の労働者が，当該仕事に関し，この法律又はこれに基づく命令の規定に違反しないよう必要な指導を行なわなければならない。

② 元方事業者は，関係請負人又は関係請負人の労働者が，当該仕事に関し，この法律又はこれに基づく命令の規定に違反していると認めるときは，是正のため必要な指示を行なわなければならない。

③ 前項の指示を受けた関係請負人又はその労働者は，当該指示に従わなければならない。

第31条の2 化学物質，化学物質を含有する製剤その他の物を製造し，又は取り扱う設備で政令で定めるものの改造その他の厚生労働省令で定める作業に係る仕事の注文者は，当該物について，当該仕事に係る請負人の労働者の労働災害を防止するため必要な措置を講じなければならない。

5 機械等ならびに危険物および有害物に関する規制（第37条〜第58条）

機械等に関する安全を確保するためには，製造，流通段階において一定の基準を設けることが必要であり，①特に危険な作業を必要とする機械等（特定機械）の製造の許可，検査についての規制，②特定機械以外の機械等で危険な作業を必要とするものの規制，③機械等の検定，④定期自主検査の規定が設けられている。

また，危険有害物に関する規制では，①製造等の禁止，②製造の許可，③表示，④文書の交付，⑤化学物質のリスクアセスメント，⑥化学物質の有害性の調査の規定が置かれている。

(1) 譲渡等の制限

機械，器具その他の設備による危険から労働災害を防止するためには，製造，流通段階において一定の基準により規制することが重要である。そこで安衛法では，危険もしくは有害な作業を必要とするもの，危険な場所において使用するものまたは危険または健康障害を防止するため使用するもののうち一定のものは，厚生労働大臣の定める規格または安全装置を具備しなければ譲渡し，貸与し，または設置してはならないこととしている。

（譲渡等の制限等）
第42条　特定機械等以外の機械等で，別表第2に掲げるものその他危険若しくは有害な作業を必要とするもの，危険な場所において使用するもの又は危険若しくは健康障害を防止するため使用するもののうち，政令で定めるものは，厚生労働大臣が定める規格又は安全装置を具備しなければ，譲渡し，貸与し，又は設置してはならない。
別表第2（第42条関係）
1〜7　略
8　防じんマスク
9　防毒マスク
10〜15　略
16　電動ファン付き呼吸用保護具

なお，安衛令第13条第5項では，安衛法別表第2第8号および第9号関係について，適用を除外されるものを，防じんマスクでは「ろ過材又は面体を有していない防じんマスク」とし，防毒マスクでは「ハロゲンガス用又は有機ガス用防毒マスクその他厚生労働省令で定めるもの以外の防毒マスク」としており，厚生労働省令で定めるものとして安衛則第26条に一酸化炭素用，アンモニア用および亜硫酸ガス用防毒マスクを定めている。すなわち，防じんマスクでは「ろ過材または面体を有する防じんマスク」，防毒マスクでは「ハロゲンガス用，有機ガス用，一酸化炭素用，アンモニア用および亜硫酸ガス用防毒マスク」が安衛法第42条の譲渡等の制限等の対象となる。

(2) 型式検定・個別検定

(1) の機械等のうち，さらに一定のものについては個別検定または型式検定を受けなければならないこととされている。

特定化学物質の製造・取扱い業務に関連した器具としては，防じんマスクと防毒マスク，電動ファン付き呼吸用保護具がある。それらの物は厚生労働大臣の定める規格を具備し，型式検定に合格したものでなければならないこととされている。

（型式検定）

第44条の2 第42条の機械等のうち，別表第4に掲げる機械等で政令で定めるものを製造し，又は輸入した者は，厚生労働省令で定めるところにより，厚生労働大臣の登録を受けた者（以下「登録型式検定機関」という。）が行う当該機械等の型式についての検定を受けなければならない。ただし，当該機械等のうち輸入された機械等で，その型式について次項の検定が行われた機械等に該当するものは，この限りでない。

②以下　略

別表第4（第44条の2関係）

1～4　略

5　防じんマスク

6　防毒マスク

7～12　略

13　電動ファン付き呼吸用保護具

(3) 定期自主検査

一定の機械等について使用開始後一定の期間ごとに定期的に所定の機能を維持していることを確認するために検査を行わなければならないこととされている。

(4) 危険物および化学物質に関する規制

① 製造禁止

ベンジジン等労働者に重度の健康障害を生ずる物で政令で定められているものは，原則として製造し，輸入し，譲渡し，提供し，または使用してはならないこととされている。

② 製造の許可

ジクロルベンジジン等，労働者に重度の健康障害を生ずるおそれのある物で政令で定められているものを製造しようとする者は，あらかじめ厚生労働大臣の許可を受けなければならないこととされている。

③ 表示（表示対象物質）

爆発性の物，発火性の物，引火性の物その他の労働者に危険を生ずるおそれのある物もしくは健康障害を生ずるおそれのある物で一定のものを容器に入れ，または包装して，譲渡し，または提供する者は，その名称，人体への作用，取扱注意，絵表示等を表示しなければならないこととされている。

表示対象物質および④の通知対象物は667物質（令和5（2023）年9月現在）

が対象とされている（それぞれの対象物ごとに裾切り値が定められている。通知対象物の裾切り値とは異なっているので注意）。

なお，これらの対象は令和6（2024）年4月には896物質となり，さらに令和8（2026）年4月には2,316物質になるとされている。

④　文書の交付等（通知対象物）

化学物質による労働災害には，その化学物質の有害性の情報が伝達されていないことや化学物質管理の方法が確立していないことが主な原因となって発生したものが多い現状にかんがみ，化学物質による労働災害を防止するためには，化学物質の有害性等の情報を確実に伝達し，この情報を基に労働現場において化学物質を適切に管理することが重要である。

そこで労働者に危険もしくは健康障害を生ずるおそれのある物で政令で定めるもの（対象物質は③の表示対象物質と同じであるが，含有量の裾切値の異なるものがある。）を譲渡し，または提供する者は，文書の交付その他の方法により，その名称，成分およびその含有量，物理的および化学的性質，人体におよぼす作用等の事項を，譲渡し，または提供する相手方に通知しなければならない。

なお，上記の表示対象物質，通知対象物以外の危険・有害とされる化学物質についても，同様の表示・文書の交付を行うよう努めなければならないこととされている。

⑤　通知対象物についてのリスクアセスメントの実施

化学物質のうち通知対象物（上記④）については，安衛法第57条の3に基づきリスクアセスメントの実施が義務付けられている。

なお，③の表示，④の文書の交付等および⑤の通知対象物についてのリスクアセスメントの実施は，化学物質の自律的な管理（第5編（参考）参照）の中心をなすものである。

⑥　有害性調査

日本国内に今まで存在しなかった化学物質（新規化学物質）を新たに製造，輸入しようとする事業者は，事前に一定の有害性調査を行い，その結果を厚生労働大臣に届け出なければならないこととされている。

また，がん等重度の健康障害を労働者に生ずるおそれのある化学物質について，当該化学物質による労働者の健康障害を防止するため必要があるときは，厚生労働大臣は，当該化学物質を製造し，または使用している者等に対して一定の有害性調査を行い，その結果を報告することを指示できると定めている。

（表示等）

第57条　爆発性の物，発火性の物，引火性の物その他の労働者に危険を生ずるおそれのある物若しくはベンゼン，ベンゼンを含有する製剤その他の労働者に健康障害を生ずるおそれのある物で政令で定めるもの又は前条第1項の物を容器に入れ，又は包装して，譲渡し，又は提供する者は，厚生労働省令で定めるところにより，その容器又は包装（容器に入れ，かつ，包装して，譲渡し，又は提供するときにあつては，その容器）に次に掲げるものを表示しなければならない。ただし，その容器又は包装のうち，主として一般消費者の生活の用に供するためのものについては，この限りでない。

1　次に掲げる事項

イ　名称

ロ　人体に及ぼす作用

ハ　貯蔵又は取扱い上の注意

ニ　イからハまでに掲げるもののほか，厚生労働省令で定める事項

2　当該物を取り扱う労働者に注意を喚起するための標章で厚生労働大臣が定めるもの

②　前項の政令で定める物又は前条第1項の物を前項に規定する方法以外の方法により譲渡し，又は提供する者は，厚生労働省令で定めるところにより，同項各号の事項を記載した文書を，譲渡し，又は提供する相手方に交付しなければならない。

（文書の交付等）

第57条の2　労働者に危険若しくは健康障害を生ずるおそれのある物で政令で定めるもの又は第56条第1項の物（以下この条及び次条第1項において「通知対象物」という。）を譲渡し，又は提供する者は，文書の交付その他厚生労働省令で定める方法により通知対象物に関する次の事項（前条第2項に規定する者にあつては，同項に規定する事項を除く。）を，譲渡し，又は提供する相手方に通知しなければならない。ただし，主として一般消費者の生活の用に供される製品として通知対象物を譲渡し，又は提供する場合については，この限りでない。

1　名称

2　成分及びその含有量

3　物理的及び化学的性質

4　人体に及ぼす作用

5　貯蔵又は取扱い上の注意

6　流出その他の事故が発生した場合において講ずべき応急の措置

7　前各号に掲げるもののほか，厚生労働省令で定める事項

②　通知対象物を譲渡し，又は提供する者は，前項の規定により通知した事項に変更を行う必要が生じたときは，文書の交付その他厚生労働省令で定める方法により，変更後の同項各号の事項を，速やかに，譲渡し，又は提供した相手方に通知するよう努めなければならない。

③　前二項に定めるもののほか，前二項の通知に関し必要な事項は，厚生労働省令で定める。

（第57条第1項の政令で定める物及び通知対象物について事業者が行うべき調査等）
第57条の3　事業者は，厚生労働省令で定めるところにより，第57条第1項の政令で定める物及び通知対象物による危険性又は有害性等を調査しなければならない。
② 事業者は，前項の調査の結果に基づいて，この法律又はこれに基づく命令の規定による措置を講ずるほか，労働者の危険又は健康障害を防止するため必要な措置を講ずるように努めなければならない。
③ 厚生労働大臣は，第28条第1項及び第3項に定めるもののほか，前二項の措置に関して，その適切かつ有効な実施を図るため必要な指針を公表するものとする。
④ 厚生労働大臣は，前項の指針に従い，事業者又はその団体に対し，必要な指導，援助等を行うことができる。

6　労働者の就業に当たっての措置（第59条～第63条）

労働災害を防止するためには，特に労働衛生関係の場合，労働者が有害原因にばく露されないように施設の整備をはじめ健康管理上のいろいろな措置を講ずることが必要であるが，あわせて，作業に就く労働者に対する安全衛生教育の徹底等もきわめて重要なことである。このような観点から安衛法では，新規雇い入れ時のほか，作業内容変更時においても安全衛生教育を行うべきことを定め，また，危険有害業務に従事する者に対する安全衛生特別教育や，職長その他の現場監督者に対する安全衛生教育についても規定している。

なお，アーク溶接機を用いて行う金属の溶接，溶断等の業務に労働者を従事させる場合には，特別教育を行わなければならない。

7　健康の保持増進のための措置（第64条～第71条）

（1）作業環境測定の実施

作業環境の実態を絶えず正確に把握しておくことは，職場における健康管理の第一歩として欠くべからざるものである。作業環境測定は，作業環境の現状を認識し，作業環境を改善する端緒となるとともに，作業環境の改善のためにとられた措置の効果を確認する機能を有するものであって作業環境管理の基礎的な要素である。安衛法第65条では有害な業務を行う屋内作業場その他の作業場で特に作業環境管理上重要なものについて事業者に作業環境測定の義務を課し（第1項），当該作業環境測定は作業環境測定基準に従って行わなければならない（第2項）こととされている。

（作業環境測定）

第65条　事業者は，有害な業務を行う屋内作業場その他の作業場で，政令で定めるものについて，厚生労働省令で定めるところにより，必要な作業環境測定を行い，及びその結果を記録しておかなければならない。

②　前項の規定による作業環境測定は，厚生労働大臣の定める作業環境測定基準に従つて行わなければならない。

③～⑤　略

安衛法第65条第1項により作業環境測定を行わなければならない作業場の範囲は安衛令第21条に定められている。特定化学物質関係については，その第7号に定められているが，金属アーク溶接等作業によって生じる「溶接ヒューム」は本条の適用は外されている。

(2) 作業環境測定結果の評価とそれに基づく環境管理

作業環境測定を実施した場合に，その結果を評価し，その評価に基づいて，労働者の健康を保持するために必要があると認められるときは，施設または設備の設置または整備，健康診断の実施等適切な措置をとらなければならないこととしている（第1項）。さらに第2項では，その評価は「厚生労働大臣の定める作業環境評価基準」に従って行うこととされている。

(3) 健康診断の実施

労働者の疾病の早期発見と予防を目的として安衛法第66条では，次のように定めて事業者に労働者を対象とする健康診断の実施を義務付けている。

（健康診断）

第66条　事業者は，労働者に対し，厚生労働省令で定めるところにより，医師による健康診断（第66条の10第1項に規定する検査を除く。以下この条及び次条において同じ。）を行なわなければならない。

②　事業者は，有害な業務で，政令で定めるものに従事する労働者に対し，厚生労働省令で定めるところにより，医師による特別の項目についての健康診断を行なわなければならない。有害な業務で，政令で定めるものに従事させたことのある労働者で，現に使用しているものについても，同様とする。

③　事業者は，有害な業務で，政令で定めるものに従事する労働者に対し，厚生労働省令で定めるところにより，歯科医師による健康診断を行なわなければならない。

④　都道府県労働局長は，労働者の健康を保持するため必要があると認めるときは，労働衛生指導医の意見に基づき，厚生労働省令で定めるところにより，事業者に対し，臨時の健康診断の実施その他必要な事項を指示することができる。

⑤　労働者は，前各項の規定により事業者が行なう健康診断を受けなければならない。ただし，事業者の指定した医師又は歯科医師が行なう健康診断を受けることを希望しない場合において，他の医師又は歯科医師の行なうこれらの規定による健康診断

に相当する健康診断を受け，その結果を証明する書面を事業者に提出したときは，この限りでない。

安衛法第66条に定められている健康診断には次のような種類がある。

① すべての労働者を対象とした「一般健康診断」（第1項）

② 有害業務に従事する労働者に対する「特殊健康診断」（第2項前段）

金属アーク溶接等作業に関しては，当該作業により発生する「溶接ヒューム」が特定化学物質の第2類物質に該当するとして，本条による特殊健康診断の対象とされている。

③ 一定の有害業務に従事した後，配置転換した労働者に対する「特殊健康診断」（第2項後段）

④ 有害業務に従事する労働者に対する歯科医師による健康診断（第3項）

③および④は金属アーク溶接等作業を行う労働者には適用されない。

⑤ 都道府県労働局長が指示する臨時の健康診断（第4項）

(4) 健康診断の事後措置

事業者は，健康診断の結果，所見があると診断された労働者について，その労働者の健康を保持するために必要な措置について，3月以内に医師または歯科医師の意見を聞かなければならないこととされ，その意見を勘案して必要があると認めるときは，その労働者の実情を考慮して，就業場所の変更等の措置を講じなければならないこととされている。

また，事業者は，健康診断を実施したときは，遅滞なく，労働者に結果を通知しなければならない。

(5) 面接指導等

脳血管疾患および虚血性心疾患等の発症が長時間労働との関連性が強いとする医学的知見を踏まえ，これらの疾病の発症を予防するため，事業者は，長時間労働を行う労働者に対して医師による面接指導を行わなければならないこととされている。

その他，安衛法第7章には保健指導，心理的な負担の程度を把握するための調査等（ストレスチェック制度），健康管理手帳，病者の就業禁止，受動喫煙の防止，健康教育等の規定がある。

(6) 健康管理手帳

職業がんやじん肺のように発症までの潜伏期間が長く，また，重篤な結果を起こす疾病にかかるおそれのある者に対しては（3）の③に述べたとおり，有害業務に従事したことのある労働者で現に使用しているものを対象とした特殊健康診断を実施することとしているが，そのうち，法令で定める要件に該当する者に対し健康管理手帳を交付し離職後も政府が健康診断を実施することとされている。

8 快適な職場環境の形成のための措置（第71条の2～第71条の4）

労働者がその生活時間の多くを過ごす職場について，疲労やストレスを感じることが少ない快適な職場環境を形成する必要がある。安衛法では，事業者が講ずる措置について規定するとともに，国は，快適な職場環境の形成のための指針を公表することとしている。

9 免許等（第72条～第77条）

危険・有害業務であり労働災害を防止するために管理を必要とする作業について選任を義務付けられている作業主任者や特殊な業務に就く者に必要とされる資格，技能講習，試験等についての規定がなされている。

10 事業場の安全または衛生に関する改善措置等（第78条～第87条）

労働災害の防止を図るため，総合的な改善措置を講ずる必要がある事業場については，都道府県労働局長が安全衛生改善計画の作成を指示し，その自主的活動によって安全衛生状態の改善を進めることが制度化されている。

また，一定期間内に重大な労働災害を同一企業の複数の事業場で繰返し発生させた企業に対し，厚生労働大臣が特別安全衛生改善計画の策定を指示することができる制度が創設された。企業が計画の作成指示や変更指示に従わない場合や計画を実施しない場合には，厚生労働大臣が当該事業者に勧告を行い，勧告に従わない場合は企業名を公表する制度もある。

この安全衛生改善計画や特別安全衛生改善計画を策定する際，企業外の民間有識者の安全および労働衛生についての知識を活用し，企業における安全衛生についての診断や指導に対する需要に応じるため，労働安全・労働衛生コンサルタント制度が設けられている。

また，安全衛生改善計画を作成した事業場がそれを実施するため，改築費，代替機械の購入，設置費等の経費が要る場合には，その要する経費について，国は，金融上の措置，技術上の助言等の援助を行うように努めることになっている。

11　監督等，雑則および罰則（第88条〜第123条）

(1) 計画の届出

一定の機械等を設置し，もしくは移転し，またはこれらの主要構造部分を変更しようとする事業者には，当該計画を工事開始の日の30日前までに労働基準監督署長に届け出る義務を課し，事前に法令違反がないかどうかの審査が行われることとなっている。

計画の届出をすべき機械等の範囲は，安衛則第85条および同規則別表第7に規定されている。

なお，参考までに特定化学物質である特別有機溶剤に適用される有機溶剤中毒予防規則に係るものとして，同規則の規定に基づいて設置する特別有機溶剤（有機溶剤を含む）の蒸気の発散源を密閉する設備，局所排気装置，プッシュプル型換気装置および全体換気装置がある。特化則第38条の21第1項により設置することとされている全体換気装置等（局所排気装置およびプッシュプル型換気装置を含む）は，現在のところこの対象とされていない。

この計画の届出について，事業者の自主的安全衛生活動の取組みを促進するため，労働安全衛生マネジメントシステムを踏まえて事業場における危険性・有害性の調査ならびに安全衛生計画の策定および当該計画の実施・評価・改善等の措置を適切に行っており，その水準が高いと所轄労働基準監督署長が認めた事業者に対しては計画の届出の義務が免除されることとされている。

建設業に属する仕事のうち，重大な労働災害を生ずるおそれがある，特に大規模な仕事に係わるものについては，その計画の届出を工事開始の日の30日前までに厚生労働大臣に行うこと，その他の一定の仕事については工事開始の日の14日前までに所轄労働基準監督署長に行うこと，およびそれらの工事または仕事のうち一定のものの計画については，その作成時に有資格者を参画させなければならないこととされている。

(2) 罰　則

安衛法は，その厳正な運用を担保するため，違反に対する罰則についての規定を置いている。

また，同法は，事業者責任主義を採用し，その第122条で両罰規定を設けて各本条が定めた措置義務者（事業者）のほかに，法人の代表者，法人または人の代理人，使用人その他の従事者がその法人または人の業務に関して，それぞれの違反行為をしたときの従事者が実行行為者として罰されるほか，その法人または人に対しても，各本条に定める罰金刑を科すこととされている。なお，安衛法第20条から第25条に規定される事業者の講じた危害防止措置または救護措置等に関し，第26条により労働者は遵守義務を負い，これに違反した場合も罰金刑が科せられる。

第３章　特定化学物質障害予防規則のあらまし～金属アーク溶接等作業を中心に

1950年代半ばから，わが国経済の発展とともに職場で製造・使用される化学物質の種類・量ともに急激に増加した。さらに1960年代に入ると，高度経済成長のひずみが顕在化し，工場・事業場から排出される排気・排液中に含まれる化学物質による公害問題が大きな社会問題となった。そのような中で，旧労働省は1970年に全国の労働基準監督官など労働基準関係職員を総動員して公害発生に関係の深い化学物質を製造・使用している全国の１万3,665の事業場の立入調査を実施した。

その調査の結果に基づき，昭和46（1971）年に職場で使用される化学物質による職業がん，その他の重度の障害を予防するために，その製造等に係る設備，排気・排液等の用後処理，漏えいの防止，適正な製造・取扱いのための管理，健康診断の実施などについて規制した「特定化学物質等障害予防規則」が制定された。その規則は，制定の翌年，昭和47（1972）年の安衛法の施行に伴い，同法に基づく労働省令となった。

その後，技術の進歩により新しい化学物質の職場への導入や化学物質の人体に与える影響の新しい知見の進歩などに基づき幾度かの規制内容の改正がなされてきた。

さらに「石綿」が同規則から分離独立して「石綿障害予防規則」とされたことに伴い，平成18（2006）年から同規則の名称から「等」が外され，「特定化学物質障害予防規則」（特化則）として現在に至っている。

1　第１章　総則（第１条～第２条の３）

（1）事業者の責務について（第１条）

特化則の第１条は，事業者の責務として，化学物質による労働者のがん，皮膚炎，神経障害その他の健康障害を予防するため，使用する物質の毒性の確認，代替物の使用，作業方法の確立，関係施設の改善，作業環境の整備，健康管理の徹底，その他必要な措置を講じ，もって，労働者の危険の防止の趣旨に反しない限りで，化学物質にばく露される労働者の人数ならびに労働者がばく露される期間および程度を最小限度にするよう努めなければならない旨定めている。

(2) 定義等（第2条）

特化則は，第2条に同規則の適用を明らかにするために，第1項において第1類物質，第2類物質，特定第2類物質，特別有機溶剤等，オーラミン等，管理第2類物質および第3類物質について安衛令との関係を定め，第2項および第3項において安衛令において「…に掲げる物を含有する製剤その他の物で，厚生労働省令で定めるもの」と定められている「厚生労働省令」，すなわち特化則適用上の「裾切り」を別表第1および別表第2に定めている（第1類物質については安衛令別表第3第1号の中で規定されている）。また，特化則では第2条のほか，同規則の各条文の中で「読み替え」の形で定義しているものもある。

なお，金属アーク溶接等作業に伴って発生する「溶接ヒューム」は，安衛令別表第3第2号34の2に規定される特定化学物質の第2類物質である。また，特化則別表第1第34号の2に「溶接ヒュームを含有する製剤その他の物。ただし，溶接ヒュームの含有量が重量の1パーセント以下のものを除く。」と規定されている。すなわち「溶接ヒューム」をその重量の1パーセントを超えて含有する物は特定化学物質の第2類物質である。

労働安全衛生法施行令

別表第3 特定化学物質（第6条，第15条，第17条，第18条，第18条の2，第21条，第22条関係）

1 第1類物質 （略）

2 第2類物質

1～34 （略）

34の2 溶接ヒューム

34の3～37 （略）

3 第3類物質 （略）

(3) 適用の除外（第2条の2）

特化則第2条の2には，同規則全般の適用規定が適用されない業務があげられている（金属アーク溶接等作業については本条による適用の除外はない）。

近年，新たに安衛令別表第3の特定化学物質に追加され，特化則による規制対象とされるのは，厚生労働省におけるリスク評価の結果，当該物質を製造し，または使用する業務のうちリスクが高いと認められた業務となっている。本条は特定化学物質に関わる業務ではあるが，リスクが高いと認められなかった業務である。

なお，安衛令第6条（作業主任者を選任すべき作業）第18号，第21条（作業環境測定を行うべき作業場）第7号および第22条（健康診断を行うべき有害な業務）第1項ならびに第2項中，当該規定の適用が除外される業務を定める「厚生労働省令」は，それぞれ特化則第27条第2項，第36条第4項および第39条第5項において，それぞれ本条（特化則第2条の2）であることを定めている。

ただし，本条により適用除外とされる業務であっても，皮膚に障害を与え，または皮膚から吸収されることにより障害を起こすおそれのあるものについては，特化則第44条（保護衣等）および第45条（保護具の数等）の規定は適用される。

(4) 管理の水準が一定以上の事業場の適用除外（第2条の3）

特化則の対象となる化学物質に関わる管理の水準が一定以上であると所轄都道府県労働局長が認定した事業場は，第5章の2「特殊な作業等の管理」の一部の規定と健康診断および保護具に関する規定を除く特化則に定められた個別規制の適用が除外され，当該化学物質の管理を，事業者による自律的な管理（リスクアセスメントに基づく管理）に委ねられる。

なお，金属アーク溶接等作業に関しては，安衛法第65条第1項の作業環境測定の対象となっておらず，同法第65条の2の作業環境測定の結果の評価が行われることはないことから，本条（特化則第2条の3）第1項第3号の要件に該当しないので本条による適用除外の対象にはならないと解される。

2　第2章　製造等に係る措置（第3条～第8条）

第2章では，第1類物質の取扱い作業または第2類物質の製造・取扱い作業に労働者を従事させる場合におけるそれらの物質のガス・蒸気・粉じんによる作業場内の空気の汚染と当該物質による労働者の障害を防止するため，第1類物質または第2類物質の区分に応じた設備上の措置について規定している。

金属アーク溶接等作業に伴い発生する「溶接ヒューム」は，特定化学物質の第2類物質であり，特化則の上では管理第2類物質に分類される。特化則第5条は「管理第2類物質のガス・蒸気・粉じんを発散する屋内作業場においては，当該管理第2類物質のガス・蒸気・粉じんを発散源には原則としてその発散源を密閉する設備，局所排気装置またはプッシュプル型換気装置等を設けなければならない。」と規定しているが，金属アーク溶接等作業については特化則第38条の21第1項により同条各項の措置を取らなければならないこととされ，上述の第5条の規定は適用されない。

本章では，上記の第1類物質または第2類物質の区分に応じた設備上の措置のほか，当該措置として設置した局所排気装置等の要件およびその有効な稼働等が定められている。

3 第3章 用後処理（第9条～第12条の2）

安衛法第27条第2項の趣旨に基づき第1類物質，第2類物質その他特に問題がある物質について，これらの物質のガス，蒸気または粉じんが局所排気装置，生産設備等から排出された場所を含め付近一帯の汚染または作業場の再汚染，およびこれらの物質を含有する排液による有害ガス等の発生または地下水等の汚染等による，労働者の障害を防止し，あわせて付近住民の障害の防止にも資するようそれぞれ有効な処理装置等を付設すべきこと等を規定したものであり，その順守によって公害の防止にも寄与することができるものとして規定されている。

本章には，除じん，廃液処理，アルキル水銀化合物を含有する残さい物の処理のほか，第12条の2に「ぼろ等の処理」の規定がある。

特化則第12条の2には，特定化学物質に汚染されたぼろ，紙くず等を作業場内に放置することにより労働者が特定化学物質により汚染され，またはこれらの物を廃棄する場合に運搬等の業務に従事する労働者が特定化学物質により汚染されることを防止するため，これらの物を一定の容器に納めておく等の措置を講ずべきことが定められている。「溶接ヒューム」を重量の1パーセントを超えて含有しているぼろ，紙くずなどについては本条の規定が適用される。

なお，この規定は作業の一部を請負人に請け負わせるときは，当該請負人に対し，同様な措置を講ずる必要がある旨を周知させなければならない。

4 第4章 漏えいの防止（第13条～第26条）

(1) 特定化学設備に関する規制（第13条～第20条）

安衛令第15条第1項第10号に定められた「特定化学設備」（第3類物質等の製造・取扱い設備）について，構造その他の設備上の措置，維持管理上の措置および取扱い上の措置に伴う漏えい事故による急性中毒等の障害の予防を目的として規定されている。

この規定は，自社の労働者のみならず，作業の一部を請負人に請け負わせるときは，当該請負人の労働者も含む趣旨である。

「溶接ヒューム」に関しては，管理第2類物質であるから，第3類物質等の製造・取扱い設備である特定化学設備に関する規制は適用されない。

(2) 床についての規制（第21条）

第1類物質を取り扱う作業場（第1類物質を製造する事業場における取扱いは，安衛法第56条に基づく製造許可基準として特化則第8章に規定されるため本条の対象から除かれる），オーラミン等または管理第2類物質を製造し，または取り扱う作業場および特定化学設備を設置する屋内作業場の床は不浸透性の材料で造らなければならない。

金属アーク溶接等作業を行う作業場は屋内・屋外を問わず，同作業により発生する「溶接ヒューム」は管理第2類物質であるところから本条は適用される。

(3) 設備の改造等の作業等

特化則第22条・第22条の2には設備の改造等の作業，第23条には第3類物質等が漏えいした場合の退避の規定がある。

(4) その他

① 第1類物質または第2類物質の製造,取扱い作業場（燻蒸作業を除く）には，関係者以外の者の立入りを禁止し，これを見やすい箇所に表示すること（第24条）。

② 特定化学物質を運搬し，貯蔵するときは，堅固な容器，確実な包装のものとし，所要の表示をすること。また，これらの物質またはその空容器，使用済み包装は適切に保管すること（第25条）。

③ 特定化学設備設置作業場では，救護組織の確立，その組織の訓練等に努力すること（第26条）。

金属アーク溶接等作業に伴って生じる「溶接ヒューム」は，③の特定化学設備には関係ないため特化則第26条は適用されないが，①の第2類物質であり，かつ，②の特定化学物質に該当することから，特化則第24条および第25条の規定は金属アーク溶接等作業にも適用される。

5　第5章　管理（第27条〜第38条の4）

(1) 金属アーク溶接等作業主任者の選任および職務（第27条および第28条の2）

金属アーク溶接等作業主任者の選任および職務については，第1編第1章または本編第1章の4に述べたとおり，金属アーク溶接等作業により生じる特定化学物質である「溶接ヒューム」を製造し，または取り扱う作業に該当し，特化則第27条第2項により「特定化学物質及び四アルキル鉛等作業主任者技能講習」または「金属アーク溶接等作業主任者限定技能講習」を修了した者のうちから「金属アーク溶接等作業主任者」を選任し，特化則第28条の2に定められた職務を行わせなければならないこととされている。

金属アーク溶接等作業主任者の職務が規定されている特化則第28条の2の行政解釈は示されていないが，特定化学物質作業主任者の職務である特化則第28条第1号の解釈から推して金属アーク溶接等作業主任者の職務である特化則第28条の2第1号の「作業の方法」も，専ら労働者の健康障害の予防に必要な事項に限るものと考えられる。

同様に第2号の「その他労働者が健康障害を受けることを予防するための装置」は，屋内において金属アーク溶接等作業を行う場合に原則として設置することとされている全体換気装置は同号にあげられているので，それ以外の設備，たとえば原則として設置することとされる全体換気装置に代わって局所排気装置を設置したときの当該設備等が考えられる。また，同号の「点検する」とは，関係装置について主要部分の損傷，脱落，腐食，異常音等の有無など，当該装置等の効果の確認等である。

さらに，第3号の「保護具の使用状況を監視」とは，労働者が必要に応じて適切な保護具を正しく使用しているかどうかを監視するものである。特に金属アーク溶接等作業においては特化則第38条の21各項に規定されているような法令に基づいた有効な保護具の選定，フィットテストの適正な実施なども含まれる。

(2) 休憩室・洗浄設備（第37条・第38条）

第1類物質または第2類物質の製造，取扱い作業に労働者を従事させるときは，作業場以外の場所に休憩室を設け，適切な洗眼，洗身またはうがいの設備，更衣設備および洗たくのための設備を備えること。また，作業に従事する労働者の身体が第1類物質または第2類物質により汚染されたときは，速やかに労働者の身体を洗浄させ，汚染を除去しなければならない。また，取り扱う物質が粉状である場合には，休憩室の入口には湿らせたマットを置く等により足部に付着した物を除去できる設備を設けるとともに衣服用ブラシを備え，また，休憩室の床を容易に掃除できる構造にした上で毎日 1 回以上掃除しなければならない。この規定は，金属アーク溶接等作業に伴って生じる「溶接ヒューム」は，第 2 類物質に該当することから同作業にも適用される。また，金属アーク溶接等作業に係る特別規制である特化則第 38 条の 21 第 11 項にも「金属アーク溶接等作業に労働者を従事させるときは，当該作業を行う屋内作業場の床等を，水洗等によつて容易に掃除できる構造のものとし，水洗等粉じんの飛散しない方法によつて，毎日 1 回以上掃除しなければならない」旨の規定がある。

なお，作業の一部を請負人に請け負わせるときは，当該請負人に対し，同様の措置をとる必要がある旨を周知させなければならない。

(3) 喫煙等の禁止（第 38 条の 2）

第 1 類物質または第 2 類物質の製造，取扱い作業に従事する労働者が喫煙し，または飲食することを禁止し，この旨を表示しなければならない。この規定も金属アーク溶接等作業に伴って生じる「溶接ヒューム」は，第 2 類物質に該当することから同作業にも適用される。

(4) 掲示（第 38 条の 3）

特定化学物質を製造し，または取り扱う作業場には当該特定化学物質の名称，取り扱い上の注意事項等を，見やすい箇所に掲示しなければならないこととされている。金属アーク溶接等作業を行う屋内作業場には，同作業によって発生する「溶接ヒューム」が特定化学物質に該当することから，次の事項を掲示しなければならない。

① 特定化学物質の名称
② 特定化学物質により生ずるおそれのある疾病の種類およびその症状
③ 特定化学物質の取扱い上の注意事項
④ 有効な保護具を使用しなければならない旨および使用すべき保護具

そのほか，本章には定期自主検査（第 29 条～第 32 条・第 35 条），点検（第 33 条～第 35 条），作業環境測定および記録（第 36 条），作業環境測定結果の評価および評価の結果に基づく措置（第 36 条の 3・第 36 条の 4），作業環境測定の結果が第 3 管理区分に区分された場合の義務（第 36 条の 3 の 2（令和 6 年 4 月 1 日施行））等の規定があるが，金属アーク溶接等作業に関わる設備は定期自主検査の対象とされていないし，安衛法第65条第1項の作業環境測定の対象とはなっていない。

6 第5章の2 特殊な作業等の管理（第38条の5～第38条の21）

塩素化ビフェニル，インジウム化合物，特別有機溶剤等，エチレンオキシド等，コバルト等，コークス炉（コールタール等），三酸化二アンチモン等，燻（くん）蒸作業（臭化メチル等），ニトログリコール，ベンゼン等，1･3-ブタジエン等，硫酸ジエチル等，1･3-プロパンスルトン等，リフラクトリーセラミックファイバー等および金属アーク溶接等作業にかかる措置が定められている。

【金属アーク溶接等作業に係る措置】

2（特化則第2章）に述べたとおり，特化則第5条第1項により管理第2類物質（金属アーク溶接等作業により生じる「溶接ヒューム」は管理第2類物質である）のガス・蒸気・粉じんを発散する屋内作業場においては，原則としてその発散源を密閉する設備，局所排気装置またはプッシュプル型換気装置等を設けなければならないが，特化則第38条の21第1項により「金属アーク溶接等作業」については同条各項の措置を取らなければならないこととされ，特化則第5条の規定は適用されない。

特化則第38条の21の規定による金属アーク溶接等作業に係る措置のあらましは，次のとおりである（第3編**図3-17**参照）。

① 金属アーク溶接等作業に係る溶接ヒュームを減少させるため，全体換気装置による換気を行う（第1項）。全体換気装置に代えて局所排気装置，プッシュプル型換気装置等でも可。

なお，金属アーク溶接等作業主任者は，それらの装置を，1月を超えない期間ごとに，その損傷，異常の有無などについて点検する必要がある。

② 溶接ヒュームの濃度の測定

測定の結果がマンガンとして0.05mg/㎥以上等の場合は，換気装置の風量の増加，その他必要な措置をとる（第3項）。（マンガンとして0.05mg/㎥未満の場合は，④の措置）。

③ 換気装置の風量の増加等の措置をとったあと，効果確認のため溶接ヒュームの濃度の測定を行う（第4項）。

④ ②または③の測定結果に応じ，有効な呼吸用保護具を選択し，労働者に使用させる（第7項）。

⑤　1年以内ごとに1回，呼吸用保護具のフィットテストを実施する（第9項）。

⑥　屋内作業場の床等を，水洗等によって容易に掃除できる構造のものとし，水洗等粉じんの飛散しない方法によって，毎日1回以上掃除する（第11項）。

この特化則第38条の21の規定は，金属アーク溶接等作業の特殊性から第2類物質に関わる設備上の規定である特化則第5条の規定に代えて本条各項の措置をとることとされたもので，特定化学物質の第2類物質に関わるその他の規定は全面的に適用される。

なお，作業の一部を請負人に請け負わせるときは，当該請負人に対し，有効な呼吸用保護具を使用する必要がある旨を周知させなければならない。

7　第6章　健康診断（第39条～第42条）

(1) 健康診断（第39条および第40条）

第1類物質または第2類物質の製造または取扱いの作業（第2条の2に定められた作業を除く）および製造禁止物質を試験研究のため製造または使用する業務に常時従事する労働者に対し，雇入れ時，配置替えして就業させる際およびその後定期に（6月以内ごと，一部は1年以内ごと）一定項目の検診または検査による健康診断を行わなければならない。また，過去にその事業場で，ベンジジン，ベーターナフチルアミンおよびビス（クロロメチル）エーテルならびに特別管理物質の取扱い作業（ジクロロメタン洗浄・払拭業務以外のクロロホルム等有機溶剤業務を除く）に従事した在職労働者に対しても定期に一定項目の健康診断を行わなければならない。

なお，健康診断の結果を記録し，これを5年間（特別管理物質に係る健康診断の結果の記録は30年間）保存しなければならない。

金属アーク溶接等作業については，同作業により発生する「溶接ヒューム」が第2類物質に該当することから，本条による健康診断の対象となる。

(2) ばく露の程度が低い場合における健康診断の実施頻度の緩和（第39条第4項）

特別管理物質を除く特定化学物質に関する特殊健康診断の実施頻度について，作業環境測定やばく露防止対策が適切に実施されている場合には，通常6月以内ごとに1回実施することとされている当該健康診断を1年以内ごとに1回に緩和できる。

金属アーク溶接等作業に従事する労働者に関しては，当該作業が行われる作業場については，本条の適用される条件の一つに「作業環境測定の評価の結果が第1管理区分であること」とあるが，金属アーク溶接等作業に従事する者に関しては，当該作業の行われる作業場の安衛法第65条第1項の作業環境測定の対象となっていないことから，当然，その評価も行われないため，本条が適用されることはない。

(3) 健康診断の結果についての医師からの意見聴取（第40条の2）

特定化学物質健康診断の結果に基づく安衛法第66条の4の規定による医師からの意見聴取は，次に定めるところにより行わなければならない。

① 特定化学物質健康診断が行われた日（安衛法第66条第5項ただし書の場合にあっては，当該労働者が健康診断の結果を証明する書面を事業者に提出した日）から3月以内に行うこと。

② 聴取した医師の意見を特定化学物質健康診断個人票に記載すること。

(4) 健康診断の結果の通知（第40条の3）

健康診断を行ったときは，当該労働者に対し，遅滞なく，健康診断の結果を通知しなければならない。

(5) 健康診断結果報告（第41条）

定期の健康診断を行ったときは，遅滞なく，特定化学物質健康診断結果報告書を所轄労働基準監督署長に提出しなければならない。

(6) 緊急診断（第42条）

特定化学物質が漏えいした場合で，労働者がこれらに汚染され，吸入したときは，医師による診察または処置を受けさせなければならない。

なお，作業の一部を請負人に請け負わせるときは，当該請負人に対し，同様な措置を取る必要がある旨を周知させなければならない。

8 第7章 保護具（第43条〜第45条）

特定化学物質の製造等の業務においての，保護具等の備付けについては次によらなければならない。

① ガス，蒸気または粉じんを吸入することによる労働者の健康障害を防止するため必要な呼吸用保護具を備えること。

② 皮膚障害または経皮侵入を防ぐために不浸透性（耐透過性）の保護衣等を備えること。

③ 作業の一部を請負人に請け負わせるときは，当該請負人に対し，②の保護衣等を備え付けておくこと等により当該保護衣等を使用することができるように

する必要がある旨周知させなければならない。

④　皮膚に障害を与え，または皮膚から吸収されることにより障害をおこすおそれのあるものに係る作業のうち一定のものについて，事業者は当該作業に従事する労働者に保護めがねならびに不浸透性の保護衣，保護手袋および保護長靴を使用させなければならないこととされている。労働者も使用を命じられたときは使用しなければならない。

また，作業の一部を請負人に請け負わせるときは，当該請負人に対し，同様な措置を取らなければならない旨を周知させなければならない。

⑤　これらの保護具は必要な数量を備え，有効かつ清潔に保持すること。

9　その他

特化則はこのほか第8章に「製造許可等」（第46条～第50条の2），第9章に「特定化学物質及び四アルキル鉛等作業主任者技能講習」（第51条）および第10章に「報告」（第53条）の規定がある。

なお，第53条の「報告」では，特別管理物質の製造または取り扱う事業を廃止しようとするときは，作業環境測定および作業の記録，特定化学物質健康診断個人票またはこれらの写しを添えて，所轄労働基準監督署長に提出することとされている。

技能講習修了証について

金属アーク溶接等作業主任者限定技能講習を修了すると，その講習を実施した登録教習機関より，技能講習修了証が交付される。この修了証は，当該技能講習を修了したことを証明する書面となるので，大事に保管しておく。

もしも，修了証を紛失するなど滅失・損傷してしまった場合には，修了証の交付を受けた登録教習機関に技能講習修了証再交付申込書など必要書類を提出して，再交付を受けなければならない。（安衛則第82条第1項）

また，氏名を変更した場合には，技能講習修了証書替申込書など必要書類を同様の登録教習機関に提出し，書き替えを受ける（安衛則第82条第2項）。

なお，修了証の交付を受けた登録教習機関が技能講習の業務を廃止していた場合は，厚生労働大臣が指定する指定保存交付機関である「技能講習修了証明書 発行事務局」（電話03-3452-3371）に帳簿が引き渡されている場合のみ，同事務局より技能講習修了証明書が交付される。また，技能講習を行った登録教習機関がわからなくなってしまった場合も，同様に帳簿が引き渡されていれば同事務局に資格照会をすることで判明する場合もあるので，問い合わせてみる。

第４章　特定化学物質障害予防規則（抄）

（昭和47年9月30日労働省令第39号）
（最終改正：令和5年4月24日厚生労働省令第70号）
（下線部分については，令和6年4月1日から施行）

目　次

第1章　総　則

（事業者の責務）

第1条　事業者は，化学物質による労働者のがん，皮膚炎，神経障害その他の健康障害を予防するため，使用する物質の毒性の確認，代替物の使用，作業方法の確立，関係施設の改善，作業環境の整備，健康管理の徹底その他必要な措置を講じ，もつて，労働者の危険の防止の趣旨に反しない限りで，化学物質にばく露される労働者の人数並びに労働者がばく露される期間及び程度を最小限度にするよう努めなければならない。

解　説

本条は，事業者の責務として，ILOの「1974年の職業がん条約」にもうたわれているように化学物質による労働者の健康障害を予防するため必要な措置を講じ，化学物質にばく露される労働者の人数ならびにばく露される期間および程度を最小限度にするよう努めなければならないことを定めている。

（定義等）

第2条　この省令において，次の各号に掲げる用語の定義は，当該各号に定めるところによる。

1　略

2　第2類物質　令別表第3第2号に掲げる物をいう。

3～7　略

②，③　略

第2条の2　略

第2条の3　この省令（第22条，第22条の2，第38条の8（有機則第7章の規定を準用する場合に限る。），第38条の13第3項から第5項まで，第38条の14，第38条の20第2項から第4項まで及び第7項，第6章並びに第7章の規定を除く。）は，事業場が次の各号（令第22条第1項第3号の業務に労働者が常時従事していない事業場については，第4号を除く。）に該当すると当該事業場の所在地を管轄する都道府県労働局長（以下この条において「所轄都道府県労働局長」という。）が認定したときは，第36条の2第1項に掲げる物（令別表第3第1号3，6又は7に掲げる物を除く。）を製造し，又は取り扱う作業又は業務（前条の規定により，この省令が適用されない業務を除く。）については，適用しない。

1　事業場における化学物質の管理について必要な知識及び技能を有する者として厚生労働大臣が定めるもの（第5号において「化学物質管理専門家」という。）であつて，当該事業場に専属の者が配置され，当該者が当該事業場における次に掲げる事項を管理していること。

イ　特定化学物質に係る労働安全衛生規則（昭和47年労働省令第32号）第34条の2の7第1項に規定するリスクアセスメントの実施に関すること。

ロ　イのリスクアセスメントの結果に基づく措置その他当該事業場における特定化学物質による労働者の健康障害を予防するため必要な措置の内容及びその実施に関すること。

2　過去3年間に当該事業場において特定化学物質による労働者が死亡する労働

災害又は休業の日数が4日以上の労働災害が発生していないこと。

3　過去3年間に当該事業場の作業場所について行われた第36条の2第1項の規定による評価の結果が全て第1管理区分に区分されたこと。

4　過去3年間に当該事業場の労働者について行われた第39条第1項の健康診断の結果，新たに特定化学物質による異常所見があると認められる労働者が発見されなかつたこと。

5　過去3年間に1回以上，労働安全衛生規則第34条の2の8第1項第3号及び第4号に掲げる事項について，化学物質管理専門家（当該事業場に属さない者に限る。）による評価を受け，当該評価の結果，当該事業場において特定化学物質による労働者の健康障害を予防するため必要な措置が適切に講じられていると認められること。

6　過去3年間に事業者が当該事業場について労働安全衛生法（以下「法」という。）及びこれに基づく命令に違反していないこと。

②　前項の認定（以下この条において単に「認定」という。）を受けようとする事業場の事業者は，特定化学物質障害予防規則適用除外認定申請書（様式第1号）により，当該認定に係る事業場が同項第1号及び第3号から第5号までに該当することを確認できる書面を添えて，所轄都道府県労働局長に提出しなければならない。

③　所轄都道府県労働局長は，前項の申請書の提出を受けた場合において，認定をし，又はしないことを決定したときは，遅滞なく，文書で，その旨を当該申請書を提出した事業者に通知しなければならない。

④　認定は，3年ごとにその更新を受けなければ，その期間の経過によつて，その効力を失う。

⑤　第1項から第3項までの規定は，前項の認定の更新について準用する。

⑥　認定を受けた事業者は，当該認定に係る事業場が第1項第1号から第5号までに掲げる事項のいずれかに該当しなくなつたときは，遅滞なく，文書で，その旨を所轄都道府県労働局長に報告しなければならない。

⑦　所轄都道府県労働局長は，認定を受けた事業者が次のいずれかに該当するに至つたときは，その認定を取り消すことができる。

1　認定に係る事業場が第1項各号に掲げる事項のいずれかに適合しなくなつたと認めるとき。

2　不正の手段により認定又はその更新を受けたとき。

３　特定化学物質に係る法第22条及び第57条の３第２項の措置が適切に講じられていないと認めるとき。

⑧　前三項の場合における第１項第３号の規定の適用については，同号中「過去３年間に当該事業場の作業場所について行われた第36条の２第１項の規定による評価の結果が全て第１管理区分に区分された」とあるのは，「過去３年間の当該事業場の作業場所に係る作業環境が第36条の２第１項の第一管理区分に相当する水準にある」とする。

解　説

第２条の３第１項は，事業者による化学物質の自律的な管理を促進するという考え方に基づき，作業環境測定の対象となる化学物質を取り扱う業務等について，化学物質管理の水準が一定以上であると所轄都道府県労働局長が認める事業場に対して，当該化学物質に適用される特化則等の特別則の規定の一部の適用を除外することを定めたものである。適用除外の対象とならない規定は，特殊健康診断に係る規定及び保護具の使用に係る規定である。なお，作業環境測定の対象となる化学物質以外の化学物質に係る業務等については，本規定による適用除外の対象とならない。

また，所轄都道府県労働局長が特化則等で示す適用除外の要件のいずれかを満たさないと認めるときには，適用除外の認定は取消しの対象となる。適用除外が取り消された場合，適用除外となっていた当該化学物質に係る業務等に対する特化則等の規定が再び適用される。

第２条の３第１項第１号の化学物質管理専門家については，作業場の規模や取り扱う化学物質の種類，量に応じた必要な人数が事業場に専属の者として配置されている必要がある。

第２条の３第１項第２号の「過去３年間」とは，申請時を起点として遡った３年間をいう。

第２条の３第１項第３号については，申請に係る事業場において，申請に係る特化則等において作業環境測定が義務付けられている全ての化学物質等について特化則等の規定に基づき作業環境測定を実施し，作業環境の測定結果に基づく評価が第１管理区分であることを過去３年間維持している必要がある。

第２条の３第１項第４号については，申請に係る事業場において，申請に係る特化則等において健康診断の実施が義務付けられている全ての化学物質等について，過去３年間の健康診断で異常所見がある労働者が１人も発見されないことが求められる。なお，安衛則に基づく定期健康診断の項目だけでは，特定化学物質等による異常所見かどうかの判断が困難であるため，安衛則の定期健康診断における異常所見については，適用除外の要件とはしないこと。

第２条の３第１項第５号については，客観性を担保する観点から，認定を申請する事業場に属さない化学物質管理専門家から，安衛則第34条の２の８第１項第３号及び第４号に掲げるリスクアセスメントの結果やその結果に基づき事業者が講ずる労働者の危険又は健康障害を防止するため必要な措置の内容に対する評価を受けた結果，当該事業場における化学物質による健康障害防止措置が適切に講じられていると認められることを求めるものである。なお，本規定の評価については，ISO（JISQ）45001の認証等の取得を求める趣旨ではない。

第２条の３第１項第６号については，過去３年間に事業者が当該事業場について法及びこれに基づく命令に違反していないことを要件とするが，軽微な違反まで含む趣旨ではない。なお，法及びそれに基づく命令の違反により送検されている場合，労働基準監督機関から使用停止等命令を受けた場合，又は労働基準監督機関から違反の是正の勧告を受けたにもかかわらず期限までに是正措置を行わなかった場合は，軽微な違反には含まれない。
　第2条の3第5項から第7項までの場合における第2条の3第1項第3号の規定の適用については，過去3年の期間，申請に係る当該物質に係る作業環境測定の結果に基づく評価が，第1管理区分に相当する水準を維持していることを何らかの手段で評価し，その評価結果について，当該事業場に属さない化学物質管理専門家の評価を受ける必要がある。なお，第1管理区分に相当する水準を維持していることを評価する方法には，個人ばく露測定の結果による評価，作業環境測定の結果による評価又は数理モデルによる評価が含まれる。これらの評価の方法については，別途示すところに留意する必要がある。

第2章　製造等に係る措置

第3条，第4条　略

第5条　事業者は，特定第2類物質のガス，蒸気若しくは粉じんが発散する屋内作業場（特定第2類物質を製造する場合，特定第2類物質を製造する事業場において当該特定第2類物質を取り扱う場合，燻蒸作業を行う場合において令別表第3第2号5，15，17，20若しくは31の2に掲げる物又は別表第1第5号，第15号，第17号，第20号若しくは第31号の2に掲げる物（以下「臭化メチル等」という。）を取り扱うとき，及び令別表第3第2号30に掲げる物又は別表第1第30号に掲げる物（以下「ベンゼン等」という。）を溶剤（希釈剤を含む。第38条の16において同じ。）として取り扱う場合に特定第2類物質のガス，蒸気又は粉じんが発散する屋内作業場を除く。）又は管理第2類物質のガス，蒸気若しくは粉じんが発散する屋内作業場については，当該特定第2類物質若しくは管理第2類物質のガス，蒸気若しくは粉じんの発散源を密閉する設備，局所排気装置又はプッシュプル型換気装置を設けなければならない。ただし，当該特定第2類物質若しくは管理第2類物質のガス，蒸気若しくは粉じんの発散源を密閉する設備，局所排気装置若しくはプッシュプル型換気装置の設置が著しく困難なとき，又は臨時の作業を行うときは，この限りでない。

②　事業者は，前項ただし書の規定により特定第2類物質若しくは管理第2類物質のガス，蒸気若しくは粉じんの発散源を密閉する設備，局所排気装置又はプッシュプル型換気装置を設けない場合には，全体換気装置を設け，又は当該特定第2類物質若しくは管理第2類物質を湿潤な状態にする等労働者の健康障害を予防するため必要な措置を講じなければならない。

解　説

①　製造事業場に係る措置（第4条）
特定第2類物質等を製造する設備は，密閉式の構造とし，労働者に取り扱わせるときは，隔離室での遠隔操作によること。計量や袋詰め作業で，これらの措置が著しく困難であるときは，作業を特定第2類物質等が作業者の身体に直接接触しない方法により行い，かつ，当該作業を行う場所に囲い式フードの局所排気装置またはプッシュプル型換気装置を設ける。
なお，「密閉式の構造」とは，原料の投入口・製品の取出し口以外から，特定第2類物質等の蒸気または粉じんが装置外に発散しないようにした構造をいう。
②　ガス・蒸気・粉じんの発散する屋内作業場に係る措置（第4条・第5条）
特定第2類物質（特定第2類物質等ではない）のガス・蒸気・粉じんを発散する屋内作業場（上記の①の場合，臭化メチル等を用いて燻蒸作業を行う場合の取扱いおよびベンゼン等を溶剤等として取り扱う場合を除く），または管理第2類物質のガス・蒸気・粉じんを発散する屋内作業場における特定第2類物質または管理第2類物質のガス・蒸気・粉じんの発散源には，原則として，その発散源を密閉する設備，局所排気装置またはプッシュプル型換気装置等を設ける。これらの措置が困難なとき，または臨時の作業を行うときは，全体換気装置を設け，または当該物質を湿潤な状態にする，有効な呼吸用保護具を使用する等，労働者の健康障害を予防するため必要な措置を講ずる。

第6条，第6条の2　略

第6条の3　事業者は，第4条第4項及び第5条第1項の規定にかかわらず，発散防止抑制措置を講じた場合であつて，当該発散防止抑制措置に係る作業場の第2類物質のガス，蒸気又は粉じんの濃度の測定（当該作業場の通常の状態において，法第65条第2項及び作業環境測定法施行規則（昭和50年労働省令第20号）第3条の規定に準じて行われるものに限る。以下この条において同じ。）の結果を第36条の2第1項の規定に準じて評価した結果，第1管理区分に区分されたときは，所轄労働基準監督署長の許可を受けて，当該発散防止抑制措置を講ずることにより，第2類物質のガス，蒸気又は粉じんの発散源を密閉する設備，局所排気装置及びプッシュプル型換気装置を設けないことができる。

②　前項の許可を受けようとする事業者は，発散防止抑制措置特例実施許可申請書（様式第1号の3）に申請に係る発散防止抑制措置に関する次の書類を添えて，所轄労働基準監督署長に提出しなければならない。

1　作業場の見取図

2　当該発散防止抑制措置を講じた場合の当該作業場の第2類物質のガス，蒸気又は粉じんの濃度の測定の結果及び第36条の2第1項の規定に準じて当該測定の結果の評価を記載した書面

3　前条第1項第1号の確認の結果を記載した書面

4　当該発散防止抑制措置の内容及び当該措置が第2類物質のガス，蒸気又は粉

じんの発散の防止又は抑制について有効である理由を記載した書面

5 その他所轄労働基準監督署長が必要と認めるもの

③ 所轄労働基準監督署長は，前項の申請書の提出を受けた場合において，第1項の許可をし，又はしないことを決定したときは，遅滞なく，文書で，その旨を当該事業者に通知しなければならない。

④ 第1項の許可を受けた事業者は，第2項の申請書及び書類に記載された事項に変更を生じたときは，遅滞なく，文書で，その旨を所轄労働基準監督署長に報告しなければならない。

⑤ 第1項の許可を受けた事業者は，当該許可に係る作業場についての第36条第1項の測定の結果の評価が第36条の2第1項の第1管理区分でなかつたとき及び第1管理区分を維持できないおそれがあるときは，直ちに，次の措置を講じなければならない。

1 当該評価の結果について，文書で，所轄労働基準監督署長に報告すること。

2 当該許可に係る作業場について，当該作業場の管理区分が第1管理区分となるよう，施設，設備，作業工程又は作業方法の点検を行い，その結果に基づき，施設又は設備の設置又は整備，作業工程又は作業方法の改善その他作業環境を改善するため必要な措置を講ずること。

3 当該許可に係る作業場については，労働者に有効な呼吸用保護具を使用させること。

4 当該許可に係る作業場において作業に従事する者（労働者を除く。）に対し，有効な呼吸用保護具を使用する必要がある旨を周知させること。

⑥ 第1項の許可を受けた事業者は，前項第2号の規定による措置を講じたときは，その効果を確認するため，当該許可に係る作業場について当該第2類物質の濃度を測定し，及びその結果の評価を行い，並びに当該評価の結果について，直ちに，文書で，所轄労働基準監督署長に報告しなければならない。

⑦ 所轄労働基準監督署長は，第1項の許可を受けた事業者が第5項第1号及び前項の報告を行わなかつたとき，前項の評価が第1管理区分でなかつたとき並びに第1項の許可に係る作業場についての第36条第1項の測定の結果の評価が第36条の2第1項の第1管理区分を維持できないおそれがあると認めたときは，遅滞なく，当該許可を取り消すものとする。

解　説

① 適用除外（第6条）

屋内作業場の空気中における第2類物質のガス，蒸気または粉じんの濃度が常態として有害な程度になるおそれがないと労働基準監督署長が認定したときは適用除外とされる。その場合，安衛則第577条の規定も適用されない。

② 多様な発散防止抑制措置の導入（第6条の2，第6条の3）

第2類物質の製造・使用等に係る設備の発散源対策は，原則として発散源を密閉する設備，局所排気装置またはプッシュプル型換気装置を設置することであるが，一定の条件のもとでは所轄労働基準監督署長の許可を受けて，原則以外の発散防止抑制措置の導入が認められている。

第7条，第8条　略

第3章　用後処理

（除じん）

第9条　事業者は，第2類物質の粉じんを含有する気体を排出する製造設備の排気筒又は第1類物質若しくは第2類物質の粉じんを含有する気体を排出する第3条，第4条第4項若しくは第5条第1項の規定により設ける局所排気装置若しくはプッシュプル型換気装置には，次の表の上欄（編注：左欄）に掲げる粉じんの粒径に応じ，同表の下欄（編注：右欄）に掲げるいずれかの除じん方式による除じん装置又はこれらと同等以上の性能を有する除じん装置を設けなければならない。

粉じんの粒径（単位マイクロメートル）	除じん方式
5未満	ろ過除じん方式 電気除じん方式
5以上20未満	スクラバによる除じん方式 ろ過除じん方式 電気除じん方式
20以上	マルチサイクロン（処理風量が毎分20立方メートル以内ごとに1つのサイクロンを設けたものをいう。）による除じん方式 スクラバによる除じん方式 ろ過除じん方式 電気除じん方式
備考　この表における粉じんの粒径は，重量法で測定した粒径分布において最大頻（ひん）度を示す粒径をいう。	

② 事業者は，前項の除じん装置には，必要に応じ，粒径の大きい粉じんを除去するための前置き除じん装置を設けなければならない。

③ 事業者は，前二項の除じん装置を有効に稼働させなければならない。

解　説

本条の「粉じん」は，ヒューム，ミスト等を含む粒子状物質をいい，ベンゾトリクロリドを除く第1類物質の粉じんならびに第2類物質中のアクリルアミド，インジウム化合物，オーラミン，オルト-フタロジニトリル，カドミウムおよびその化合物，クロム酸およびその塩，五酸化バナジウム，コバルトおよびその無機化合物，コールタール，三酸化二アンチモン，シアン化カリウム，シアン化ナトリウム，3･3′-ジクロロ-4･4′-ジアミノジフェニルメタン，重クロム酸およびその塩，水銀の無機化合物，ニッケル化合物，パラ-ジメチルアミノアゾベンゼン，パラ-ニトロクロルベンゼン，砒素およびその化合物，ペンタクロルフェノールおよびそのナトリウム塩，マゼンタ，マンガンおよびその化合物，ナフタレン，リフラクトリーセラミックファイバー等の粉じんが該当する。

第10条～第12条　略

（ぼろ等の処理）

第12条の2　事業者は，特定化学物質（クロロホルム等及びクロロホルム等以外のものであつて別表第1第37号に掲げる物を除く。次項，第22条第1項，第22条の2第1項，第25条第2項及び第3項並びに第43条において同じ。）により汚染されたぼろ，紙くず等については，労働者が当該特定化学物質により汚染されることを防止するため，蓋又は栓をした不浸透性の容器に納めておく等の措置を講じなければならない。

② 事業者は，特定化学物質を製造し，又は取り扱う業務の一部を請負人に請け負わせるときは，当該請負人に対し，特定化学物質により汚染されたぼろ，紙くず等については，前項の措置を講ずる必要がある旨を周知させなければならない。

解　説

本条では，特定化学物質により汚染されたぼろ，紙くず，除毒または処理に用いられた薬剤，おがくずまたは廃棄される塩素化ビフェニルが塗布された感圧紙等については，蓋または栓をした不浸透性の容器に納めておく等の措置を講じなければならないことが規定されている。

第4章　漏えいの防止

第13条～第20条　略

（床）

第21条　事業者は，第1類物質を取り扱う作業場（第1類物質を製造する事業場において当該第1類物質を取り扱う作業場を除く。），オーラミン等又は管理第2類物質を製造し，又は取り扱う作業場及び特定化学設備を設置する屋内作業場の床を不浸透性の材料で造らなければならない。

解　　説

本条の「不浸透性の材料」には，コンクリート，陶製タイル，合成樹脂の床材，鉄板等がある。

（設備の改造等の作業）

第22条　事業者は，特定化学物質を製造し，取り扱い，若しくは貯蔵する設備又は特定化学物質を発生させる物を入れたタンク等で，当該特定化学物質が滞留するおそれのあるものの改造，修理，清掃等で，これらの設備を分解する作業又はこれらの設備の内部に立ち入る作業（酸素欠乏症等防止規則（昭和47年労働省令第42号。以下「酸欠則」という。）第2条第8号の第2種酸素欠乏危険作業及び酸欠則第25条の2の作業に該当するものを除く。）に労働者を従事させるときは，次の措置を講じなければならない。

1　作業の方法及び順序を決定し，あらかじめ，これを作業に従事する労働者に周知させること。

2　特定化学物質による労働者の健康障害の予防について必要な知識を有する者のうちから指揮者を選任し，その者に当該作業を指揮させること。

3　作業を行う設備から特定化学物質を確実に排出し，かつ，当該設備に接続している全ての配管から作業箇所に特定化学物質が流入しないようバルブ，コック等を二重に閉止し，又はバルブ，コック等を閉止するとともに閉止板等を施すこと。

4　前号により閉止したバルブ，コック等又は施した閉止板等には，施錠をし，これらを開放してはならない旨を見やすい箇所に表示し，又は監視人を置くこと。

5　作業を行う設備の開口部で，特定化学物質が当該設備に流入するおそれのないものを全て開放すること。

6　換気装置により，作業を行う設備の内部を十分に換気すること。

7　測定その他の方法により，作業を行う設備の内部について，特定化学物質により健康障害を受けるおそれのないことを確認すること。

8　第3号により施した閉止板等を取り外す場合において，特定化学物質が流出するおそれのあるときは，あらかじめ，当該閉止板等とそれに最も近接したバルブ，コック等との間の特定化学物質の有無を確認し，必要な措置を講ずること。

9 非常の場合に，直ちに，作業を行う設備の内部の労働者を退避させるための器具その他の設備を備えること。

10 作業に従事する労働者に不浸透性の保護衣，保護手袋，保護長靴，呼吸用保護具等必要な保護具を使用させること。

② 事業者は，前項の作業の一部を請負人に請け負わせるときは，当該請負人に対し，同項第3号から第6号までの措置を講ずること等について配慮しなければならない。

③ 事業者は，前項の請負人に対し，第1項第7号及び第8号の措置を講ずる必要がある旨並びに同項第10号の保護具を使用する必要がある旨を周知させなければならない。

④ 事業者は，第1項第7号の確認が行われていない設備については，当該設備の内部に頭部を入れてはならない旨を，あらかじめ，作業に従事する者に周知させなければならない。

⑤ 労働者は，事業者から第1項第10号の保護具の使用を命じられたときは，これを使用しなければならない。

解　説

第22条第4項は，測定その他の方法により，設備の内部で作業を行っても労働者が特定化学物質により健康障害を受けるおそれのないことが確認されていない設備には，労働者を当該設備の中に立ち入らせることはもとより，頭部をも入れてはならないことを周知させることを定めている。

第22条の2 事業者は，特定化学物質を製造し，取り扱い，若しくは貯蔵する設備等の設備（前条第1項の設備及びタンク等を除く。以下この条において同じ。）の改造，修理，清掃等で，当該設備を分解する作業又は当該設備の内部に立ち入る作業（酸欠則第2条第8号の第2種酸素欠乏危険作業及び酸欠則第25条の2の作業に該当するものを除く。）に労働者を従事させる場合において，当該設備の溶断，研磨等により特定化学物質を発生させるおそれのあるときは，次の措置を講じなければならない。

1 作業の方法及び順序を決定し，あらかじめ，これを作業に従事する労働者に周知させること。

2 特定化学物質による労働者の健康障害の予防について必要な知識を有する者のうちから指揮者を選任し，その者に当該作業を指揮させること。

3 作業を行う設備の開口部で，特定化学物質が当該設備に流入するおそれのないものを全て開放すること。

4　換気装置により，作業を行う設備の内部を十分に換気すること。

5　非常の場合に，直ちに，作業を行う設備の内部の労働者を退避させるための器具その他の設備を備えること。

6　作業に従事する労働者に不浸透性の保護衣，保護手袋，保護長靴，呼吸用保護具等必要な保護具を使用させること。

②　事業者は，前項の作業の一部を請負人に請け負わせる場合において，同項の設備の溶断，研磨等により特定化学物質を発生させるおそれのあるときは，当該請負人に対し，同項第3号及び第4号の措置を講ずること等について配慮するとともに，当該請負人に対し，同項第6号の保護具を使用する必要がある旨を周知させなければならない。

③　労働者は，事業者から第1項第6号の保護具の使用を命じられたときは，これを使用しなければならない。

第23条　略

（立入禁止措置）

第24条　事業者は，次の作業場に関係者以外の者が立ち入ることについて，禁止する旨を見やすい箇所に表示することその他の方法により禁止するとともに，表示以外の方法により禁止したときは，当該作業場が立入禁止である旨を見やすい箇所に表示しなければならない。

1　第1類物質又は第2類物質（クロロホルム等及びクロロホルム等以外のものであつて別表第1第37号に掲げる物を除く。第37条及び第38条の2において同じ。）を製造し，又は取り扱う作業場（臭化メチル等を用いて燻蒸作業を行う作業場を除く。）

2　略

（容器等）

第25条　事業者は，特定化学物質を運搬し，又は貯蔵するときは，当該物質が漏れ，こぼれる等のおそれがないように，堅固な容器を使用し，又は確実な包装をしなければならない。

②　事業者は，前項の容器又は包装の見やすい箇所に当該物質の名称及び取扱い上の注意事項を表示しなければならない。

③　事業者は，特定化学物質の保管については，一定の場所を定めておかなければならない。

④　事業者は，特定化学物質の運搬，貯蔵等のために使用した容器又は包装については，当該物質が発散しないような措置を講じ，保管するときは，一定の場所を定めて集積しておかなければならない。

⑤　略

第26条　略

第5章　管　　理

（特定化学物質作業主任者等の選任）

第27条　事業者は，令第6条第18号の作業については，特定化学物質及び四アルキル鉛等作業主任者技能講習（次項に規定する金属アーク溶接等作業主任者限定技能講習を除く。第51条第1項及び第3項において同じ。）（特別有機溶剤業務に係る作業にあつては，有機溶剤作業主任者技能講習）を修了した者のうちから，特定化学物質作業主任者を選任しなければならない。

②　事業者は，前項の規定にかかわらず，令第6条第18号の作業のうち，金属をアーク溶接する作業，アークを用いて金属を溶断し，又はガウジングする作業その他の溶接ヒュームを製造し，又は取り扱う作業（以下「金属アーク溶接等作業」という。）については，講習科目を金属アーク溶接等作業に係るものに限定した特定化学物質及び四アルキル鉛等作業主任者技能講習（第51条第4項において「金属アーク溶接等作業主任者限定技能講習」という。）を修了した者のうちから，金属アーク溶接等作業主任者を選任することができる。

③　令第6条第18号の厚生労働省令で定めるものは，次に掲げる業務とする。

1　第2条の2各号に掲げる業務

2　第38条の8において準用する有機則第2条第1項及び第3条第1項の場合におけるこれらの項の業務（別表第1第37号に掲げる物に係るものに限る。）

解　説

①　本条は，令第6条第18号の規定に基づき，特定化学物質を製造し，または取り扱う作業について適用されるものであるが，これらの物質を「取り扱う作業」には，次のような，特定化学物質のガス，蒸気，粉じん等に労働者の身体がばく露されるおそれがない作業は含まれない。

イ　隔離された室内において，リモートコントロール等により監視またはコントロールを行う作業

ロ　亜硫酸ガス，一酸化炭素等を排煙脱硫装置等により処理する作業のうち，当該装置からの漏えい物によりばく露されるおそれがないもの。

また，特定化学物質作業主任者は，作業の区分に応じて選任が必要だが，具体的には，各作業場ごと（必ずしも単位作業室ごとでなく，職務の遂行が可能な範囲ごと）に選任し，配置する。

②　本条第2項の規定は，事業者に対し，

金属アーク溶接等作業を行う場合は，金属アーク溶接等限定技能講習を修了した者のうちから金属アーク溶接等作業主任者を選任することを可能とするものであり，当然，事業者は，従前どおり，金属アーク溶接等作業を行う場合において特化物技能講習を修了した者のうちから特定化学物質作業主任者を選任しても差し支えないこと。

（特定化学物質作業主任者の職務）

第28条　事業者は，特定化学物質作業主任者に次の事項を行わせなければならない。

1　作業に従事する労働者が特定化学物質により汚染され，又はこれらを吸入しないように，作業の方法を決定し，労働者を指揮すること。

2　局所排気装置，プッシュプル型換気装置，除じん装置，排ガス処理装置，排液処理装置その他労働者が健康障害を受けることを予防するための装置を1月を超えない期間ごとに点検すること。

3　保護具の使用状況を監視すること。

4　タンクの内部において特別有機溶剤業務に労働者が従事するときは，第38条の8において準用する有機則第26条各号（第2号，第4号及び第7号を除く。）に定める措置が講じられていることを確認すること。

解　説

本条第1号の「作業の方法」には，たとえば，関係装置の起動，停止，監視，調整等の要領，対象物質の送給，取り出し，サンプリング等の方法，対象物質についての洗浄，掃除等の汚染除去および廃棄処理の方法，その他相互間の連絡，合図の方法等がある。

第2号の「その他労働者が健康障害を受けることを予防するための装置」には，全体換気装置，密閉式の構造の製造装置，安全弁またはこれに代わる装置等がある。

また，同じく第2号の「点検する」とは，関係装置について，第2章で述べた製造等に係る措置および第3章で述べた除じん装置，排ガス処理装置および排液処理装置についてに点検することをいい，その主な内容は，装置の主要部分の損傷，脱落，腐食，異常音等の有無，局所排気装置その他の排出処理のための装置等の効果の確認等である。

（金属アーク溶接等作業主任者の職務）

第28条の2　事業者は，金属アーク溶接等作業主任者に次の事項を行わせなければならない。

1　作業に従事する労働者が溶接ヒュームにより汚染され，又はこれを吸入しないように，作業の方法を決定し，労働者を指揮すること。

2　全体換気装置その他労働者が健康障害を受けることを予防するための装置を

1月を超えない期間ごとに点検すること。

3 保護具の使用状況を監視すること。

第29条～第36条の5 略

（休憩室）

第37条 事業者は，第1類物質又は第2類物質を常時，製造し，又は取り扱う作業に労働者を従事させるときは，当該作業を行う作業場以外の場所に休憩室を設けなければならない。

② 事業者は，前項の休憩室については，同項の物質が粉状である場合は，次の措置を講じなければならない。

1 入口には，水を流し，又は十分湿らせたマットを置く等労働者の足部に付着した物を除去するための設備を設けること。

2 入口には，衣服用ブラシを備えること。

3 床は，真空掃除機を使用して，又は水洗によつて容易に掃除できる構造のものとし，毎日1回以上掃除すること。

③ 第1項の作業に従事した者は，同項の休憩室に入る前に，作業衣等に付着した物を除去しなければならない。

（洗浄設備）

第38条 事業者は，第1類物質又は第2類物質を製造し，又は取り扱う作業に労働者を従事させるときは，洗眼，洗身又はうがいの設備，更衣設備及び洗濯のための設備を設けなければならない。

② 事業者は，労働者の身体が第1類物質又は第2類物質により汚染されたときは，速やかに，労働者に身体を洗浄させ，汚染を除去させなければならない。

③ 事業者は，第1項の作業の一部を請負人に請け負わせるときは，当該請負人に対し，身体が第1類物質又は第2類物質により汚染されたときは，速やかに身体を洗浄し，汚染を除去する必要がある旨を周知させなければならない。

④ 労働者は，第2項の身体の洗浄を命じられたときは，その身体を洗浄しなければならない。

解　説

本条の「洗身の設備」とは，シャワー，入浴設備等の体の汚染した部分を洗うための設備をいう。なお，化学物質の飛散等により労働者の身体が汚染された場合，速やかにシャワー等の洗浄設備により労働者の身体を洗浄するように義務付けられた。洗浄は，水や石けん等で皮膚を洗浄するなど，安全データシートに記載されている方法を参考に行い，衣服が汚染された場合は，洗浄の際にあわせて更衣する。

（喫煙等の禁止）

第38条の2　事業者は，第1類物質又は第2類物質を製造し，又は取り扱う作業場における作業に従事する者の喫煙又は飲食について，禁止する旨を当該作業場の見やすい箇所に表示することその他の方法により禁止するとともに，表示以外の方法により禁止したときは，当該作業場において喫煙又は飲食が禁止されている旨を当該作業場の見やすい箇所に表示しなければならない。

②　前項の作業場において作業に従事する者は，当該作業場で喫煙し，又は飲食してはならない。

（掲示）

第38条の3　事業者は，特定化学物質を製造し，又は取り扱う作業場には，次の事項を，見やすい箇所に掲示しなければならない。

1　特定化学物質の名称

2　特定化学物質により生ずるおそれのある疾病の種類及びその症状

3　特定化学物質の取扱い上の注意事項

4　次条に規定する作業場（次号に掲げる場所を除く。）にあつては，使用すべき保護具

5　次に掲げる場所にあつては，有効な保護具を使用しなければならない旨及び使用すべき保護具

イ　第6条の2第1項の許可に係る作業場（同項の濃度の測定を行うときに限る。）

ロ　第6条の3第1項の許可に係る作業場であつて，第36条第1項の測定の結果の評価が第36条の2第1項の第1管理区分でなかつた作業場及び第1管理区分を維持できないおそれがある作業場

ハ　第22条第1項第10号の規定により，労働者に必要な保護具を使用させる作業場

ニ　第22条の2第1項第6号の規定により，労働者に必要な保護具を使用させる作業場

ホ　金属アーク溶接等作業を行う作業場

ヘ　第36条の3第1項の場所

ト　第36条の3の2第4項及び第5項の規定による措置を講ずべき場所

チ　第38条の7第1項第2号の規定により，労働者に有効な呼吸用保護具を使用させる作業場

リ　第38条の13第3項第2号に該当する場合において，同条第4項の措置を講ずる作業場

ヌ　第38条の20第2項各号に掲げる作業を行う作業場

ル　第44条第3項の規定により，労働者に保護眼鏡並びに不浸透性の保護衣，保護手袋及び保護長靴を使用させる作業場

解　説

① 第2号の掲示の対象となる物質（以下，「掲示対象物質」という。）により「生ずるおそれのある疾病の種類」の記載方法については，次に掲げる方法のうち，事業場において取り扱う物質に応じてふさわしい方法を選択すること。なお，アからウまでに掲げる方法による記載が可能な場合は，当該方法で記載することが望ましいこと。

ア　労働基準法施行規則別表第1の2に基づく方法

イ　じん肺法施行規則第1条に基づく方法

ウ　特定石綿被害建設業務労働者等に対する給付金等の支給に関する法律第2条第2項に基づく方法

エ　労働基準法施行規則別表第1の2第4号の規定に基づく厚生労働大臣が指定する単体たる化学物質及び化合物（合金を含む。）並びに厚生労働大臣が定める疾病（以下,「疾病告示」という。）に基づく方法

オ　日本産業規格Z 7252（GHSに基づく化学品の分類方法）に定める方法により国が行う化学物質の危険性及び有害性の分類（以下「化学品分類」という。）の結果に基づく方法

カ　特殊健康診断の対象となる物質名等に基づく方法

キ　アからカまでの方法のうち，掲示対象物質について該当するものを組み合わせた方法

② 第2号の掲示対象物質により生ずるおそれのある疾病に係る「その症状」の記載方法については，次に掲げる方法のうち，事業場において取り扱う物質に応じてふさわしい方法を選択すること。

ア　疾病告示に基づく方法

イ　特殊健康診断の項目の自他覚症状に基づく方法

ウ　有機溶剤中毒予防規則の規定により掲示すべき事項の内容及び掲示方法を定める等の件に基づく方法

エ　じん肺法施行規則様式第3号の自覚症状に基づく方法

オ　アからエまでの方法のうち，掲示対象物質について該当するものを組み合わせた方法

第38条の4　略

第5章の2　特殊な作業等の管理

第38条の5～第38条の20　略

（金属アーク溶接等作業に係る措置）

第38条の21　事業者は，金属アーク溶接等作業を行う屋内作業場については，当該金属アーク溶接等作業に係る溶接ヒュームを減少させるため，全体換気装置による換気の実施又はこれと同等以上の措置を講じなければならない。この場合において，事業者は，第5条の規定にかかわらず，金属アーク溶接等作業において

発生するガス，蒸気若しくは粉じんの発散源を密閉する設備，局所排気装置又はプッシュプル型換気装置を設けることを要しない。

② 事業者は，金属アーク溶接等作業を継続して行う屋内作業場において，新たな金属アーク溶接等作業の方法を採用しようとするとき，又は当該作業の方法を変更しようとするときは，あらかじめ，厚生労働大臣の定めるところにより，当該金属アーク溶接等作業に従事する労働者の身体に装着する試料採取機器等を用いて行う測定により，当該作業場について，空気中の溶接ヒュームの濃度を測定しなければならない。

③ 事業者は，前項の規定による空気中の溶接ヒュームの濃度の測定の結果に応じて，換気装置の風量の増加その他必要な措置を講じなければならない。

④ 事業者は，前項に規定する措置を講じたときは，その効果を確認するため，第２項の作業場について，同項の規定により，空気中の溶接ヒュームの濃度を測定しなければならない。

⑤ 事業者は，金属アーク溶接等作業に労働者を従事させるときは，当該労働者に有効な呼吸用保護具を使用させなければならない。

⑥ 事業者は，金属アーク溶接等作業の一部を請負人に請け負わせるときは，当該請負人に対し，有効な呼吸用保護具を使用する必要がある旨を周知させなければならない。

⑦ 事業者は，金属アーク溶接等作業を継続して行う屋内作業場において当該金属アーク溶接等作業に労働者を従事させるときは，厚生労働大臣の定めるところにより，当該作業場についての第２項及び第４項の規定による測定の結果に応じて，当該労働者に有効な呼吸用保護具を使用させなければならない。

⑧ 事業者は，金属アーク溶接等作業を継続して行う屋内作業場において当該金属アーク溶接等作業の一部を請負人に請け負わせるときは，当該請負人に対し，前項の測定の結果に応じて，有効な呼吸用保護具を使用する必要がある旨を周知させなければならない。

⑨ 事業者は，第７項の呼吸用保護具（面体を有するものに限る。）を使用させるときは，１年以内ごとに１回，定期に，当該呼吸用保護具が適切に装着されていることを厚生労働大臣の定める方法により確認し，その結果を記録し，これを３年間保存しなければならない。

⑩ 事業者は，第２項又は第４項の規定による測定を行つたときは，その都度，次の事項を記録し，これを当該測定に係る金属アーク溶接等作業の方法を用いなく

なつた日から起算して３年を経過する日まで保存しなければならない。

1 測定日時
2 測定方法
3 測定箇所
4 測定条件
5 測定結果
6 測定を実施した者の氏名
7 測定結果に応じて改善措置を講じたときは，当該措置の概要
8 測定結果に応じた有効な呼吸用保護具を使用させたときは，当該呼吸用保護具の概要

⑪ 事業者は，金属アーク溶接等作業に労働者を従事させるときは，当該作業を行う屋内作業場の床等を，水洗等によつて容易に掃除できる構造のものとし，水洗等粉じんの飛散しない方法によつて，毎日１回以上掃除しなければならない。

⑫ 労働者は，事業者から第５項又は第７項の呼吸用保護具の使用を命じられたときは，これを使用しなければならない。

解 説

① 第１項の「金属アーク溶接等作業」には，作業場所が屋内または屋外であることにかかわらず，アークを熱源とする溶接，溶断，ガウジングのすべてが含まれ，燃焼ガス，レーザービーム等を熱源とする溶接，溶断，ガウジングは含まれない。なお，自動溶接を行う場合では，「金属アーク溶接等作業」には，自動溶接機による溶接中に溶接機のトーチ等に近付く等，溶接ヒュームにばく露するおそれのある作業が含まれ，溶接機のトーチ等から離れた操作盤の作業，溶接作業に付帯する材料の搬入・搬出作業，片付け作業等は含まれない。

② 第１項の「全体換気装置による換気の実施又はこれと同等以上の措置」の「同等以上の措置」には，プッシュプル型換気装置および局所排気装置が含まれる。

③ 第２項の溶接ヒューム濃度の測定は，屋内作業場における作業環境改善のための測定でもあることから，金属アーク溶接等作業を継続して行う屋内作業場に限定して義務付けられる。なお，この「屋内作業場」には，建築中の建物内部等で当該建築工事等に付随する金属アーク溶接等作業であって，同じ場所で繰り返し行われないものを行う屋内作業場は含まれない。

なお，「溶接ヒュームの濃度の測定方法」は，令和２年厚生労働省告示第286号（216頁）に示されている。

④ 第２項の「変更しようとするとき」には，溶接方法が変更された場合，および溶接材料，母材や溶接作業場所の変更が溶接ヒュームの濃度に大きな影響を与える場合が含まれる。

⑤ 第３項の「その他必要な措置」には，溶接方法，母材もしくは溶接材料等の変更による溶接ヒューム発生量の低減，集じん装置による集じんまたは移動式送風機による送風の実施が含まれる。

⑥ 第３項の規定は，第２項の測定結果がマンガンとして0.05 mg/m^3 を下回る場合，または同一事業場における類似の金属アーク溶接等作業を継続して行う屋内作業場において，当該作業場に係る第２

項の測定結果に応じて換気装置の風量の増加等の措置を十分に検討した場合であって，その結果を踏まえた必要な措置をあらかじめ実施しているときに，さらなる改善措置を求める趣旨ではない。

⑦　金属アーク溶接等作業に労働者を従事させるときには，作業場所が屋内または屋外であることにかかわらず，当該労働者に有効な呼吸用保護具を使用させなければならない。

なお，「有効な呼吸用保護具の選択基準」は，令和２年厚生労働省告示第286号（216頁）に示されている。

⑧　第９項の規定により記録の対象となる確認の「結果」には，確認を受けた者の氏名，確認の日時および装着の良否，当該確認を外部に委託して行った場合は受託者の名称等が含まれる。

なお，「確認の方法」については，令和２年厚生労働省告示第286号（216頁）に示されている。

⑨　第11項の「水洗等」の「等」には，超高性能（HEPA）フィルター付きの真空掃除機による清掃が含まれるが，当該真空掃除機を用いる際には，粉じんの再飛散に注意する。

第６章　健康診断

（健康診断の実施）

第39条　事業者は，令第22条第1項第3号の業務（中略）に常時従事する労働者に対し，別表第3の上欄（編注：左欄）に掲げる業務の区分に応じ，雇入れ又は当該業務への配置替えの際及びその後同表の中欄に掲げる期間以内ごとに1回，定期に，同表の下欄（編注：右欄）に掲げる項目について医師による健康診断を行わなければならない。

②　事業者は，令第22条第2項の業務（中略）に常時従事させたことのある労働者で，現に使用しているものに対し，別表第3の上欄（編注：左欄）に掲げる業務のうち労働者が常時従事した同項の業務の区分に応じ，同表の中欄に掲げる期間以内ごとに1回，定期に，同表の下欄（編注：右欄）に掲げる項目について医師による健康診断を行わなければならない。

③　事業者は，前二項の健康診断（中略）の結果，他覚症状が認められる者，自覚症状を訴える者その他異常の疑いがある者で，医師が必要と認めるものについては，別表第4の上欄（編注：左欄）に掲げる業務の区分に応じ，それぞれ同表の下欄（編注：右欄）に掲げる項目について医師による健康診断を行わなければならない。

④～⑦　略

解　説

① 本条第１項の「当該業務への配置替えの際」とは，その事業場において，他の作業から本条に規定する受診対象作業に配置転換する直前を指す。

第２項の「これらの業務に常時従事させたことのある労働者で，現に使用しているもの」（以下「配置転換後労働者」という。）には，退職者までを含む趣旨ではないとされる。また通常，法令改正により新たに対象とされた業務に，当該改正法令の施行日前に常時従事させ，施行日以降には当該業務に従事させていない労働者でも，現に使用しているものは「配置転換後労働者」に含まれる。

② 金属アーク溶接等作業に係る健康診断は，作業場所が屋内または屋外であることにかかわらず，医師による特殊健康診断を行うことが義務付けられる。

③ 金属アーク溶接等作業については，従来，じん肺法（昭和35年法律第30号）に基づくじん肺健康診断が義務付けられていることに留意する。なお，同法の解釈（昭和53年4月28日付け基発第250号）では，「常時粉じん作業に従事する」とは，労働者が業務の常態として粉じん作業に従事することをいうが，必ずしも労働日の全部について粉じん作業に従事することを要件とするものではないと示されており，特化則に基づく健康診断に係る対象者についても，作業頻度のみならず，個々の作業内容や取扱量等を踏まえて個別に判断する必要がある。

（健康診断の結果の記録）

第40条　事業者は，前条第１項から第３項までの健康診断（法第66条第５項ただし書の場合において当該労働者が受けた健康診断を含む。次条において「特定化学物質健康診断」という。）の結果に基づき，特定化学物質健康診断個人票（様式第２号）を作成し，これを５年間保存しなければならない。

② 事業者は，特定化学物質健康診断個人票のうち，特別管理物質を製造し，又は取り扱う業務（クロム酸等を取り扱う業務にあつては，クロム酸等を鉱石から製造する事業場においてクロム酸等を取り扱う業務に限る。）に常時従事し，又は従事した労働者に係る特定化学物質健康診断個人票については，これを30年間保存するものとする。

（健康診断の結果についての医師からの意見聴取）

第40条の２　特定化学物質健康診断の結果に基づく法第66条の４の規定による医師からの意見聴取は，次に定めるところにより行わなければならない。

1　特定化学物質健康診断が行われた日（法第66条第５項ただし書の場合にあつては，当該労働者が健康診断の結果を証明する書面を事業者に提出した日）から３月以内に行うこと。

2　聴取した医師の意見を特定化学物質健康診断個人票に記載すること。

② 事業者は，医師から，前項の意見聴取を行う上で必要となる労働者の業務に関する情報を求められたときは，速やかに，これを提供しなければならない。

解　説

医師からの意見聴取は，労働者の健康状態から緊急に法第66条の5第1項の措置を講ずべき必要がある場合には，できるだけ速やかに行う必要がある。

また意見聴取は，事業者が意見を述べる医師に対し，健康診断の個人票の様式の「医師の意見欄」に当該意見を記載させ，これを確認する。

（健康診断の結果の通知）

第40条の3　事業者は，第39条第1項から第3項までの健康診断を受けた労働者に対し，遅滞なく，当該健康診断の結果を通知しなければならない。

解　説

「遅滞なく」とは，事業者が，健康診断を実施した医師，健康診断機関等から結果を受け取った後，速やかにという趣旨である。

（健康診断結果報告）

第41条　事業者は，第39条第1項から第3項までの健康診断（定期のものに限る。）を行つたときは，遅滞なく，特定化学物質健康診断結果報告書（様式第3号）を所轄労働基準監督署長に提出しなければならない。

解　説

「健康診断結果報告書」は，労働者数のいかんを問わず第39条により健康診断を行ったすべての事業場が提出する必要がある。所轄労働基準監督署長に遅滞なく（健康診断完了後おおむね1カ月以内に）提出する。

第41条の2　略

（緊急診断）

第42条　事業者は，特定化学物質（別表第1第37号に掲げる物を除く。以下この項及び次項において同じ。）が漏えいした場合において，労働者が当該特定化学物質により汚染され，又は当該特定化学物質を吸入したときは，遅滞なく，当該労働者に医師による診察又は処置を受けさせなければならない。

②　事業者は，特定化学物質を製造し，又は取り扱う業務の一部を請負人に請け負わせる場合において，当該請負人に対し，特定化学物質が漏えいした場合であつて，当該特定化学物質により汚染され，又は当該特定化学物質を吸入したときは，遅滞なく医師による診察又は処置を受ける必要がある旨を周知させなければならない。

③～⑤　略

解　説

緊急診断は，それぞれの対象物質の種類，性状，汚染または吸入の程度等に応じ，急性中毒，皮膚障害等について診断を行う。
なお，救援活動その他により関係労働者以外の者が受ける障害も予想されるので，第26条の救護組織の活動の一環としても，これらの者に対する緊急診断を行う。

第7章　保護具

（呼吸用保護具）

第43条　事業者は，特定化学物質を製造し，又は取り扱う作業場には，当該物質のガス，蒸気又は粉じんを吸入することによる労働者の健康障害を予防するため必要な呼吸用保護具を備えなければならない。

解　説

本条の「呼吸用保護具」とは，送気マスク等給気式呼吸用保護具（簡易救命器および酸素発生式自己救命器を除く。），防毒マスク，防じんマスク並びに面体形およびルーズフィット形の電動ファン付き呼吸用保護具をいい，これらのうち，防じんマスク，一定の防毒マスクおよび電動ファン付き呼吸用保護具については，国家検定に合格したものでなければならないとされている。

第44条　略

（保護具の数等）

第45条　事業者は，前二条の保護具については，同時に就業する労働者の人数と同数以上を備え，常時有効かつ清潔に保持しなければならない。

第8章　製造許可等

第46条～第50条の2　略

第9章　特定化学物質及び四アルキル鉛等作業主任者技能講習

第51条　特定化学物質及び四アルキル鉛等作業主任者技能講習は，学科講習によつて行う。

②　学科講習は，特定化学物質及び四アルキル鉛に係る次の科目について行う。

1　健康障害及びその予防措置に関する知識

2　作業環境の改善方法に関する知識

3　保護具に関する知識

4　関係法令

③　労働安全衛生規則第80条から第82条の2まで及び前二項に定めるもののほか，特定化学物質及び四アルキル鉛等作業主任者技能講習の実施について必要な事項は，厚生労働大臣が定める。

④　前三項の規定は，金属アーク溶接等作業主任者限定技能講習について準用する。この場合において，「特定化学物質及び四アルキル鉛等作業主任者技能講習」とあるのは「金属アーク溶接等作業主任者限定技能講習」と，「特定化学物質及び四アルキル鉛に係る」とあるのは「溶接ヒュームに係る」と読み替えるものとする。

第10章　報告

第52条　削除

第53条　特別管理物質を製造し，又は取り扱う事業者は，事業を廃止しようとするときは，特別管理物質等関係記録等報告書（様式第11号）に次の記録及び特定化学物質健康診断個人票又はこれらの写しを添えて，所轄労働基準監督署長に提出するものとする。

1　第36条第3項の測定の記録
2　第38条の4の作業の記録
3　第40条第2項の特定化学物質健康診断個人票

附　則（昭和47年9月30日労働省令第39号）　抄

（施行期日）

第1条　この省令は，昭和47年10月1日から施行する。ただし，第4条の規定は，昭和48年10月1日から施行する。

（廃止）

第2条　特定化学物質等障害予防規則（昭和46年労働省令第11号）は，廃止する。

（中略）

附　則（令和4年5月31日厚生労働省令第91号）　抄

（施行期日）

第1条　この省令は，公布の日から施行する。ただし，次の各号に掲げる規定は，当該各号に定める日から施行する。

1　第2条，第4条，第6条，第8条，第10条，第12条及び第14条の規定
　令和5年4月1日
2　第3条，第5条，第7条，第9条，第11条，第13条及び第15条の規定
　令和6年4月1日

（様式に関する経過措置）

第4条　この省令（附則第1条第1号に掲げる規定については，当該規定（第4条及び第8条に限る。）。以下同じ。）の施行の際現にあるこの省令による改正前の様式による用紙については，当分の間，これを取り繕って使用することができる。

（罰則に関する経過措置）

第5条　附則第1条各号に掲げる規定の施行前にした行為に対する罰則の適用については，なお従前の例による。

附　則（令和5年1月18日厚生労働省令第5号）　抄

（施行期日）

1　この省令は，公布の日から施行する。

（経過措置）

2　この省令の施行の際現にあるこの省令による改正前の様式による用紙は，当分の間，これを取り繕って使用することができる。

附　則（令和5年3月27日厚生労働省令第29号）　抄

（施行期日）

第1条　この省令は，令和5年10月1日から施行する。〈後略〉

附　則（令和5年3月30日厚生労働省令第38号）

この省令は，公布の日から施行する。

附　則（令和5年4月3日厚生労働省令第66号）　抄

（施行期日）

1　この省令は，令和6年1月1日から施行する。〈後略〉

附　則（令和5年4月21日厚生労働省令第69号）

この省令は，公布の日から施行する。ただし，第2条及び第4条の規定は，令

和5年10月1日から，第3条の規定は，令和6年4月1日から施行する。

附　則（令和5年4月24日厚生労働省令第70号）

この省令は，公布の日から施行する。ただし，第2条の規定は，令和6年1月1日から施行する。

別表第1（第2条，第2条の2，第5条，第12条の2，第24条，第25条，第27条，第36条，第38条の4，第38条の7，第39条関係）（抄）

1～32　略

33　マンガン又はその化合物を含有する製剤その他の物。ただし，マンガン又はその化合物の含有量が重量の1パーセント以下のものを除く。

33の2，34　略

34の2　溶接ヒュームを含有する製剤その他の物。ただし，溶接ヒュームの含有量が重量の1パーセント以下のものを除く。

34の3～37　略

別表第2（第2条関係）　略

別表第3（第39条関係）（抄）

業務		期間	項目
（略）			
(59)	マンガン又はその化合物（これらの物をその重量の1パーセントを超えて含有する製剤その他の物を含む。）を製造し，又は取り扱う業務	6月	1　業務の経歴の調査 2　作業条件の簡易な調査 3　マンガン又はその化合物によるせき，たん，仮面様顔貌，膏顔，流涎，発汗異常，手指の振戦，書字拙劣，歩行障害，不随意性運動障害，発語異常等のパーキンソン症候群様症状の既往歴の有無の検査 4　せき，たん，仮面様顔貌，膏顔，流涎，発汗異常，手指の振戦，書字拙劣，歩行障害，不随意性運動障害，発語異常等のパーキンソン症候群様症状の有無の検査 5　握力の測定
（略）			
(62)	溶接ヒューム（これをその重量の1パーセントを超えて含有する製剤その他の物を含む。）を製造し，又は取り扱う業務	6月	1　業務の経歴の調査 2　作業条件の簡易な調査 3　溶接ヒュームによるせき，たん，仮面様顔貌，膏顔，流涎，発汗異常，手指の振顫，書字拙劣，歩行障害，不随意性運動障害，発語異常等のパーキンソン症候群様症状の既往歴の有無の検査 4　せき，たん，仮面様顔貌，膏顔，流涎，発汗異常，手指の振顫，書字拙劣，歩行障害，不随意性運動障害，発語異常等のパーキンソン症候群様症状の有無の検査 5　握力の測定
（略）			

別表第4（第39条関係）（抄）

業務		項目
（略）		
(48)	マンガン又はその化合物（これらの物をその重量の1パーセントを超えて含有する製剤その他の物を含む。）を製造し，又は取り扱う業務	1　作業条件の調査 2　呼吸器に係る他覚症状又は自覚症状がある場合は，胸部理学的検査及び胸部のエックス線直接撮影による検査 3　パーキンソン症候群様症状に関する神経学的検査 4　医師が必要と認める場合は，尿中又は血液中のマンガンの量の測定
（略）		
(51)	溶接ヒューム（これをその重量の1パーセントを超えて含有する製剤その他の物を含む。）を製造し，又は取り扱う業務	1　作業条件の調査 2　呼吸器に係る他覚症状又は自覚症状がある場合は，胸部理学的検査及び胸部のエックス線直接撮影による検査 3　パーキンソン症候群様症状に関する神経学的検査 4　医師が必要と認める場合は，尿中又は血液中のマンガンの量の測定
（略）		

別表第5（第39条関係）　略

（参考） 労働安全衛生規則中の化学物質の自律的な管理に関する規制の主なもの

令和４年５月に安衛則の改正が行われ，化学物質管理は物質ごとに定められたばく露防止措置を守る法令順守型から，リスクアセスメント結果をもとに事業者が管理方法を決定する自律的な管理へと手法を変えることが求められることとなった。

（1）化学物質管理者の選任（第１２条の５）（令和６年４月１日施行）

①　選任が必要な事業場

安衛法第57条第１項および第57条の２に規定する通知対象物（以下，「リスクアセスメント対象物」という。）を製造，取扱い，または譲渡提供をする事業場（業種・規模要件なし）

・個別の作業現場ごとではなく，工場，店社，営業所等事業場ごとに選任すれば可

・一般消費者の生活の用に供される製品のみを取り扱う事業場は対象外

・事業場の状況に応じ，複数名を選任することもある

②　化学物質管理者の要件

・リスクアセスメント対象物を製造する事業場：厚生労働省告示に定められた専門的講習（12時間）の修了者

・リスクアセスメント対象物を取り扱う事業場（製造事業場以外）：法令上の資格要件は定められていないが，厚生労働省通達に示された専門的講習に準ずる講習（6時間）を受講することが望ましい。

③　化学物質管理者の職務

・ラベル・SDS等の確認

・化学物質に関わるリスクアセスメントの実施管理

・リスクアセスメント結果に基づくばく露防止措置の選択，実施の管理

・化学物質の自律的な管理に関わる各種記録の作成・保存

・化学物質の自律的な管理に関わる労働者への周知，教育

・ラベル・SDSの作成（リスクアセスメント対象物の製造事業場の場合）

・リスクアセスメント対象物による労働災害が発生した場合の対応

④ 化学物質管理者を選任すべき事由が発生した日から14日以内に選任すること。

⑤ 化学物質管理者を選任したときは，当該化学物質管理者の氏名を事業場の見やすい箇所に掲示すること等により関係労働者に周知させなければならない。

(2) 保護具着用管理責任者の選任（第12条の6）（令和6年4月1日施行）

① 選任が必要な事業場

リスクアセスメントに基づく措置として労働者に保護具を使用させる事業場

② 選任要件

法令上特に要件は定められていないが，化学物質の管理に関わる業務を適切に実施できる能力を有する者

厚生労働省の通達では，次の者および6時間の講習を受講した者が望ましいとしている。

ア 化学物質管理専門家の要件に該当する者

イ 作業環境管理専門家の要件に該当する者

ウ 労働衛生コンサルタント試験に合格した者

エ 第1種衛生管理者免許または衛生工学衛生管理者免許を受けた者

オ 作業主任者の資格を有する者（それぞれの作業）

カ 安全衛生推進者養成講習修了者

③ 職務

有効な保護具の選択，労働者の使用状況の管理その他保護具の管理に関わる業務

具体的には，

ア 保護具の適正な選択に関すること。

イ 労働者の保護具の適正な使用に関すること。

ウ 保護具の保守管理に関すること。

これらの職務を行うに当たっては，令和5年5月25日付け基発0525第3号「防じんマスク，防毒マスク及び電動ファン付き呼吸用保護具の選択，使用等について」（228頁）および平成29年1月12日基発0112第6号「化学防護手袋の選択，使用等について」に基づき対応する必要があることに留意する。

④ 保護具着用管理責任者を選任したときは，当該保護具着用管理責任者の氏名を事業場の見やすい箇所に掲示すること等により関係労働者に周知させなけれ

ばならない。

(3) 衛生委員会の付議事項（第22条）（②～④：令和6年4月1日施行）

衛生委員会の付議事項に，次の①～④の事項が追加され，化学物質の自律的な管理の実施状況の調査審議を行うことを義務付けられた。なお，衛生委員会の設置義務のない労働者数50人未満の事業場も，安衛則第23条の2に基づき，下記の事項について，関係労働者からの意見聴取の機会を設けなければならない。

① 労働者が化学物質にばく露される程度を最小限度にするために講ずる措置に関すること

② 濃度基準値の設定物質について，労働者がばく露される程度を濃度基準値以下とするために講ずる措置に関すること

③ リスクアセスメントの結果に基づき事業者が自ら選択して講ずるばく露防止措置の一環として実施した健康診断の結果とその結果に基づき講ずる措置に関すること

④ 濃度基準値設定物質について，労働者が濃度基準値を超えてばく露したおそれがあるときに実施した健康診断の結果とその結果に基づき講ずる措置に関すること

(4) 化学物質を事業場内で別容器で保管する場合の措置（第33条の2）

安衛法第57条で譲渡・提供時のラベル表示が義務付けられている化学物質（ラベル表示対象物）について，譲渡・提供時以外も，次の場合は，ラベル表示・文書の交付その他の方法で，内容物の名称やその危険性・有害性情報を伝達しなければならない。

・ラベル表示対象物を，他の容器に移し替えて保管する場合

・自ら製造したラベル表示対象物を，容器に入れて保管する場合

(5) リスクアセスメントの結果等の記録の作成と保存（第34条の2の8）

リスクアセスメントの結果と，その結果に基づき事業者が講ずる労働者の健康障害を防止するための措置の内容等は，関係労働者に周知するとともに，記録を作成し，次のリスクアセスメント実施までの期間（ただし，最低3年間）保存しなければならない。

(6) 労働災害発生事業場等への労働基準監督署長による指示（第34条の2の10）

（令和6年4月1日施行）

労働災害の発生またはそのおそれのある事業場について，労働基準監督署長が，その事業場で化学物質の管理が適切に行われていない疑いがあると判断した場合

は，事業場の事業者に対し，改善を指示することがある。

改善の指示を受けた事業者は，化学物質管理専門家から，リスクアセスメントの結果に基づき講じた措置の有効性の確認と望ましい改善措置に関する助言を受けた上で，1カ月以内に改善計画を作成し，労働基準監督署長に報告し，必要な改善措置を実施しなければならない。

(7) がん等の遅発性疾病の把握強化（第97条の2）

化学物質を製造し，または取り扱う同一事業場で，1年以内に複数の労働者が同種のがんに罹患したことを把握したときは，その罹患が業務に起因する可能性について医師の意見を聴かなければならない。

また，医師がその罹患が業務に起因するものと疑われると判断した場合は，遅滞なく，その労働者の従事業務の内容等を，所轄都道府県労働局長に報告しなければならない。

(8) リスクアセスメント対象物に関する事業者の義務（第577条の2，第577条の3）

（①イ，②の①イに関する部分：令和6年4月1日施行）

① 労働者がリスクアセスメント対象物にばく露される濃度の低減措置

ア 労働者がリスクアセスメント対象物にばく露される程度を，以下の方法等で最小限度にしなければならない。

i 代替物等を使用する。

ii 発散源を密閉する設備，局所排気装置または全体換気装置を設置し，稼働する。

iii 作業の方法を改善する。

iv 有効な呼吸用保護具を使用する。

イ リスクアセスメント対象物のうち，一定程度のばく露に抑えることで労働者に健康障害を生ずるおそれがない物質として厚生労働大臣が定める物質（濃度基準値設定物質）は，労働者がばく露される程度を，厚生労働大臣が定める濃度の基準（濃度基準値）以下としなければならない。

② ①に基づく措置の内容と労働者のばく露の状況についての労働者の意見聴取，記録作成・保存

①に基づく措置の内容と労働者のばく露の状況を，労働者の意見を聴く機会を設け，記録を作成し，3年間保存しなければならない。

ただし，がん原性のある物質として厚生労働大臣が定めるもの（がん原性物質）は30年間保存する。

③ リスクアセスメント対象物以外の物質にばく露される濃度を最小限とする努力義務

①のアのリスクアセスメント対象物以外の物質も，労働者がばく露される程度を，①のアⅰ～ⅳの方法等で，最小限度にするように努めなければならない。

(9) 皮膚等障害物質等への直接接触の防止（第594条の2，第594条の3）

（①：令和6年4月1日施行）

皮膚・眼刺激性，皮膚腐食性または皮膚から吸収され健康障害を引き起こしうる化学物質と当該物質を含有する製剤を製造し，または取り扱う業務に労働者を従事させる場合には，その物質の有害性に応じて，労働者に障害等防止のための適切な保護具を使用させなければならない。

① 健康障害を起こすおそれのあることが明らかな物質を製造し，または取り扱う業務に従事する労働者に対しては，保護めがね，不浸透性の保護衣，保護手袋または履物等適切な保護具を使用する。

② 健康障害を起こすおそれがないことが明らかなもの以外の物質を製造し，または取り扱う業務に従事する労働者（①の労働者を除く）に対しては，保護めがね，不浸透性の保護衣，保護手袋または履物等適切な保護具を使用する。

参 考 資 料

【参考資料 1】

金属アーク溶接等作業を継続して行う屋内作業場に係る溶接ヒュームの濃度の測定の方法等

(令和2年7月31日厚生労働省告示第286号)
(最終改正　令和5年4月3日厚生労働省告示第168号)

特定化学物質障害予防規則(昭和47年労働省令第39号)第38条の21第2項,第6項及び第7項の規定に基づき,金属アーク溶接等作業を継続して行う屋内作業場に係る溶接ヒュームの濃度の測定の方法等を次のように定める。

金属アーク溶接等作業を継続して行う屋内作業場に係る溶接ヒュームの濃度の測定の方法等

(溶接ヒュームの濃度の測定)

第1条　特定化学物質障害予防規則(昭和47年労働省令第39号。以下「特化則」という。)第38条の21第2項の規定による溶接ヒュームの濃度の測定は,次に定めるところによらなければならない。

1　試料空気の採取は,特化則第27条第2項に規定する金属アーク溶接等作業(次号及び第3号において「金属アーク溶接等作業」という。)に従事する労働者の身体に装着する試料採取機器を用いる方法により行うこと。この場合において,当該試料採取機器の採取口は,当該労働者の呼吸する空気中の溶接ヒュームの濃度を測定するために最も適切な部位に装着しなければならない。

2　前号の規定による試料採取機器の装着は,金属アーク溶接等作業のうち労働者にばく露される溶接ヒュームの量がほぼ均一であると見込まれる作業(以下この号において「均等ばく露作業」という。)ごとに,それぞれ,適切な数(2以上に限る。)の労働者に対して行うこと。ただし,均等ばく露作業に従事する1の労働者に対して,必要最小限の間隔をおいた2以上の作業日において試料採取機器を装着する方法により試料空気の採取が行われたときは,この限りでない。

3　試料空気の採取の時間は,当該採取を行う作業日ごとに,労働者が金属アーク溶接等作業に従事する全時間とすること。

4　溶接ヒュームの濃度の測定は,次に掲げる方法によること。

イ　作業環境測定基準(昭和51年労働省告示第46号)第2条第2項の要件に該当する分粒装置を用いるろ過捕集方法又はこれと同等以上の性能を有する試料採取方法

ロ　吸光光度分析方法若しくは原子吸光分析方法又はこれらと同等以上の性能を有する分析方法

(呼吸用保護具の使用)

第2条　特化則第38条の21第7項に規定する呼吸用保護具は,当該呼吸用保護具に係る要求防護係数を上回る指定防護係数を有するものでなければならない。

②　前項の要求防護係数は,次の式により計算するものとする。

$$PF_r = \frac{C}{0.05}$$

(この式において,PF_r 及び C は,それぞれ次の値を表すものとする。
PF_r　要求防護係数
C　前条の測定における溶接ヒューム中のマンガンの濃度の測定値のうち最大のもの(単位　ミリグラム毎立方メートル))

③ 第1項の指定防護係数は，別表第1から別表第3までの上欄（編注・左欄）に掲げる呼吸用保護具の種類に応じ，それぞれ同表の下欄（編注・右欄）に掲げる値とする。ただし，別表第4の上欄（編注・左欄）に掲げる呼吸用保護具を使用した作業における当該呼吸用保護具の外側及び内側の溶接ヒュームの濃度の測定又はそれと同等の測定の結果により得られた当該呼吸用保護具に係る防護係数が同表の下欄（編注・右欄）に掲げる指定防護係数を上回ることを当該呼吸用保護具の製造者が明らかにする書面が当該呼吸用保護具に添付されている場合は，同表の上欄（編注・左欄）に掲げる呼吸用保護具の種類に応じ，それぞれ同表の下欄（編注・右欄）に掲げる値とすることができる。

（呼吸用保護具の装着の確認）

第3条 特化則第38条の21第9項の厚生労働大臣が定める方法は，同条第7項の呼吸用保護具（面体を有するものに限る。）を使用する労働者について，日本産業規格T8150（呼吸用保護具の選択，使用及び保守管理方法）に定める方法又はこれと同等の方法により当該労働者の顔面と当該呼吸用保護具の面体との密着の程度を示す係数（以下この項及び次項において「フィットファクタ」という。）を求め，当該フィットファクタが呼吸用保護具の種類に応じた要求フィットファクタを上回っていることを確認する方法とする。

② フィットファクタは，次の式により計算するものとする。

$$FF = \frac{C_{out}}{C_{in}}$$

（この式において，FF，C_{out}及びC_{in}は，それぞれ次の値を表すものとする。

FF フィットファクタ

C_{out} 呼吸用保護具の外側の測定対象物の濃度

C_{in} 呼吸用保護具の内側の測定対象物の濃度）

③ 第1項の要求フィットファクタは，呼吸用保護具の種類に応じ，次に掲げる値とする。

1 全面形面体を有する呼吸用保護具 500

2 半面形面体を有する呼吸用保護具 100

附則

この告示は，令和3年4月1日から施行する。ただし，令和4年3月31日までの間は，第2条及び第3条の規定は，適用しない。

附則（令和5年3月27日厚生労働省告示第

別表第1（第2条関係）

防じんマスクの種類			指定防護係数
取替え式	全面形面体	RS3又はRL3	50
		RS2又はRL2	14
		RS1又はRL1	4
	半面形面体	RS3又はRL3	10
		RS2又はRL2	10
		RS1又はRL1	4
使い捨て式		DS3又はDL3	10
		DS2又はDL2	10
		DS1又はDL1	4
備考 RS1，RS2，RS3，RL1，RL2，RL3，DS1，DS2，DS3，DL1，DL2及びDL3は，防じんマスクの規格（昭和63年労働省告示第19号）第1条第3項の規定による区分であること。			

88号）抄

この告示は，令和5年10月1日から適用する。〈後略〉

附則（令和5年4月3日厚生労働省告示第168号）

この告示は，令和6年1月1日から適用する。

別表第2（第2条関係）

防じん機能を有する電動ファン付き呼吸用保護具の種類			指定防護係数
全面形面体	S級	PS3又はPL3	1,000
	A級	PS2又はPL2	90
	A級又はB級	PS1又はPL1	19
半面形面体	S級	PS3又はPL3	50
	A級	PS2又はPL2	33
	A級又はB級	PS1又はPL1	14
フード又はフェイスシールドを有するもの	S級	PS3又はPL3	25
	A級		20
	S級又はA級	PS2又はPL2	20
	S級，A級又はB級	PS1又はPL1	11

備考　S級，A級及びB級は，電動ファン付き呼吸用保護具の規格（平成26年厚生労働省告示第455号）第2条第4項の規定による区分（別表第4において同じ。）であること。PS1，PS2，PS3，PL1，PL2及びPL3は，同条第5項の規定による区分（同表において同じ。）であること。

別表第3（第2条関係）

その他の呼吸用保護具の種類			指定防護係数
循環式呼吸器	全面形面体	圧縮酸素形かつ陽圧形	10,000
		圧縮酸素形かつ陰圧形	50
		酸素発生形	50
	半面形面体	圧縮酸素形かつ陽圧形	50
		圧縮酸素形かつ陰圧形	10
		酸素発生形	10
空気呼吸器	全面形面体	プレッシャデマンド形	10,000
		デマンド形	50
	半面形面体	プレッシャデマンド形	50
		デマンド形	10
エアラインマスク	全面形面体	プレッシャデマンド形	1,000
		デマンド形	50
		一定流量形	1,000
	半面形面体	プレッシャデマンド形	50
		デマンド形	10
		一定流量形	50
	フード又はフェイスシールドを有するもの	一定流量形	25
ホースマスク	全面形面体	電動送風機形	1,000
		手動送風機形又は肺力吸引形	50
	半面形面体	電動送風機形	50
		手動送風機形又は肺力吸引形	10
	フード又はフェイスシールドを有するもの	電動送風機形	25

別表第４（第２条関係）

呼吸用保護具の種類		指定防護係数
防じん機能を有する電動ファン付き呼吸用保護具であって半面形面体を有するもの	S級かつPS3又はPL3	300
防じん機能を有する電動ファン付き呼吸用保護具であってフードを有するもの		1,000
防じん機能を有する電動ファン付き呼吸用保護具であってフェイスシールドを有するもの		300
フードを有するエアラインマスク	一定流量形	1,000

【参考資料 2】

化学物質等による危険性又は有害性等の調査等に関する指針

（平成 27 年 9 月 18 日危険性又は有害性等の調査等に関する指針公示第 3 号）
（最終改正　令和 5 年 4 月 27 日危険性又は有害性等の調査等に関する指針公示第 4 号）
（下線部分については令和 6 年 4 月 1 日から施行）

1　趣旨等

本指針は，労働安全衛生法（昭和 47 年法律第 57 号。以下「法」という。）第 57 条の 3 第 3 項の規定に基づき，事業者が，化学物質，化学物質を含有する製剤その他の物で労働者の危険又は健康障害を生ずるおそれのあるものによる危険性又は有害性等の調査（以下「リスクアセスメント」という。）を実施し，その結果に基づいて労働者の危険又は健康障害を防止するため必要な措置（以下「リスク低減措置」という。）が各事業場において適切かつ有効に実施されるよう，「化学物質による健康障害防止のための濃度の基準の適用等に関する技術上の指針」（令和 5 年 4 月 27 日付け技術上の指針公示第 24 号）と相まって，リスクアセスメントからリスク低減措置の実施までの一連の措置の基本的な考え方及び具体的な手順の例を示すとともに，これらの措置の実施上の留意事項を定めたものである。

また，本指針は，「労働安全衛生マネジメントシステムに関する指針」（平成 11 年労働省告示第 53 号）に定める危険性又は有害性等の調査及び実施事項の特定の具体的実施事項としても位置付けられるものである。

2　適用

本指針は，リスクアセスメント対象物（リスクアセスメントをしなければならない労働安全衛生法施行令（昭和 47 年政令第 318 号。以下「令」という。）第 18 条各号に掲げる物及び法第 57 条の 2 第 1 項に規定する通知対象物をいう。以下同じ。）に係るリスクアセスメントについて適用し，労働者の就業に係る全てのものを対象とする。

3　実施内容

事業者は，法第 57 条の 3 第 1 項に基づくリスクアセスメントとして，(1)から(3)までに掲げる事項を，労働安全衛生規則（昭和 47 年労働省令第 32 号。以下「安衛則」という。）第 34 条の 2 の 8 に基づき（5）に掲げる事項を実施しなければならない。また，法第 57 条の 3 第 2 項に基づき，安衛則第 577 条の 2 に基づく措置その他の法令の規定による措置を講ずるほか(4)に掲げる事項を実施するよう努めなければならない。

(1)　リスクアセスメント対象物による危険性又は有害性の特定

(2)　(1)により特定されたリスクアセスメント対象物による危険性又は有害性並びに当該リスクアセスメント対象物を取り扱う作業方法，設備等により業務に従事する労働者に危険を及ぼし，又は当該労働者の健康障害を生ずるおそれの程度及び当該危険又は健康障害の程度（以下「リスク」という。）の見積り（安衛則第 577 条の 2 第 2 項の厚生労働大臣が定める濃度の基準（以下「濃度基準値」という。）が定められている物質については，屋内事業場における労働者のばく露の程度が濃度基準値を超えるおそれの把握を含む。）

(3)　(2)の見積りに基づき，リスクアセスメント対象物への労働者のばく露の程度を最小限度とすること及び濃度基準値が定められている物質については屋内事業場における労働者のばく露の程度を濃度基準値以下とすることを含めたリスク低減措置の内容の検討

(4)　(4)のリスク低減措置の実施

(5)　リスクアセスメント結果等の記録及び保存並びに周知

4　実施体制等

(1)　事業者は，次に掲げる体制でリスクアセスメント及びリスク低減措置（以下「リスクアセスメント等」という。）を実施するものとする。

ア　総括安全衛生管理者が選任されている場合には，当該者にリスクアセスメント等の実施を統括管理させること。総括安全衛生管理者が選任されていない場合には，事業の実施を統括管理する者に統括管理させること。

イ　安全管理者又は衛生管理者が選任されている場合には，当該者にリスクアセスメント等の実施を管理させること。

ウ　化学物質管理者（安衛則第12条の5第1項に規定する化学物質管理者をいう。以下同じ。）を選任し，安全管理者又は衛生管理者が選任されている場合にはその管理の下，化学物質管理者にリスクアセスメント等に関する技術的事項を管理させること。

エ　安全衛生委員会，安全委員会又は衛生委員会が設置されている場合には，これらの委員会においてリスクアセスメント等に関することを調査審議させること。また，リスクアセスメント等の対象業務に従事する労働者に化学物質の管理の実施状況を共有し，当該管理の実施状況について，これらの労働者の意見を聴取する機会を設け，リスクアセスメント等の実施を決定する段階において労働者を参画させること。

オ　リスクアセスメント等の実施に当たっては，必要に応じ，事業場内の化学物質管理専門家や作業環境管理専門家のほか，リスクアセスメント対象物に係る危険性及び有害性や，機械設備，化学設備，生産技術等についての専門的知識を有する者を参画させること。

カ　上記のほか，より詳細なリスクアセスメント手法の導入又はリスク低減措置の実施に当たっての，技術的な助言を得るため，事業場内に化学物質管理専門家や作業環境管理専門家等がいない場合は，外部の専門家の活用を図ることが望ましいこと。

(2)　事業者は，(1)のリスクアセスメント等の実施を管理する者等（カの外部の専門家を除く。）に対し，化学物質管理者の管理のもとで，リスクアセスメント等を実施するために必要な教育を実施するものとする。

5　実施時期

(1)　事業者は，安衛則第34条の2の7第1項に基づき，次のアからウまでに掲げる時期にリスクアセスメントを行うものとする。

ア　リスクアセスメント対象物を原材料等として新規に採用し，又は変更するとき。

イ　リスクアセスメント対象物を製造し，又は取り扱う業務に係る作業の方法又は手順を新規に採用し，又は変更するとき。

ウ　リスクアセスメント対象物による危険性又は有害性等について変化が生じ，又は生ずるおそれがあるとき。具体的には，以下の(ア)，(イ)が含まれること。

(ア)　過去に提供された安全データシート（以下「SDS」という。）の危険性又は有害性に係る情報が変更され，その内容が事業者に提供された場合

(イ)　濃度基準値が新たに設定された場合又は当該値が変更された場合

(2)　事業者は，(1)のほか，次のアからウまでに掲げる場合にもリスクアセスメントを行うよう努めること。

ア　リスクアセスメント対象物に係る労働災害が発生した場合であって，過去のリスクアセスメント等の内容に問題がある

ことが確認された場合

イ 前回のリスクアセスメント等から一定の期間が経過し，リスクアセスメント対象物に係る機械設備等の経年による劣化，労働者の入れ替わり等に伴う労働者の安全衛生に係る知識経験の変化，新たな安全衛生に係る知見の集積等があった場合

ウ 既に製造し，又は取り扱っていた物質がリスクアセスメント対象物として新たに追加された場合など，当該リスクアセスメント対象物を製造し，又は取り扱う業務について過去にリスクアセスメント等を実施したことがない場合

(3) 事業者は，(1)のア又はイに掲げる作業を開始する前に，リスク低減措置を実施することが必要であることに留意するものとする。

(4) 事業者は，(1)のア又はイに係る設備改修等の計画を策定するときは，その計画策定段階においてもリスクアセスメント等を実施することが望ましいこと。

6 リスクアセスメント等の対象の選定

事業者は，次に定めるところにより，リスクアセスメント等の実施対象を選定するものとする。

(1) 事業場において製造又は取り扱う全てのリスクアセスメント対象物をリスクアセスメント等の対象とすること。

(2) リスクアセスメント等は，対象のリスクアセスメント対象物を製造し，又は取り扱う業務ごとに行うこと。ただし，例えば，当該業務に複数の作業工程がある場合に，当該工程を1つの単位とする，当該業務のうち同一場所において行われる複数の作業を1つの単位とするなど，事業場の実情に応じ適切な単位で行うことも可能であること。

(3) 元方事業者にあっては，その労働者及び関係請負人の労働者が同一の場所で作業を行うこと（以下「混在作業」という。）によって生ずる労働災害を防止するため，当該混在作業についても，リスクアセスメント等の対象とすること。

7 情報の入手等

(1) 事業者は，リスクアセスメント等の実施に当たり，次に掲げる情報に関する資料等を入手するものとする。

入手に当たっては，リスクアセスメント等の対象には，定常的な作業のみならず，非定常作業も含まれることに留意すること。

また，混在作業等複数の事業者が同一の場所で作業を行う場合にあっては，当該複数の事業者が同一の場所で作業を行う状況に関する資料等も含めるものとすること。

ア リスクアセスメント等の対象となるリスクアセスメント対象物に係る危険性又は有害性に関する情報（SDS等）

イ リスクアセスメント等の対象となる作業を実施する状況に関する情報（作業標準，作業手順書等，機械設備等に関する情報を含む。）

(2) 事業者は，(1)のほか，次に掲げる情報に関する資料等を，必要に応じ入手するものとすること。

ア リスクアセスメント対象物に係る機械設備等のレイアウト等，作業の周辺の環境に関する情報

イ 作業環境測定結果等

ウ 災害事例，災害統計等

エ その他，リスクアセスメント等の実施に当たり参考となる資料等

(3) 事業者は，情報の入手に当たり，次に掲げる事項に留意するものとする。

ア 新たにリスクアセスメント対象物を外部から取得等しようとする場合には，当該リスクアセスメント対象物を譲渡し，

又は提供する者から，当該リスクアセスメント対象物に係るSDSを確実に入手すること。

イ　リスクアセスメント対象物に係る新たな機械設備等を外部から導入しようとする場合には，当該機械設備等の製造者に対し，当該設備等の設計・製造段階においてリスクアセスメントを実施することを求め，その結果を入手すること。

ウ　リスクアセスメント対象物に係る機械設備等の使用又は改造等を行おうとする場合に，自らが当該機械設備等の管理権原を有しないときは，管理権原を有する者等が実施した当該機械設備等に対するリスクアセスメントの結果を入手すること。

(4)　元方事業者は，次に掲げる場合には，関係請負人におけるリスクアセスメントの円滑な実施に資するよう，自ら実施したリスクアセスメント等の結果を当該業務に係る関係請負人に提供すること。

ア　複数の事業者が同一の場所で作業する場合であって，混在作業におけるリスクアセスメント対象物による労働災害を防止するために元方事業者がリスクアセスメント等を実施したとき。

イ　リスクアセスメント対象物にばく露するおそれがある場所等，リスクアセスメント対象物による危険性又は有害性がある場所において，複数の事業者が作業を行う場合であって，元方事業者が当該場所に関するリスクアセスメント等を実施したとき。

8　危険性又は有害性の特定

事業者は，リスクアセスメント対象物について，リスクアセスメント等の対象となる業務を洗い出した上で，原則としてアからウまでに即して危険性又は有害性を特定すること。また，必要に応じ，エに掲げるものについても特定することが望ましいこと。

ア　国際連合から勧告として公表された「化学品の分類及び表示に関する世界調和システム（GHS）」（以下「GHS」という。）又は日本産業規格Z7252に基づき分類されたリスクアセスメント対象物の危険性又は有害性（SDSを入手した場合には，当該SDSに記載されているGHS分類結果）

イ　リスクアセスメント対象物の管理濃度及び濃度基準値。これらの値が設定されていない場合であって，日本産業衛生学会の許容濃度又は米国産業衛生専門家会議（ACGIH）のTLV-TWA等のリスクアセスメント対象物のばく露限界（以下「ばく露限界」という。）が設定されている場合にはその値（SDSを入手した場合には，当該SDSに記載されているばく露限界）

ウ　皮膚等障害化学物質等（安衛則第594条の2で定める皮膚若しくは眼に障害を与えるおそれ又は皮膚から吸収され，若しくは皮膚に侵入して，健康障害を生ずるおそれがあることが明らかな化学物質又は化学物質を含有する製剤）への該当性

エ　アからウまでによって特定される危険性又は有害性以外の，負傷又は疾病の原因となるおそれのある危険性又は有害性。この場合，過去にリスクアセスメント対象物による労働災害が発生した作業，リスクアセスメント対象物による危険又は健康障害のおそれがある事象が発生した作業等により事業者が把握している情報があるときには，当該情報に基づく危険性又は有害性が必ず含まれるよう留意すること。

9　リスクの見積り

(1)　事業者は，リスク低減措置の内容を検討

するため，安衛則第 34 条の 2 の 7 第 2 項に基づき，次に掲げるいずれかの方法（危険性に係るものにあっては，ア又はウに掲げる方法に限る。）により，又はこれらの方法の併用によりリスクアセスメント対象物によるリスクを見積もるものとする。

ア　リスクアセスメント対象物が当該業務に従事する労働者に危険を及ぼし，又はリスクアセスメント対象物により当該労働者の健康障害を生ずるおそれの程度（発生可能性）及び当該危険又は健康障害の程度（重篤度）を考慮する方法。具体的には，次に掲げる方法があること。

(ア)　発生可能性及び重篤度を相対的に尺度化し，それらを縦軸と横軸とし，あらかじめ発生可能性及び重篤度に応じてリスクが割り付けられた表を使用してリスクを見積もる方法

(イ)　発生可能性及び重篤度を一定の尺度によりそれぞれ数値化し，それらを加算又は乗算等してリスクを見積もる方法

(ウ)　発生可能性及び重篤度を段階的に分岐していくことによりリスクを見積もる方法

(エ)　ILO の化学物質リスク簡易評価法（コントロール・バンディング）等を用いてリスクを見積もる方法

(オ)　化学プラント等の化学反応のプロセス等による災害のシナリオを仮定して，その事象の発生可能性と重篤度を考慮する方法

イ　当該業務に従事する労働者がリスクアセスメント対象物にさらされる程度（ばく露の程度）及び当該リスクアセスメント対象物の有害性の程度を考慮する方法。具体的には，次に掲げる方法があること。

(ア)　管理濃度が定められている物質については，作業環境測定により測定した当該物質の第一評価値を当該物質の管理濃度と比較する方法

(イ)　濃度基準値が設定されている物質については，個人ばく露測定により測定した当該物質の濃度を当該物質の濃度基準値と比較する方法

(ウ)　管理濃度又は濃度基準値が設定されていない物質については，対象の業務について作業環境測定等により測定した作業場所における当該物質の気中濃度等を当該物質のばく露限界と比較する方法

(エ)　数理モデルを用いて対象の業務に係る作業を行う労働者の周辺のリスクアセスメント対象物の気中濃度を推定し，当該物質の濃度基準値又はばく露限界と比較する方法

(オ)　リスクアセスメント対象物への労働者のばく露の程度及び当該物質による有害性の程度を相対的に尺度化し，それらを縦軸と横軸とし，あらかじめばく露の程度及び有害性の程度に応じてリスクが割り付けられた表を使用してリスクを見積もる方法

ウ　ア又はイに掲げる方法に準ずる方法。具体的には，次に掲げる方法があること。

(ア)　リスクアセスメント対象物に係る危険又は健康障害を防止するための具体的な措置が労働安全衛生法関係法令（主に健康障害の防止を目的とした有機溶剤中毒予防規則（昭和 47 年労働省令第 36 号），鉛中毒予防規則（昭和 47 年労働省令第 37 号），四アルキル鉛中毒予防規則（昭和 47 年労働省令第 38 号）及び特定化学物質障害予防規則（昭和 47 年労働省令第 39 号）の規定並びに主に危険の防止を目的とした令別表第 1 に掲げる危険物に係る安

衛則の規定）の各条項に規定されている場合に，当該規定を確認する方法。

(イ) リスクアセスメント対象物に係る危険を防止するための具体的な規定が労働安全衛生法関係法令に規定されていない場合において，当該物質のSDSに記載されている危険性の種類（例えば「爆発物」など）を確認し，当該危険性と同種の危険性を有し，かつ，具体的措置が規定されている物に係る当該規定を確認する方法

(ウ) 毎回異なる環境で作業を行う場合において，典型的な作業を洗い出し，あらかじめ当該作業において労働者がばく露される物質の濃度を測定し，その測定結果に基づくリスク低減措置を定めたマニュアル等を作成するとともに，当該マニュアル等に定められた措置が適切に実施されていることを確認する方法

(2) 事業者は，(1)のア又はイの方法により見積りを行うに際しては，用いるリスクの見積り方法に応じて，7で入手した情報等から次に掲げる事項等必要な情報を使用すること。

ア 当該リスクアセスメント対象物の性状

イ 当該リスクアセスメント対象物の製造量又は取扱量

ウ 当該リスクアセスメント対象物の製造又は取扱い（以下「製造等」という。）に係る作業の内容

エ 当該リスクアセスメント対象物の製造等に係る作業の条件及び関連設備の状況

オ 当該リスクアセスメント対象物の製造等に係る作業への人員配置の状況

カ 作業時間及び作業の頻度

キ 換気設備の設置状況

ク 有効な保護具の選択及び使用状況

ケ 当該リスクアセスメント対象物に係る既存の作業環境中の濃度若しくはばく露濃度の測定結果又は生物学的モニタリング結果

(3) 事業者は，(1)のアの方法によるリスクの見積りに当たり，次に掲げる事項等に留意するものとする。

ア 過去に実際に発生した負傷又は疾病の重篤度ではなく，最悪の状況を想定した最も重篤な負傷又は疾病の重篤度を見積もること。

イ 負傷又は疾病の重篤度は，傷害や疾病等の種類にかかわらず，共通の尺度を使うことが望ましいことから，基本的に，負傷又は疾病による休業日数等を尺度として使用すること。

ウ リスクアセスメントの対象の業務に従事する労働者の疲労等の危険性又は有害性への付加的影響を考慮することが望ましいこと。

(4) 事業者は，一定の安全衛生対策が講じられた状態でリスクを見積もる場合には，用いるリスクの見積り方法における必要性に応じて，次に掲げる事項等を考慮すること。

ア 安全装置の設置，立入禁止措置，排気・換気装置の設置その他の労働災害防止のための機能又は方策（以下「安全衛生機能等」という。）の信頼性及び維持能力

イ 安全衛生機能等を無効化する又は無視する可能性

ウ 作業手順の逸脱，操作ミスその他の予見可能な意図的・非意図的な誤使用又は危険行動の可能性

エ 有害性が立証されていないが，一定の根拠がある場合における当該根拠に基づく有害性

10 リスク低減措置の検討及び実施

(1) 事業者は，法令に定められた措置がある場合にはそれを必ず実施するほか，法令に定められた措置がない場合には，次に掲げ

る優先順位でリスクアセスメント対象物に労働者がばく露する程度を最小限度とすることを含めたリスク低減措置の内容を検討するものとする。ただし，9(1)イの方法を用いたリスクの見積り結果として，労働者がばく露される程度が濃度基準値又はばく露限界を十分に下回ることが確認できる場合は，当該リスクは，許容範囲内であり，追加のリスク低減措置を検討する必要がないものとして差し支えないものであること。

ア　危険性又は有害性のより低い物質への代替，化学反応のプロセス等の運転条件の変更，取り扱うリスクアセスメント対象物の形状の変更等又はこれらの併用によるリスクの低減

イ　リスクアセスメント対象物に係る機械設備等の防爆構造化，安全装置の二重化等の工学的対策又はリスクアセスメント対象物に係る機械設備等の密閉化，局所排気装置の設置等の衛生工学的対策

ウ　作業手順の改善，立入禁止等の管理的対策

エ　リスクアセスメント対象物の有害性に応じた有効な保護具の選択及び使用

(2)　(1)の検討に当たっては，より優先順位の高い措置を実施することにした場合であって，当該措置により十分にリスクが低減される場合には，当該措置よりも優先順位の低い措置の検討まで要するものではないこと。また，リスク低減に要する負担がリスク低減による労働災害防止効果と比較して大幅に大きく，両者に著しい不均衡が発生する場合であって，措置を講ずることを求めることが著しく合理性を欠くと考えられるときを除き，可能な限り高い優先順位のリスク低減措置を実施する必要があるものとする。

(3)　死亡，後遺障害又は重篤な疾病をもたらすおそれのあるリスクに対して，適切なリスク低減措置の実施に時間を要する場合は，暫定的な措置を直ちに講ずるほか，(1)において検討したリスク低減措置の内容を速やかに実施するよう努めるものとする。

(4)　リスク低減措置を講じた場合には，当該措置を実施した後に見込まれるリスクを見積もることが望ましいこと。

11　リスクアセスメント結果等の労働者への周知等

(1)　事業者は，安衛則第34条の2の8に基づき次に掲げる事項をリスクアセスメント対象物を製造し，又は取り扱う業務に従事する労働者に周知するものとする。

ア　対象のリスクアセスメント対象物の名称

イ　対象業務の内容

ウ　リスクアセスメントの結果

(ア)　特定した危険性又は有害性

(イ)　見積もったリスク

エ　実施するリスク低減措置の内容

(2)　(1)の周知は，安衛則第34条の2の8第2項に基づく方法によること。

(3)　法第59条第1項に基づく雇入れ時教育及び同条第2項に基づく作業変更時教育においては，安衛則第35条第1項第1号，第2号及び第5号に掲げる事項として，(1)に掲げる事項を含めること。

なお，5の(1)に掲げるリスクアセスメント等の実施時期のうちアからウまでについては，法第59条第2項の「作業内容を変更したとき」に該当するものであること。

(4)　事業者は(1)に掲げる事項について記録を作成し，次にリスクアセスメントを行うまでの期間（リスクアセスメントを行った日から起算して3年以内に当該リスクアセスメント対象物についてリスクアセスメントを行ったときは，3年間）保存しなければならないこと。

12　その他

リスクアセスメント対象物以外のものであって，化学物質，化学物質を含有する製剤その他の物で労働者に危険又は健康障害を生ずるおそれのあるものについては，法第28条の2及び安衛則第577条の3に基づき，この指針に準じて取り組むよう努めること。

【参考資料３】

防じんマスク，防毒マスク及び電動ファン付き呼吸用保護具の選択，使用等について

（令和５年５月25日基発0525第３号）

標記について，これまで防じんマスク，防毒マスク等の呼吸用保護具を使用する労働者の健康障害を防止するため，「防じんマスクの選択，使用等について」（平成17年２月７日付け基発第0207006号。以下「防じんマスク通達」という。）及び「防毒マスクの選択，使用等について」（平成17年２月７日付け基発第0207007号。以下「防毒マスク通達」という。）により，その適切な選択，使用，保守管理等に当たって留意すべき事項を示してきたところである。

今般，労働安全衛生規則等の一部を改正する省令（令和４年厚生労働省令第91号。以下「改正省令」という。）等により，新たな化学物質管理が導入されたことに伴い，呼吸用保護具の選択，使用等に当たっての留意事項を下記のとおり定めたので，関係事業場に対して周知を図るとともに，事業場の指導に当たって遺漏なきを期されたい。

なお，防じんマスク通達及び防毒マスク通達は，本通達をもって廃止する。

記

第１　共通事項

１　趣旨等

改正省令による改正後の労働安全衛生規則（昭和47年労働省令第32号。以下「安衛則」という。）第577条の２第１項において，事業者に対し，リスクアセスメントの結果等に基づき，代替物の使用，発散源を密閉する設備，局所排気装置又は全体換気装置の設置及び稼働，作業の方法の改善，有効な呼吸用保護具を使用させること等必要な措置を講ずることにより，リスクアセスメント対象物に労働者がばく露される程度を最小限度にすることが義務付けられた。さらに，同条第２項において，厚生労働大臣が定めるものを製造し，又は取り扱う業務を行う屋内作業場においては，労働者がこれらの物にばく露される程度を，厚生労働大臣が定める濃度の基準（以下「濃度基準値」という。）以下とすることが事業者に義務付けられた。

これらを踏まえ，化学物質による健康障害防止のための濃度の基準の適用等に関する技術上の指針（令和５年４月27日付け技術上の指針第24号。以下「技術上の指針」という。）が定められ，化学物質等による危険性又は有害性等の調査等に関する指針（平成27年９月18日付け危険性又は有害性等の調査等に関する指針公示第３号。以下「化学物質リスクアセスメント指針」という。）と相まって，リスクアセスメント及びその結果に基づく必要な措置のために実施すべき事項が規定されている。

本指針は，化学物質リスクアセスメント指針及び技術上の指針で定めるリスク低減措置として呼吸用保護具を使用する場合に，その適切な選択，使用，保守管理等に当たって留意すべき事項を示したものである。

２　基本的考え方

(1)　事業者は，化学物質リスクアセスメント指針に規定されているように，危険性又は有害性の低い物質への代替，工学的対策，管理的対策，有効な保護具の使用という優先順位に従い，対策を検討し，労働者のばく露の程度を濃度基準値以下とすることを含めたリスク低減措置を実施すること。その際，保護具については，適切に選択され，使用されなければ効果を発揮しないことを踏まえ，本質安全化，工学的対策等の信頼性と比較し，最も低い優先順位が設定されていることに留意すること。

(2)　事業者は，労働者の呼吸域における物質

の濃度が，保護具の使用を除くリスク低減措置を講じてもなお，当該物質の濃度基準値を超えること等，リスクが高い場合，有効な呼吸用保護具を選択し，労働者に適切に使用させること。その際，事業者は，呼吸用保護具の選択及び使用が適切に実施されなければ，所期の性能が発揮されないことに留意し，呼吸用保護具が適切に選択及び使用されているかの確認を行うこと。

3　管理体制等

(1)　事業者は，リスクアセスメントの結果に基づく措置として，労働者に呼吸用保護具を使用させるときは，保護具に関して必要な教育を受けた保護具着用管理責任者（安衛則第12条の6第1項に規定する保護具着用管理責任者をいう。以下同じ。）を選任し，次に掲げる事項を管理させなければならないこと。

ア　呼吸用保護具の適正な選択に関すること

イ　労働者の呼吸用保護具の適正な使用に関すること

ウ　呼吸用保護具の保守管理に関すること

エ　改正省令による改正後の特定化学物質障害予防規則（昭和47年労働省令第39号。以下「特化則」という。）第36条の3の2第4項等で規定する第三管理区分に区分された場所（以下「第三管理区分場所」という。）における，同項第1号及び第2号並びに同条第5項第1号から第3号までに掲げる措置のうち，呼吸用保護具に関すること

オ　第三管理区分場所における特定化学物質作業主任者の職務（呼吸用保護具に関する事項に限る。）について必要な指導を行うこと

(2)　事業者は，化学物質管理者の管理の下，保護具着用管理責任者に，呼吸用保護具を着用する労働者に対して，作業環境中の有害物質の種類，発散状況，濃度，作業時のばく露の危険性の程度等について教育を行わせること。また，事業者は，保護具着用管理責任者に，各労働者が着用する呼吸用保護具の取扱説明書，ガイドブック，パンフレット等（以下「取扱説明書等」という。）に基づき，適正な装着方法，使用方法及び顔面と面体の密着性の確認方法について十分な教育や訓練を行わせること。

(3)　事業者は，保護具着用管理責任者に，安衛則第577条の2第11項に基づく有害物質のばく露の状況の記録を把握させ，ばく露の状況を踏まえた呼吸用保護具の適正な保守管理を行わせること。

4　呼吸用保護具の選択

(1)　呼吸用保護具の種類の選択

ア　事業者は，あらかじめ作業場所に酸素欠乏のおそれがないことを労働者等に確認させること。酸素欠乏又はそのおそれがある場所及び有害物質の濃度が不明な場所ではろ過式呼吸用保護具を使用させてはならないこと。酸素欠乏のおそれがある場所では，日本産業規格T 8150「呼吸用保護具の選択，使用及び保守管理方法」（以下「JIS T 8150」という。）を参照し，指定防護係数が1000以上の全面形面体を有する，別表2及び別表3に記載している循環式呼吸器，空気呼吸器，エアラインマスク及びホースマスク（以下「給気式呼吸用保護具」という。）の中から有効なものを選択すること。

イ　防じんマスク及び防じん機能を有する電動ファン付き呼吸用保護具（以下「P-PAPR」という。）は，酸素濃度18%以上の場所であっても，有害なガス及び蒸気（以下「有毒ガス等」という。）が存在する場所においては使用しないこと。このような場所では，防毒マスク，防毒機能を有する電動ファン付き呼吸用

保護具（以下「G-PAPR」という。）又は給気式呼吸用保護具を使用すること。粉じん作業であっても，他の作業の影響等によって有毒ガス等が流入するような場合には，改めて作業場の作業環境の評価を行い，適切な防じん機能を有する防毒マスク，防じん機能を有するG-PAPR又は給気式呼吸用保護具を使用すること。

ウ　安衛則第280条第1項において，引火性の物の蒸気又は可燃性ガスが爆発の危険のある濃度に達するおそれのある箇所において電気機械器具（電動機，変圧器，コード接続器，開閉器，分電盤，配電盤等電気を通ずる機械，器具その他の設備のうち配線及び移動電線以外のものをいう。以下同じ。）を使用するときは，当該蒸気又はガスに対しその種類及び爆発の危険のある濃度に達するおそれに応じた防爆性能を有する防爆構造電気機械器具でなければ使用してはならない旨規定されており，非防爆タイプの電動ファン付き呼吸用保護具を使用してはならないこと。また，引火性の物には，常温以下でも危険となる物があることに留意すること。

エ　安衛則第281条第1項又は第282条第1項において，それぞれ可燃性の粉じん（マグネシウム粉，アルミニウム粉等爆燃性の粉じんを除く。）又は爆燃性の粉じんが存在して爆発の危険のある濃度に達するおそれのある箇所及び爆発の危険のある場所で電気機械器具を使用するときは，当該粉じんに対し防爆性能を有する防爆構造電気機械器具でなければ使用してはならない旨規定されており，非防爆タイプの電動ファン付き呼吸用保護具を使用してはならないこと。

(2)　要求防護係数を上回る指定防護係数を有する呼吸用保護具の選択

ア　金属アーク等溶接作業を行う事業場においては，「金属アーク溶接等作業を継続して行う屋内作業場に係る溶接ヒュームの濃度の測定の方法等」（令和2年厚生労働省告示第286号。以下「アーク溶接告示」という。）で定める方法により，第三管理区分場所においては，「第三管理区分に区分された場所に係る有機溶剤等の濃度の測定の方法等」（令和4年厚生労働省告示第341号。以下「第三管理区分場所告示」という。）に定める方法により濃度の測定を行い，その結果に基づき算出された要求防護係数を上回る指定防護係数を有する呼吸用保護具を使用しなければならないこと。

イ　濃度基準値が設定されている物質については，技術上の指針の3から6に示した方法により測定した当該物質の濃度を用い，技術上の指針の7－3に定める方法により算出された要求防護係数を上回る指定防護係数を有する呼吸用保護具を選択すること。

ウ　濃度基準値又は管理濃度が設定されていない物質で，化学物質の評価機関によりばく露限界の設定がなされている物質については，原則として，技術上の指針の2－1(3)及び2－2に定めるリスクアセスメントのための測定を行い，技術上の指針の5－1(2)アで定める八時間時間加重平均値を八時間時間加重平均のばく露限界（TWA）と比較し，技術上の指針の5－1(2)イで定める十五分間時間加重平均値を短時間ばく露限界値（STEL）と比較し，別紙1の計算式によって要求防護係数を求めること。

さらに，求めた要求防護係数と別表1から別表3までに記載された指定防護係数を比較し，要求防護係数より大きな値の指定防護係数を有する呼吸用保護具を選択すること。

エ　有害物質の濃度基準値やばく露限界に関する情報がない場合は，化学物質管理者，化学物質管理専門家をはじめ，労働衛生に関する専門家に相談し，適切な指定防護係数を有する呼吸用保護具を選択すること。

(3)　法令に保護具の種類が規定されている場合の留意事項

安衛則第 592 条の 5，有機溶剤中毒予防規則（昭和 47 年労働省令第 36 号。以下「有機則」という。）第 33 条，鉛中毒予防規則（昭和 47 年労働省令第 37 号。以下「鉛則」という。）第 58 条，四アルキル鉛中毒予防規則（昭和 47 年労働省令第 38 号。以下「四アルキル鉛則」という。）第 4 条，特化則第 38 条の 13 及び第 43 条，電離放射線障害防止規則（昭和 47 年労働省令第 41 号。以下「電離則」という。）第 38 条並びに粉じん障害防止規則（昭和 54 年労働省令第 18 号。以下「粉じん則」という。）第 27 条のほか労働安全衛生法令に定める防じんマスク，防毒マスク，P-PAPR 又は G-PAPR については，法令に定める有効な性能を有するものを労働者に使用させなければならないこと。なお，法令上，呼吸用保護具のろ過材の種類等が指定されているものについては，別表 5 を参照すること。

なお，別表 5 中の金属のヒューム（溶接ヒュームを含む。）及び鉛については，化学物質としての有害性に着目した基準値により要求防護係数が算出されることとなるが，これら物質については，粉じんとしての有害性も配慮すべきことから，算出された要求防護係数の値にかかわらず，ろ過材の種類を RS2，RL2，DS2，DL2 以上のものとしている趣旨であること。

(4)　呼吸用保護具の選択に当たって留意すべき事項

ア　事業者は，有害物質を直接取り扱う作業者について，作業環境中の有害物質の種類，作業内容，有害物質の発散状況，作業時のばく露の危険性の程度等を考慮した上で，必要に応じ呼吸用保護具を選択，使用等させること。

イ　事業者は，防護性能に関係する事項以外の要素（着用者，作業，作業強度，環境等）についても考慮して呼吸用保護具を選択させること。なお，呼吸用保護具を着用しての作業は，通常より身体に負荷がかかることから，着用者によっては，呼吸用保護具着用による心肺機能への影響，閉所恐怖症，面体との接触による皮膚炎，腰痛等の筋骨格系障害等を生ずる可能性がないか，産業医等に確認すること。

ウ　事業者は，保護具着用管理責任者に，呼吸用保護具の選択に際して，目の保護が必要な場合は，全面形面体又はルーズフィット形呼吸用インタフェースの使用が望ましいことに留意させること。

エ　事業者は，保護具着用管理責任者に，作業において，事前の計画どおりの呼吸用保護具が使用されているか，着用方法が適切か等について確認させること。

オ　作業者は，事業者，保護具着用管理責任者等から呼吸用保護具着用の指示が出たら，それに従うこと。また，作業中に臭気，息苦しさ等の異常を感じたら，速やかに作業を中止し避難するとともに，状況を保護具着用管理責任者等に報告すること。

5　呼吸用保護具の適切な装着

(1)　フィットテストの実施

金属アーク溶接等作業を行う作業場所においては，アーク溶接告示で定める方法により，第三管理区分場所においては，第三管理区分場所告示に定める方法により，1年以内ごとに1回，定期に，フィットテストを実施しなければならないこと。

上記以外の事業場であって，リスクアセスメントに基づくリスク低減措置として呼吸用保護具を労働者に使用させる事業場においては，技術上の指針の7－4及び次に定めるところにより，1年以内ごとに1回，フィットテストを行うこと。

ア　呼吸用保護具（面体を有するものに限る。）を使用する労働者について，JIS T 8150に定める方法又はこれと同等の方法により当該労働者の顔面と当該呼吸用保護具の面体との密着の程度を示す係数（以下「フィットファクタ」という。）を求め，当該フィットファクタが要求フィットファクタを上回っていることを確認する方法とすること。

イ　フィットファクタは，別紙2により計算するものとすること。

ウ　要求フィットファクタは，別表4に定めるところによること。

(2)　フィットテストの実施に当たっての留意事項

ア　フィットテストは，労働者によって使用される面体がその労働者の顔に密着するものであるか否かを評価する検査であり，労働者の顔に合った面体を選択するための方法(手順は，JIS T 8150を参照。)である。なお，顔との密着性を要求しないルーズフィット形呼吸用インタフェースは対象外である。面体を有する呼吸用保護具は，面体が労働者の顔に密着した状態を維持することによって初めて呼吸用保護具本来の性能が得られることから，フィットテストにより適切な面体を有する呼吸用保護具を選択することは重要であること。

イ　面体を有する呼吸用保護具については，着用する労働者の顔面と面体とが適切に密着していなければ，呼吸用保護具としての本来の性能が得られないこと。特に，着用者の吸気時に面体内圧が陰圧（すなわち，大気圧より低い状態）になる防じんマスク及び防毒マスクは，着用する労働者の顔面と面体とが適切に密着していない場合は，粉じんや有毒ガス等が面体の接顔部から面体内へ漏れ込むことになる。また，通常の着用状態であれば面体内圧が常に陽圧（すなわち，大気圧より高い状態）になる面体形の電動ファン付き呼吸用保護具であっても，着用する労働者の顔面と面体とが適切に密着していない場合は，多量の空気を使用することになり，連続稼働時間が短くなり，場合によっては本来の防護性能が得られない場合もある。

ウ　面体については，フィットテストによって，着用する労働者の顔面に合った形状及び寸法の接顔部を有するものを選択及び使用し，面体を着用した直後には，(3)に示す方法又はこれと同等以上の方法によってシールチェック（面体を有する呼吸用保護具を着用した労働者自身が呼吸用保護具の装着状態の密着性を調べる方法。以下同じ。）を行い，各着用者が顔面と面体とが適切に密着しているかを確認すること。

エ　着用者の顔面と面体とを適正に密着させるためには，着用時の面体の位置，しめひもの位置及び締め方等を適切にさせることが必要であり，特にしめひもについては，耳にかけることなく，後頭部において固定させることが必要であり，加えて，次の①，②，③のような着用を行わせないことに留意すること。

①　面体と顔の間にタオル等を挟んで使用すること。

② 着用者のひげ，もみあげ，前髪等が面体の接顔部と顔面の間に入り込む，排気弁の作動を妨害する等の状態で使用すること。

③ ヘルメットの上からしめひもを使用すること。

オ フィットテストは，定期に実施するほか，面体を有する呼吸用保護具を選択するとき又は面体の密着性に影響すると思われる顔の変形（例えば，顔の手術などで皮膚にくぼみができる等）があったときに，実施することが望ましいこと。

カ フィットテストは，個々の労働者と当該労働者が使用する面体又はこの面体と少なくとも接顔部の形状，サイズ及び材質が同じ面体との組合せで行うこと。合格した場合は，フィットテストと同じ型式，かつ，同じ寸法の面体を労働者に使用させ，不合格だった場合は，同じ型式であって寸法が異なる面体若しくは異なる型式の面体を選択すること又はルーズフィット形呼吸用インタフェースを有する呼吸用保護具を使用すること等について検討する必要があること。

(3) シールチェックの実施

シールチェックは，ろ過式呼吸用保護具（電動ファン付き呼吸用保護具については，面体形のみ）の取扱説明書に記載されている内容に従って行うこと。シールチェックの主な方法には，陰圧法と陽圧法があり，それぞれ次のとおりであること。なお，ア及びイに記載した方法とは別に，作業場等に備え付けた簡易機器等によって，簡易に密着性を確認する方法（例えば，大気じんを利用する機器，面体内圧の変動を調べる機器等）がある。

ア 陰圧法によるシールチェック

面体を顔面に押しつけないように，フィットチェッカー等を用いて吸気口をふさぐ（連結管を有する場合は，連結管の吸気口をふさぐ又は連結管を握って閉塞させる）。息をゆっくり吸って，面体の顔面部と顔面との間から空気が面体内に流入せず，面体が顔面に吸いつけられることを確認する。

イ 陽圧法によるシールチェック

面体を顔面に押しつけないように，フィットチェッカー等を用いて排気口をふさぐ。息を吐いて，空気が面体内から流出せず，面体内に呼気が滞留することによって面体が膨張することを確認する。

6 電動ファン付き呼吸用保護具の故障時等の措置

(1) 電動ファン付き呼吸用保護具に付属する警報装置が警報を発したら，速やかに安全な場所に移動すること。警報装置には，ろ過材の目詰まり，電池の消耗等による風量低下を警報するもの，電池の電圧低下を警報するもの，面体形のものにあっては，面体内圧が陰圧に近づいていること又は達したことを警報するもの等があること。警報装置が警報を発した場合は，新しいろ過材若しくは吸収缶又は充電された電池との交換を行うこと。

(2) 電動ファン付き呼吸用保護具が故障し，電動ファンが停止した場合は，速やかに退避すること。

第2 防じんマスク及びP-PAPRの選択及び使用に当たっての留意事項

1 防じんマスク及びP-PAPRの選択

(1) 防じんマスク及びP-PAPRは，機械等検定規則（昭和47年労働省令第45号。以下「検定則」という。）第14条の規定に基づき付されている型式検定合格標章により，型式検定合格品であることを確認すること。なお，吸気補助具付き防じんマスクについては，検定則に定める型式検定合格標章に「補」が記載されている。

また，吸気補助具が分離できるもの等，2箇所に型式検定合格標章が付されている場合は，型式検定合格番号が同一となる組合せが適切な組合せであり，当該組合せで使用して初めて型式検定に合格した防じんマスクとして有効に機能するものであること。

(2)　安衛則第592条の5，鉛則第58条，特化則第43条，電離則第38条及び粉じん則第27条のほか労働安全衛生法令に定める呼吸用保護具のうちP-PAPRについては，粉じん等の種類及び作業内容に応じ，令和5年厚生労働省告示第88号による改正後の電動ファン付き呼吸用保護具の規格（平成26年厚生労働省告示第455号。以下「改正規格」という。）第2条第4項及び第5項のいずれかの区分に該当するものを使用すること。

(3)　防じんマスクを選択する際は，次の事項について留意の上，防じんマスクの性能等が記載されている取扱説明書等を参考に，それぞれの作業に適した防じんマスクを選択するすること。

ア　粉じん等の有害性が高い場合又は高濃度ばく露のおそれがある場合は，できるだけ粒子捕集効率が高いものであること。

イ　粉じん等とオイルミストが混在する場合には，区分がLタイプ（RL3，RL2，RL1，DL3，DL2及びDL1）の防じんマスクであること。

ウ　作業内容，作業強度等を考慮し，防じんマスクの重量，吸気抵抗，排気抵抗等が当該作業に適したものであること。特に，作業強度が高い場合にあっては，P-PAPR，送気マスク等，吸気抵抗及び排気抵抗の問題がない形式の呼吸用保護具の使用を検討すること。

(4)　P-PAPRを選択する際は，次の事項について留意の上，P-PAPRの性能が記載されている取扱説明書等を参考に，それぞれの作業に適したP-PAPRを選択すること。

ア　粉じん等の種類及び作業内容の区分並びにオイルミスト等の混在の有無の区分のうち，複数の性能のP-PAPRを使用することが可能（別表5参照）であっても，作業環境中の粉じん等の種類，作業内容，粉じん等の発散状況，作業時のばく露の危険性の程度等を考慮した上で，適切なものを選択すること。

イ　粉じん等とオイルミストが混在する場合には，区分がLタイプ（PL3，PL2及びPL1）のろ過材を選択すること。

ウ　着用者の作業中の呼吸量に留意して，「大風量形」又は「通常風量形」を選択すること。

エ　粉じん等に対して有効な防護性能を有するものの範囲で，作業内容を考慮して，呼吸用インタフェース（全面形面体，半面形面体，フード又はフェイスシールド）について適するものを選択すること。

2　防じんマスク及びP-PAPRの使用

(1)　ろ過材の交換時期については，次の事項に留意すること。

ア　ろ過材を有効に使用できる時間は，作業環境中の粉じん等の種類，粒径，発散状況，濃度等の影響を受けるため，これらの要因を考慮して設定する必要があること。なお，吸気抵抗上昇値が高いものほど目詰まりが早く，短時間で息苦しくなる場合があるので，作業時間を考慮すること。

イ　防じんマスク又はP-PAPRの使用中に息苦しさを感じた場合には，ろ過材を交換すること。オイルミストを捕集した場合は，固体粒子の場合とは異なり，ほとんど吸気抵抗上昇がない。ろ過材の種類によっては，多量のオイルミストを捕集すると，粒子捕集効率が低下するものもあるので，製造者の情報に基づいてろ過材の交換時期を設定すること。

ウ　砒（ひ）素，クロム等の有害性が高い粉じん等に対して使用したろ過材は，1回使用するごとに廃棄すること。また，石綿，インジウム等を取り扱う作業で使用したろ過材は，そのまま作業場から持ち出すことが禁止されているので，1回使用するごとに廃棄すること。

エ　使い捨て式防じんマスクにあっては，当該マスクに表示されている使用限度時間に達する前であっても，息苦しさを感じる場合，又は著しい型くずれを生じた場合には，これを廃棄し，新しいものと交換すること。

(2)　粉じん則第27条では，ずい道工事における呼吸用保護具の使用が義務付けられている作業が決められており，P-PAPRの使用が想定される場合もある。しかし，「雷管取扱作業」を含む坑内作業でのP-PAPRの使用は，漏電等による爆発の危険がある。このような場合は爆発を防止するために防じんマスクを使用する必要があるが，面体形のP-PAPRは電動ファンが停止しても防じんマスクと同等以上の防じん機能を有することから，「雷管取扱作業」を開始する前に安全な場所で電池を取り外すことで，使用しても差し支えないこと（平成26年11月28日付け基発1128第12号「電動ファン付き呼吸用保護具の規格の適用等について」）とされていること。

第3　防毒マスク及びG-PAPRの選択及び使用に当たっての留意事項

1　防毒マスク及びG-PAPRの選択及び使用

(1)　防毒マスクは，検定則第14条の規定に基づき，吸収缶（ハロゲンガス用，有機ガス用，一酸化炭素用，アンモニア用及び亜硫酸ガス用のものに限る。）及び面体ごとに付されている型式検定合格標章により，型式検定合格品であることを確認すること。この場合，吸収缶と面体に付される型式検定合格標章は，型式検定合格番号が同一となる組合せが適切な組合せであり，当該組合せで使用して初めて型式検定に合格した防毒マスクとして有効に機能するものであること。ただし，吸収缶については，単独で型式検定を受けることが認められているため，型式検定合格番号が異なっている場合があるため，製品に添付されている取扱説明書により，使用できる組合せであることを確認すること。

なお，ハロゲンガス，有機ガス，一酸化炭素，アンモニア及び亜硫酸ガス以外の有毒ガス等に対しては，当該有毒ガス等に対して有効な吸収缶を使用すること。なお，これらの吸収缶を使用する際は，日本産業規格T 8152「防毒マスク」に基づいた吸収缶を使用すること又は防毒マスクの製造者，販売業者又は輸入業者（以下「製造者等」という。）に問い合わせること等により，適切な吸収缶を選択する必要があること。

(2)　G-PAPRは，令和5年厚生労働省令第29号による改正後の検定則第14条の規定に基づき，電動ファン，吸収缶（ハロゲンガス用，有機ガス用，アンモニア用及び亜硫酸ガス用のものに限る。）及び面体ごとに付されている型式検定合格標章により，型式検定合格品であることを確認すること。この場合，電動ファン，吸収缶及び面体に付される型式検定合格標章は，型式検定合格番号が同一となる組合せが適切な組合せであり，当該組合せで使用して初めて型式検定に合格したG-PAPRとして有効に機能するものであること。

なお，ハロゲンガス，有機ガス，アンモニア及び亜硫酸ガス以外の有毒ガス等に対しては，当該有毒ガス等に対して有効な吸収缶を使用すること。なお，これらの吸収缶を使用する際は，日本産業規格 T 8154「有毒ガス用電動ファン付き呼吸用保護具」に基づいた吸収缶を使用する又は G-PAPR の製造者等に問い合わせるなどにより，適切な吸収缶を選択する必要があること。

(3)　有機則第 33 条，四アルキル鉛則第 2 条，特化則第 38 条の 13 第 1 項のほか労働安全衛生法令に定める呼吸用保護具のうち G-PAPR については，粉じん又は有毒ガス等の種類及び作業内容に応じ，改正規格第 2 条第 1 項表中の面体形又はルーズフィット形を使用すること。

(4)　防毒マスク及び G-PAPR を選択する際は，次の事項について留意の上，防毒マスクの性能が記載されている取扱説明書等を参考に，それぞれの作業に適した防毒マスク及び G-PAPR を選択すること。

ア　作業環境中の有害物質（防毒マスクの規格（平成 2 年労働省告示第 68 号）第 1 条の表下欄及び改正規格第 1 条の表下欄に掲げる有害物質をいう。）の種類，濃度及び粉じん等の有無に応じて，面体及び吸収缶の種類を選ぶこと。

イ　作業内容，作業強度等を考慮し，防毒マスクの重量，吸気抵抗，排気抵抗等が当該作業に適したものを選ぶこと。

ウ　防じんマスクの使用が義務付けられている業務であっても，近くで有毒ガス等の発生する作業等の影響によって，有毒ガス等が混在する場合には，改めて作業環境の評価を行い，有効な防じん機能を有する防毒マスク，防じん機能を有する G-PAPR 又は給気式呼吸用保護具を使用すること。

エ　吹付け塗装作業等のように，有機溶剤の蒸気と塗料の粒子等の粉じんとが混在している場合については，有効な防じん機能を有する防毒マスク，防じん機能を有する G-PAPR 又は給気式呼吸用保護具を使用すること。

オ　有毒ガス等に対して有効な防護性能を有するものの範囲で，作業内容について，呼吸用インタフェース（全面形面体，半面形面体，フード又はフェイスシールド）について適するものを選択すること。

(5)　防毒マスク及び G-PAPR の吸収缶等の選択に当たっては，次に掲げる事項に留意すること。

ア　要求防護係数より大きい指定防護係数を有する防毒マスクがない場合は，必要な指定防護係数を有する G-PAPR 又は給気式呼吸用保護具を選択すること。

また，対応する吸収缶の種類がない場合は，第 1 の 4 (1)の要求防護係数より高い指定防護係数を有する給気式呼吸用保護具を選択すること。

イ　防毒マスクの規格第 2 条及び改正規格第 2 条で規定する使用の範囲内で選択すること。ただし，この濃度は，吸収缶の性能に基づくものであるので，防毒マスク及び G-PAPR として有効に使用できる濃度は，これより低くなることがあること。

ウ　有毒ガス等と粉じん等が混在する場合は，第 2 に記載した防じんマスク及び P-PAPR の種類の選択と同様の手順で，有毒ガス等及び粉じん等に適した面体の種類及びろ過材の種類を選択すること。

エ　作業環境中の有毒ガス等の濃度に対して除毒能力に十分な余裕のあるものであること。なお，除毒能力の高低の判断方法としては，防毒マスク，G-PAPR，防毒マスクの吸収缶及び G-PAPR の吸収缶に添付されている破過曲線図から，一定のガス濃度に対する破過時間（吸収缶が除毒能力を喪失するまでの時間。以下同じ。）の長短を比較する方法があること。例えば，次の図に示す吸収缶A及び吸収缶Bの破過曲線図では，ガス濃度0.04％の場合を比べると，破過時間は吸収缶Aが200分，吸収缶Bが300分となり，吸収缶Aに比べて吸収缶Bの除毒能力が高いことがわかること。

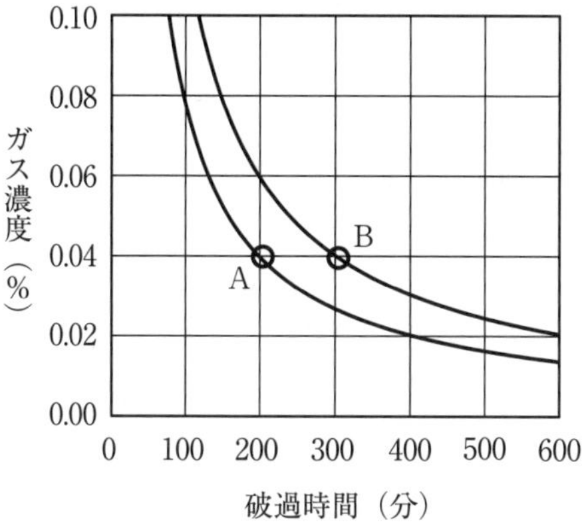

オ　有機ガス用防毒マスク及び有機ガス用G-PAPRの吸収缶は，有機ガスの種類により防毒マスクの規格第7条及び改正規格第7条に規定される除毒能力試験の試験用ガス（シクロヘキサン）と異なる破過時間を示すので，対象物質の破過時間について製造者に問い合わせること。

カ　メタノール，ジクロロメタン，二硫化炭素，アセトン等に対する破過時間は，防毒マスクの規格第7条及び改正規格第7条に規定される除毒能力試験の試験用ガスによる破過時間と比べて著しく短くなるので注意すること。この場合，使用時間の管理を徹底するか，対象物質に適した専用吸収缶について製造者に問い合わせること。

(6)　有毒ガス等が粉じん等と混在している作業環境中では，粉じん等を捕集する防じん機能を有する防毒マスク又は防じん機能を有するG-PAPRを選択すること。その際，次の事項について留意すること。

ア　防じん機能を有する防毒マスク及びG-PAPRの吸収缶は，作業環境中の粉じん等の種類，発散状況，作業時のばく露の危険性の程度等を考慮した上で，適切な区分のものを選ぶこと。なお，作業環境中に粉じん等に混じってオイルミスト等が存在する場合にあっては，試験粒子にフタル酸ジオクチルを用いた粒子捕集効率試験に合格した防じん機能を有する防毒マスク（L3，L2，L1）又は防じん機能を有するG-PAPR（PL3，PL2，PL1）を選ぶこと。また，粒子捕集効率が高いほど，粉じん等をよく捕集できること。

イ　吸収缶の破過時間に加え，捕集する作業環境中の粉じん等の種類，粒径，発散状況及び濃度が使用限度時間に影響するので，これらの要因を考慮して選択すること。なお，防じん機能を有する防毒マスク及び防じん機能を有するG-PAPRの吸収缶の取扱説明書には，吸気抵抗上昇値が記載されているが，これが高いものほど目詰まりが早く，より短時間で息苦しくなることから，使用限度時間は短くなること。

ウ　防じん機能を有する防毒マスク及び防じん機能を有するG-PAPRの吸収缶のろ過材は，一般に粉じん等を捕集するに従って吸気抵抗が高くなるが，防毒マスクのS3，S2又はS1のろ過材（G-PAPRの場合はPL3, PL2, PL1のろ過材）では，オイルミスト等が堆積した場合に吸気抵抗が変化せずに急激に粒子捕集効率が低下するものがあり，また，防毒マスクのL3，L2又はL1のろ過材（G-PAPRの場合はPL3，PL2，PL1のろ過材）では，多量のオイルミスト等の堆積により粒子捕集効率が低下するものがあるので，吸気抵抗の上昇のみを使用限度の判断基準にしないこと。

(7) 2種類以上の有毒ガス等が混在する作業環境中で防毒マスク又はG-PAPRを選択及び使用する場合には，次の事項について留意すること。

① 作業環境中に混在する2種類以上の有毒ガス等についてそれぞれ合格した吸収缶を選定すること。

② この場合の吸収缶の破過時間は，当該吸収缶の製造者等に問い合わせること。

2 防毒マスク及びG-PAPRの吸収缶

(1) 防毒マスク又はG-PAPRの吸収缶の使用時間については，次の事項に留意すること。

ア 防毒マスク又はG-PAPRの使用時間について，当該防毒マスク又はG-PAPRの取扱説明書等及び破過曲線図，製造者等への照会結果等に基づいて，作業場所における空気中に存在する有毒ガス等の濃度並びに作業場所における温度及び湿度に対して余裕のある使用限度時間をあらかじめ設定し，その設定時間を限度に防毒マスク又はG-PAPRを使用すること。

使用する環境の温度又は湿度によっては，吸収缶の破過時間が短くなる場合があること。例えば，有機ガス用防毒マスクの吸収缶及び有機ガス用G-PAPRの吸収缶は，使用する環境の温度又は湿度が高いほど破過時間が短くなる傾向があり，沸点の低い物質ほど，その傾向が顕著であること。また，一酸化炭素用防毒マスクの吸収缶は，使用する環境の湿度が高いほど破過時間が短くなる傾向にあること。

イ 防毒マスク，G-PAPR，防毒マスクの吸収缶及びG-PAPRの吸収缶に添付されている使用時間記録カード等に，使用した時間を必ず記録し，使用限度時間を超えて使用しないこと。

ウ 着用者の感覚では，有毒ガス等の危険性を感知できないおそれがあるので，吸収缶の破過を知るために，有毒ガス等の臭いに頼るのは，適切ではないこと。

エ 防毒マスク又はG-PAPRの使用中に有毒ガス等の臭気等の異常を感知した場合は，速やかに作業を中止し避難するとともに，状況を保護具着用管理責任者等に報告すること。

オ 一度使用した吸収缶は，破過曲線図，使用時間記録カード等により，十分な除毒能力が残存していることを確認できるものについてのみ，再使用しても差し支えないこと。ただし，メタノール，二硫化炭素等破過時間が試験用ガスの破過時間よりも著しく短い有毒ガス等に対して使用した吸収缶は，吸収缶の吸収剤に吸着された有毒ガス等が時間とともに吸収剤から微量ずつ脱着して面体側に漏れ出してくることがあるため，再使用しないこと。

第4 呼吸用保護具の保守管理上の留意事項

1 呼吸用保護具の保守管理

(1) 事業者は，ろ過式呼吸用保護具の保守管理について，取扱説明書に従って適切に行わせるほか，交換用の部品（ろ過材，吸収缶，電池等）を常時備え付け，適時交換できるようにすること。

(2) 事業者は，呼吸用保護具を常に有効かつ清潔に使用するため，使用前に次の点検を行うこと。

ア 吸気弁，面体，排気弁，しめひも等に破損，亀裂又は著しい変形がないこと。

イ 吸気弁及び排気弁は，弁及び弁座の組合せによって機能するものであることから，これらに粉じん等が付着すると機能が低下することに留意すること。なお，排気弁に粉じん等が付着している場合には，相当の漏れ込みが考えられるので，弁及び弁座を清掃するか，弁を交換すること。

ウ　弁は，弁座に適切に固定されていること。また，排気弁については，密閉状態が保たれていること。

エ　ろ過材及び吸収缶が適切に取り付けられていること。

オ　ろ過材及び吸収缶に水が侵入したり，破損（穴あき等）又は変形がないこと。

カ　ろ過材及び吸収缶から異臭が出ていないこと。

キ　ろ過材が分離できる吸収缶にあっては，ろ過材が適切に取り付けられていること。

ク　未使用の吸収缶にあっては，製造者が指定する保存期限を超えていないこと。また，包装が破損せず気密性が保たれていること。

(3)　ろ過式呼吸用保護具を常に有効かつ清潔に保持するため，使用後は粉じん等及び湿気の少ない場所で，次の点検を行うこと。

ア　ろ過式呼吸用保護具の破損，亀裂，変形等の状況を点検し，必要に応じ交換すること。

イ　ろ過式呼吸用保護具及びその部品（吸気弁，面体，排気弁，しめひも等）の表面に付着した粉じん，汗，汚れ等を乾燥した布片又は軽く水で湿らせた布片で取り除くこと。なお，著しい汚れがある場合の洗浄方法，電気部品を含む箇所の洗浄の可否等については，製造者の取扱説明書に従うこと。

ウ　ろ過材の使用に当たっては，次に掲げる事項に留意すること。

①　ろ過材に付着した粉じん等を取り除くために，圧搾空気等を吹きかけたり，ろ過材をたたいたりする行為は，ろ過材を破損させるほか，粉じん等を再飛散させることとなるので行わないこと。

②　取扱説明書等に，ろ過材を再使用すること（水洗いして再使用することを含む。）ができる旨が記載されている場合は，再使用する前に粒子捕集効率及び吸気抵抗が当該製品の規格値を満たしていることを，測定装置を用いて確認すること。

(4)　吸収缶に充填されている活性炭等は吸湿又は乾燥により能力が低下するものが多いため，使用直前まで開封しないこと。また，使用後は上栓及び下栓を閉めて保管すること。栓がないものにあっては，密封できる容器又は袋に入れて保管すること。

(5)　電動ファン付き呼吸用保護具の保守点検に当たっては，次に掲げる事項に留意すること。

ア　使用前に電動ファンの送風量を確認することが指定されている電動ファン付き呼吸用保護具は，製造者が指定する方法によって使用前に送風量を確認すること。

イ　電池の保守管理について，充電式の電池は，電圧警報装置が警報を発する等，製造者が指定する状態になったら，再充電すること。なお，充電式の電池は，繰り返し使用していると使用時間が短くなることを踏まえて，電池の管理を行うこと。

(6)　点検時に次のいずれかに該当する場合には，ろ過式呼吸用保護具の部品を交換し，又はろ過式呼吸用保護具を廃棄すること。

ア　ろ過材については，破損した場合，穴が開いた場合，著しい変形を生じた場合又はあらかじめ設定した使用限度時間に達した場合。

イ　吸収缶については，破損した場合，著しい変形が生じた場合又はあらかじめ設定した使用限度時間に達した場合。

ウ　呼吸用インタフェース，吸気弁，排気弁等については，破損，亀裂若しくは著しい変形を生じた場合又は粘着性が認められた場合。

エ　しめひもについては，破損した場合又は弾性が失われ，伸縮不良の状態が認められた場合。

オ　電動ファン（又は吸気補助具）本体及びその部品（連結管等）については，破損，亀裂又は著しい変形を生じた場合。

カ　充電式の電池については，損傷を負った場合若しくは充電後においても極端に使用時間が短くなった場合又は充電ができなくなった場合。

(7)　点検後，直射日光の当たらない，湿気の少ない清潔な場所に専用の保管場所を設け，管理状況が容易に確認できるように保管すること。保管の際，呼吸用インタフェース，連結管，しめひも等は，積み重ね，折り曲げ等によって，亀裂，変形等の異常を生じないようにすること。

(8)　使用済みのろ過材，吸収缶及び使い捨て式防じんマスクは，付着した粉じんや有毒ガス等が再飛散しないように容器又は袋に詰めた状態で廃棄すること。

第５　製造者等が留意する事項

ろ過式呼吸用保護具の製造者等は，次の事項を実施するよう努めること。

①　ろ過式呼吸用保護具の販売に際し，事業者等に対し，当該呼吸用保護具の選択，使用等に関する情報の提供及びその具体的な指導をすること。

②　ろ過式呼吸用保護具の選択，使用等について，不適切な状態を把握した場合には，これを是正するように，事業者等に対し指導すること。

③　ろ過式呼吸用保護具で各々の規格に適合していないものが認められた場合には，使用する労働者の健康障害防止の観点から，原因究明や再発防止対策と並行して，自主回収やホームページ掲載による周知など必要な対応を行うこと。

別紙１　要求防護係数の求め方

要求防護係数の求め方は，次による。

測定の結果得られた化学物質の濃度がCで，化学物質の濃度基準値（有害物質のばく露限界濃度を含む）がC_0であるときの要求防護係数（PFr）は，式(1)によって算出される。

$$PFr = \frac{C}{C_0} \quad \cdots\cdots (1)$$

複数の有害物質が存在する場合で，これらの物質による人体への影響（例えば，ある器官に与える毒性が同じか否か）が不明な場合は，労働衛生に関する専門家に相談すること。

別紙２　フィットファクタの求め方

フィットファクタは，次の式により計算するものとする。

呼吸用保護具の外側の測定対象物の濃度がC_{out}で，呼吸用保護具の内側の測定対象物の濃度がC_{in}であるときのフィットファクタ（FF）は式(2)によって算出される。

$$FF = \frac{C_{out}}{C_{in}} \quad \cdots\cdots (2)$$

別表 1　ろ過式呼吸用保護具の指定防護係数

当該呼吸用保護具の種類					指定防護係数
防じんマスク	取替え式		全面形面体	RS3 又は RL3	50
				RS2 又は RL2	14
				RS1 又は RL1	4
			半面形面体	RS3 又は RL3	10
				RS2 又は RL2	10
				RS1 又は RL1	4
	使い捨て式			DS3 又は DL3	10
				DS2 又は DL2	10
				DS1 又は DL1	4
防毒マスク [a)]	全面形面体				50
	半面形面体				10
防じん機能を有する電動ファン付き呼吸用保護具（P-PAPR）	面体形	全面形面体	S 級	PS3 又は PL3	1,000
			A 級	PS2 又は PL2	90
			A 級又は B 級	PS1 又は PL1	19
		半面形面体	S 級	PS3 又は PL3	50
			A 級	PS2 又は PL2	33
			A 級又は B 級	PS1 又は PL1	14
	ルーズフィット形	フード又はフェイスシールド	S 級	PS3 又は PL3	25
			A 級	PS3 又は PL3	20
			S 級又は A 級	PS2 又は PL2	20
			S 級，A 級又は B 級	PS1 又は PL1	11
防毒機能を有する電動ファン付き呼吸用保護具（G-PAPR） [b)]	防じん機能を有しないもの	面体形	全面形面体		1,000
			半面形面体		50
		ルーズフィット形	フード又はフェイスシールド		25
	防じん機能を有するもの	面体形	全面形面体	PS3 又は PL3	1,000
				PS2 又は PL2	90
				PS1 又は PL1	19
			半面形面体	PS3 又は PL3	50
				PS2 又は PL2	33
				PS1 又は PL1	14
		ルーズフィット形	フード又はフェイスシールド	PS3 又は PL3	25
				PS2 又は PL2	20
				PS1 又は PL1	11

注 [a)] 防じん機能を有する防毒マスクの粉じん等に対する指定防護係数は，防じんマスクの指定防護係数を適用する。
有毒ガス等と粉じん等が混在する環境に対しては，それぞれにおいて有効とされるものについて，面体の種類が共通のものが選択の対象となる。

注 [b)] 防毒機能を有する電動ファン付き呼吸用保護具の指定防護係数の適用は，次による。なお，有毒ガス等と粉じん等が混在する環境に対しては，①と②のそれぞれにおいて有効とされるものについて，呼吸用インタフェースの種類が共通のものが選択の対象となる。
① 有毒ガス等に対する場合：防じん機能を有しないものの欄に記載されている数値を適用。
② 粉じん等に対する場合：防じん機能を有するものの欄に記載されている数値を適用。

別表２　その他の呼吸用保護具の指定防護係数

呼吸用保護具の種類			指定防護係数
循環式呼吸器	全面形面体	圧縮酸素形かつ陽圧形	10,000
		圧縮酸素形かつ陰圧形	50
		酸素発生形	50
	半面形面体	圧縮酸素形かつ陽圧形	50
		圧縮酸素形かつ陰圧形	10
		酸素発生形	10
空気呼吸器	全面形面体	プレッシャデマンド形	10,000
		デマンド形	50
	半面形面体	プレッシャデマンド形	50
		デマンド形	10
エアラインマスク	全面形面体	プレッシャデマンド形	1,000
		デマンド形	50
		一定流量形	1,000
	半面形面体	プレッシャデマンド形	50
		デマンド形	10
		一定流量形	50
	フード又はフェイスシールド	一定流量形	25
ホースマスク	全面形面体	電動送風機形	1,000
		手動送風機形又は肺力吸引形	50
	半面形面体	電動送風機形	50
		手動送風機形又は肺力吸引形	10
	フード又はフェイスシールド	電動送風機形	25

別表３　高い指定防護係数で運用できる呼吸用保護具の種類の指定防護係数

呼吸用保護具の種類				指定防護係数
防じん機能を有する電動ファン付き呼吸用保護具	半面形面体		S 級かつ PS3 又は PL3	300
	フード		S 級かつ PS3 又は PL3	1,000
	フェイスシールド		S 級かつ PS3 又は PL3	300
防毒機能を有する電動ファン付き呼吸用保護具 a)	防じん機能を有しないもの	半面形面体		300
		フード		1,000
		フェイスシールド		300
	防じん機能を有するもの	半面形面体	PS3 又は PL3	300
		フード	PS3 又は PL3	1,000
		フェイスシールド	PS3 又は PL3	300
フードを有するエアラインマスク			一定流量形	1,000

注記　この表の指定防護係数は，JIS T 8150 の附属書 JC に従って該当する呼吸用保護具の防護係数を求め，この表に記載されている指定防護係数を上回ることを該当する呼吸用保護具の製造者が明らかにする書面が製品に添付されている場合に使用できる。

注 a) 防毒機能を有する電動ファン付き呼吸用保護具の指定防護係数の適用は，次による。なお，有毒ガス等と粉じん等が混在する環境に対しては，①と②のそれぞれにおいて有効とされるものについて，呼吸用インタフェースの種類が共通のものが選択の対象となる。

①　有毒ガス等に対する場合：防じん機能を有しないものの欄に記載されている数値を適用。

②　粉じん等に対する場合：防じん機能を有するものの欄に記載されている数値を適用。

別表４　要求フィットファクタ及び使用できるフィットテストの種類

面体の種類	要求フィットファクタ	フィットテストの種類	
		定性的フィットテスト	定量的フィットテスト
全面形面体	500	—	○
半面形面体	100	○	○
注記　半面形面体を用いて定性的フィットテストを行った結果が合格の場合，フィットファクタは100以上とみなす。			

別表５　粉じん等の種類及び作業内容に応じて選択可能な防じんマスク及び防じん機能を有する電動ファン付き呼吸用保護具（抄）

粉じん等の種類及び作業内容	オイルミストの有無	防じんマスク			防じん機能を有する電動ファン付き呼吸用保護具			
		種類	呼吸用インタフェースの種類	ろ過材の種類	種類	呼吸用インタフェースの種類	漏れ率の区分	ろ過材の種類
○鉛則第58条，特化則第38条の21，特化則第43条及び粉じん則第27条 金属のヒューム（溶接ヒュームを含む。）を発散する場所における作業において使用する防じんマスク及び防じん機能を有する電動ファン付き呼吸用保護具（※１）	混在しない	取替え式	全面形面体	RS3，RL3，RS2，RL2				
			半面形面体	RS3，RL3，RS2，RL2				
		使い捨て式		DS3，DL3，DS2，DL2				
	混在する	取替え式	全面形面体	RL3，RL2				
			半面形面体	RL3，RL2				
		使い捨て式		DL3，DL2				
○鉛則第58条及び特化則第43条 管理濃度が0.1 mg/m³以下の物質の粉じんを発散する場所における作業において使用する防じんマスク及び防じん機能を有する電動ファン付き呼吸用保護具（※１）	混在しない	取替え式	全面形面体	RS3，RL3，RS2，RL2				
			半面形面体	RS3，RL3，RS2，RL2				
		使い捨て式		DS3，DL3，DS2，DL2				
	混在する	取替え式	全面形面体	RL3，RL2				
			半面形面体	RL3，RL2				
		使い捨て式		DL3，DL2				
※１：防じん機能を有する電動ファン付き呼吸用保護具のろ過材は，粒子捕集効率が95パーセント以上であればよい。								

【参考資料 4】

化学物質関係作業主任者技能講習規程

(平成6年6月30日労働省告示第65号)
(最終改正　令和5年4月3日厚生労働省告示第168号)

有機溶剤中毒予防規則（昭和47年労働省令第36号）第36条の2第3項〈現行＝第37条第3項〉，鉛中毒予防規則（昭和47年労働省令第37号）第60条第3項，四アルキル鉛中毒予防規則（昭和47年労働省令第38号）第27条第3項及び特定化学物質等障害予防規則（昭和47年労働省令第39号）第51条第3項の規定に基づき，化学物質関係作業主任者技能講習規程を次のように定め，平成6年7月1日から適用する。

有機溶剤作業主任者技能講習規程（昭和53年労働省告示第90号），鉛作業主任者技能講習規程(昭和47年労働省告示第124号)，四アルキル鉛等作業主任者技能講習規程（昭和47年労働省告示第126号）及び特定化学物質等作業主任者技能講習規程（昭和47年労働省告示第128号）は，平成6年6月30日限り廃止する。

（講師）

第1条　有機溶剤作業主任者技能講習，鉛作業主任者技能講習及び特定化学物質及び四アルキル鉛等作業主任者技能講習(以下「技能講習」と総称する。)の講師は，労働安全衛生法（昭和47年法律第57号）別表第20第11号の表（編注：略）の講習科目の欄に掲げる講習科目に応じ，それぞれ同表の条件の欄に掲げる条件のいずれかに適合する知識経験を有する者とする。

（講習科目の範囲及び時間）

第2条　技能講習は,次の表（編注:金属アーク溶接等作業主任者限定技能講習の部分のみ抄録）の上欄（編注：左欄）に掲げる講習科目に応じ，それぞれ，同表の中欄に掲げる範囲について同表の下欄（編注:右欄）に掲げる講習時間により，教本等必要な教材を用いて行うものとする。

講習科目	範　囲	講習時間
健康障害及びその予防措置に関する知識	溶接ヒュームによる健康障害の病理，症状，予防方法及び応急措置	1時間
作業環境の改善方法に関する知識	溶接ヒュームの性質　金属アーク溶接等作業（金属をアーク溶接する作業，アークを用いて金属を溶断し，又はガウジングする作業その他の溶接ヒュームを製造し，又は取り扱う作業をいう。以下同じ。）に係る器具その他の設備の管理　作業環境の評価及び改善の方法	2時間
保護具に関する知識	金属アーク溶接等作業に係る保護具の種類，性能，使用方法及び管理	2時間
関係法令	労働安全衛生法，労働安全衛生法施行令及び労働安全衛生規則中の関係条項　特定化学物質障害予防規則	1時間

② 前項の技能講習は，おおむね100人以内の受講者を一単位として行うものとする。

（修了試験）

第3条　技能講習においては，修了試験を行うものとする。

② 前項の修了試験は，講習科目について，筆記試験又は口述試験によって行う。

③ 前項に定めるもののほか，修了試験の実施について必要な事項は，厚生労働省労働基準局長の定めるところによる。

【参考資料 5】

労働安全衛生規則等の一部を改正する省令等の施行等について

（令和5年4月3日基発0403第6号）
（最終改正　令和5年9月8日基発0908第1号）

労働安全衛生規則等の一部を改正する省令（令和5年厚生労働省令第66号。以下「改正省令」という。）及び化学物質関係作業主任者技能講習規程及び金属アーク溶接等作業を継続して行う屋内作業場に係る溶接ヒュームの濃度の測定の方法等の一部を改正する告示（令和5年厚生労働省告示第168号。以下「改正告示」という。）については，令和5年4月3日に公布及び告示され，一部の事項を除き，令和6年1月1日から施行及び適用することとされたところである。その改正の趣旨，内容等については，下記のとおりであるので，関係者への周知徹底を図るとともに，その運用に遺漏なきを期されたい。

記

第1　改正の趣旨及び概要等

1　改正の趣旨

金属をアーク溶接する作業，アークを用いて金属を溶断し，又はガウジングする作業その他の溶接ヒュームを製造し，又は取り扱う作業（以下「金属アーク溶接等作業」という。）に係る作業主任者については，特定化学物質障害予防規則（昭和47年労働省令第39号。以下「特化則」という。）第27条において，事業者は，特定化学物質及び四アルキル鉛等作業主任者技能講習（以下「特化物技能講習」という。）を修了した者のうちから，特定化学物質作業主任者を選任しなければならないとされている。

今般，特化物技能講習の受講者の多くが金属アーク溶接等作業のみに従事する者となっていること等を踏まえ，特化物技能講習の講習科目を金属アーク溶接等作業に係るものに限定した技能講習（以下「金属アーク溶接等限定技能講習」という。）を新設し，金属アーク溶接等作業を行う場合においては，金属アーク溶接等限定技能講習を修了した者のうちから，金属アーク溶接等作業主任者を選任することができることとするため，特化則等について所要の改正を行ったものである。

2　改正省令の概要

(1)　労働安全衛生規則（昭和47年労働省令第32号。以下「安衛則」という。）の一部改正

作業主任者の選任に関する作業の区分，資格を有する者及び名称について，金属アーク溶接等作業主任者に係るものを追加したものであること（安衛則別表第1関係）。

(2)　特化則の一部改正

ア　金属アーク溶接等作業については，金属アーク溶接等限定技能講習を修了した者のうちから，金属アーク溶接等作業主任者を選任することができることとしたものであること（特化則第27条第2項関係）。

イ　金属アーク溶接等作業主任者の新設に伴い，当該作業主任者の職務を新たに規定したものであること（特化則第28条の2関係）。

ウ　金属アーク溶接等限定技能講習に係る学科講習の科目等は特化物技能講習のものを準用することとしたものであること（特化則第51条第4項関係）。

(3)　労働安全衛生法及びこれに基づく命令に係る登録及び指定に関する省令（昭和47年労働省令第44号。以下「登録省令」という。）の一部改正

登録省令で定める登録教習機関の区分に金属アーク溶接等限定技能講習を追加する

こととしたものであること（登録省令第20条第15号の2関係）。

3 改正告示の概要

金属アーク溶接等限定技能講習に係る科目の範囲，講習時間等を規定したものであること。

4 施行期日等

⑴ 改正省令及び改正告示は，（改正省令の附則の一部規定を除き）令和6年1月1日から施行及び適用することとしたこと。

⑵ 登録教習機関の登録に関する所要の経過措置を設けること。

第2 細部事項

1 特化則の一部改正関係

今回の改正は，事業者に対し，金属アーク溶接等作業を行う場合は，今回新設された金属アーク溶接等限定技能講習を修了した者のうちから金属アーク溶接等作業主任者を選任することを可能とするものであり，当然，事業者は，従前どおり，金属アーク溶接等作業を行う場合において特化物技能講習を修了した者のうちから特定化学物質作業主任者を選任しても差し支えないこと。

2 化学物質関係作業主任者技能講習規程の一部改正関係

⑴ 金属アーク溶接等限定技能講習に係る学科講習の時間数については，特化物技能講習の講習科目の範囲との違いを踏まえ定めたものであること。

また，金属アーク溶接等限定技能講習を修了した者が特化物技能講習を受講する場合において，特化物技能講習に係る講習科目の省略や講習時間の短縮は認められないこと。

⑵ 金属アーク溶接等作業主任者限定技能講習に係る修了試験の各科目ごとの配点は，次のとおりとすること。

ア 健康障害及びその予防措置に関する知識 20点

イ 作業環境の改善方法に関する知識 30点

ウ 保護具に関する知識 30点

エ 関係法令 20点

⑶ 採点は各科目の点数の合計100点をもって満点とし，各科目の得点が⑵に掲げる配点の40パーセント以上であって，かつ，全科目の合計得点が60点以上である場合を合格とすること。

3 関係通達の改正

平成16年2月17日付け基発第0217003号通達の一部を次のように改正する。

別添（技能講習修了証明書の様式）（編注：略）を次のように改める。

【参考資料 6】

金属アーク溶接等の災害事例，原因と防止対策

金属アーク溶接等による災害について，急性または慢性中毒，感電，火災等の中から主な事例を紹介したのでその発生原因を把握し，有効な防止対策について理解する必要がある。また，金属アーク溶接等による災害発生はこれらの事例に限定されるものではないことに留意する必要がある。

(1)【事例 1】交流アーク溶接機で亜鉛メッキされたアングル材の溶接作業中，亜鉛中毒

ア　災害の概要

① 業　種　　その他の金属製品製造業

② 被　害　　休業１名

③ 発生状況

この災害は，製缶工場において交流アーク溶接機を用いて亜鉛メッキされたアングル材の溶接作業中に発生したものである。

製缶工場は，長手方向 30 m，幅が 12 m，天井高さ 2.5 m のものであり，天井には５基の換気扇が取り付けられていた。

溶接作業は，受注先から支給された長さ 5.5 m の L 型アングル（縦横 10 cm，厚さ 7 mm，亜鉛メッキの厚さ 0.2 mm）の亜鉛メッキされた鋼材を切断および溶接し，1 m × 1 m および 2 m × 2 m の枠を製作するものである。

災害が発生した日の２日前から，被災者は枠の製作作業を始め，まず，アングルカッターを用いて，1 m 枠用のもの，2 m 枠用のものをそれぞれの長さに 128 本を切断加工した。

災害が発生した前日からの両日，被災者は，朝 8 時から夕方 6 時まで 9 時間にわたって，交流アーク溶接機を用いてアングル材を仮付け溶接する作業に従事していた。

仮付けの溶接作業は，しゃがみ込むような姿勢で，定盤上に枠状に組んで置かれたアングル材の各角を３点ずつ点溶接するものであった。

災害が発生した日，被災者は，作業を終えて帰宅した後，身体の異常を訴え病院に収容され診察を受けたところ，亜鉛中毒と診断された。

イ　原因

この災害は，製缶工場において交流アーク溶接機を用いて亜鉛メッキされたアングル材の溶接作業で発生したものであるが，その原因としては，次のようなことが考えられる。

① 加工材のアングル材にメッキされていた亜鉛が，溶接時に，アークにより熱せられて亜鉛が蒸発し，亜鉛ヒュームが発生していたこと。

② アーク溶接作業を行う際に，天井に取り付けられている換気扇を稼働するなど換気が十分に行われていなかったこと。

③ アーク溶接作業に従事させる作業者に対して，適切な呼吸用保護具を着用させていなかったこと。

④ 保護具着用管理が適切に行われていなかったため，保護具を必要とする作業に従事する者に対する保護具着用の周知徹底が不十分であったこと。

⑤ 溶接作業時に発生するヒュームの危険・有害性に関する知識が不十分であったため，溶接ヒュームに対する危険･有害性に対する認識が希薄であったこと。

⑥ 換気扇の稼働，保護具の着用など溶接作業時の安全衛生を確保するための作業手順が作成されていなかったため，作業者の判断に委ねられて作業が行われていたこと。

ウ　対策

この災害は，亜鉛メッキされたアングル材の溶接作業で発生したものであるが，同種災害の防止のためには，次のような対策の徹底が必要である。

① アーク溶接の作業を行う屋内作業場については，発生する溶接粉じんの気中濃度を希釈させるため全体換気装置による換気を行うこと。

作業者の呼吸域での粉じんを除去するため，溶接作業箇所にフードを設けて換気する局所的な排気方法が効果的であること。

なお，継続的に屋内作業場で金属アーク溶接等作業を行う場合には，溶接ヒュームを減少させるため，全体換気装置による換気の実施またはこれと同等以上の措置を講じる必要がある。また，個人ばく露測定により，空気中の溶接ヒュームの濃度を測定し，その結果に応じ，換気装置の風量の増加その他必要な措置を講じる。さらに，溶接ヒュームの濃度測定の結果得られたマンガン濃度の最大値を使用し,「要求防護係数」を算定し,「要求防護係数」を上回る「指定防護係数」を有する呼吸用保護具を着用する。

② 溶接作業など粉じんの発生を伴う作業を行う屋内作業場の床，設備および休憩設備が設けられている場所の床については，1月以内ごとに1回，定期に，真空掃除機を用いて，または水洗するなど粉じんの飛散しない方法によって清掃を行うこと。

③ 局所排気装置を設けることなく屋内作業場において，アーク溶接する作業を行うときは，作業者に有効な呼吸用保護具を使用させること。

④ 溶接作業時に，換気の方法，呼吸用保護具の着用など作業の安全衛生を確保するための作業手順を作成し，周知徹底すること。

⑤ 作業主任者は，換気設備の点検，作業手順に示す作業方法の順守状況，換気の稼働状況，保護具の点検および着用状況などについて監視すること。

エ　災害の特徴，その他

溶接ヒュームを吸入することにより，その成分に含まれる化学物質による中毒を起こすことがある。

本事例の亜鉛の溶接ヒュームを吸入すると発熱，呼吸困難，悪心，倦怠感，および筋肉痛などの症状の金属フューム熱を生じる。発症は通常，ばく露後4～12時間である。症状は，亜鉛がない環境で12～24時間過ごすと通常は消失する。大量にばく露すると，食欲不振，嘔吐，および下痢を引き起こすことがある。

(2)【事例2】炭酸ガスアーク溶接法による溶接作業中，一酸化炭素中毒

ア　災害の概要

① 業　種　　その他の金属製品製造業

② 被　害　　休業1名

③ 発生状況

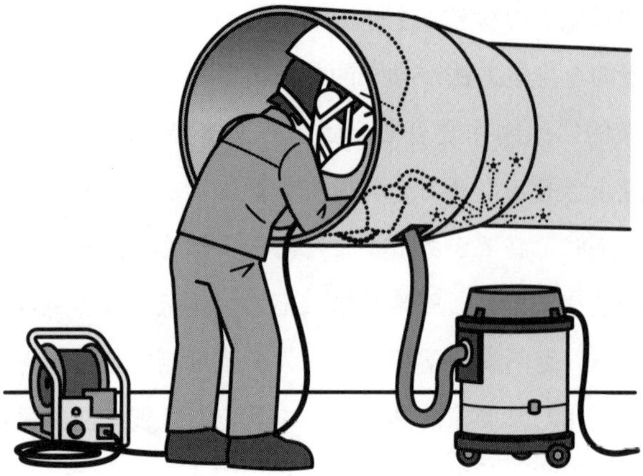

この災害は，ステンレス管内に上半身を乗り入れてステンレス管の継手部を炭酸ガスアーク溶接法により溶接する作業中に発生したものである。

被災者は，構内下請業者の常駐の作業者として溶接作業に従事していた。

災害発生当日，親企業の作業長から指示を受け，被災者は仮付けされたステンレス管（内径 470 mm，長さ 5 m）の継手部の溶接作業を炭酸ガスアーク溶接法により行っていた。

溶接作業は，ステンレス管の周継手および長手継手を両側（内側および外側）から行うもので，小口径側（内径 470 mm）のフランジ部の周継手の溶接から始めた。

溶接作業中は，防じんマスクを着用し，掃除機のホース吸気口を溶接部の近くに置き，常時，溶接ヒュームを掃除機に吸引していた。

小口径の継手部の外側の溶接を終え，掃除機のホース吸気口を大口径側の内部へ移し，大口径側（内径 550 mm）の管内部に上半身を乗り入れ，大口径側の周継手および長手継手の内面の溶接に取りかかった。この姿勢で，4 時間ほど作業を続けていたところ，体調不良を訴え帰宅した。帰宅後，体調が回復しないため病院へ行き，診察を受けたところ，一酸化炭素中毒と診断された。

イ　原因

この災害の原因としては，次のようなことが考えられる。

① 炭酸ガスアーク溶接作業時に，炭酸ガスの熱分解により発生した一酸化炭素ガスを長時間にわたり吸入したこと。

② 掃除機のホース吸気口を溶接部に置いてヒュームを吸引していたが，溶接時に発生した一酸化炭素ガスが管外へ排出されずに管内に滞留していたこと。

③ 換気の不十分な管内のアーク溶接作業において，防じんマスクを使用してい

たが，送気マスク等発生する一酸化炭素に有効な呼吸用保護具を使用していなかったこと。

④　炭酸ガス溶接作業を行う際の換気方法，保護具の使用などについてのマニュアルが作成されていなかったこと。

⑤　事業者および作業者にアーク溶接作業に際して一酸化炭素が発生するという認識がなかったこと。

⑥　親企業の構内下請業者に対する安全衛生に関する技術的指導援助が十分に行われていなかったこと。

ウ　対策

同種災害の防止のためには，次のような対策の徹底が必要である。

①　タンク，ボイラーまたは反応塔の内部その他通風が不十分な場所等（以下，「タンク内等」という。）で炭酸ガスアーク溶接を行うときは，作業場所の空気中の酸素濃度を18％以上に保つように換気するとともに，空気中の一酸化炭素濃度を50 ppm 以下に保つこと。

②　一酸化炭素用防じん機能付き防毒マスク，酸素呼吸器，空気呼吸器または送気マスクなどの保護具を備え付け，換気を行うことが困難な場合に使用させること。

③　換気の方法，使用する保護具の種類などを記載した作業マニュアルを作成し，周知徹底すること。

④　通風が不十分な作業場所においてアーク溶接を行うときの一酸化炭素中毒および酸素欠乏症の防止に関して，災害事例を含めた再教育を溶接作業に従事する作業者に対して実施すること。

⑤　親企業は，構内下請業者が行う作業者に対する安全衛生教育について，教材の提供など技術的な指導援助を行うこと。また，構内下請業者が作業マニュアルを作成するときは，作業の危険および有害性に関する情報提供など技術的な指導を行うこと。

エ　災害の特徴，その他

炭酸ガスアーク溶接作業においては，炭酸ガスの熱分解により一酸化炭素が発生することが知られており，通風の不十分な場所における作業では発生した一酸化炭素が蓄積し作業者に健康障害の発生するおそれがある。

また，アーク溶接作業のうち，タンク内等において炭酸ガス，アルゴンまたはヘリウムをシールドガスとして使用するアーク溶接を行う場合には，酸素欠乏症等防止規則（以下，「酸欠則」という。）第21条第1項第1号の規定に基づき，作業場所の空気中の酸素濃度を18％以上に保つように換気するとともに，一酸化炭素濃度を日本産業衛生学会で示されている許容濃度である50 ppm以下に保たなければならない。

なお，タンク内等の換気を行うことが困難な場合にあっては，酸欠則第21条第1項第2号の規定に基づき，労働者に酸素呼吸器，空気呼吸器または送気マスクを使用させる。

(3)【事例3】地下駐車場建設工事で土止め用鉄板をアーク溶接作業中に感電

ア　災害の概要

① 業　種　　その他の土木工事業

② 被　害　　死亡1名

③ 発生状況

この災害は，地下駐車場建設工事において，土止め用鉄板仮止めのアーク溶接作業中，作業者が感電したものである。

この工事は，公道の地下を全長182 m，幅25 m，深さ7 mにわたり掘削し，地下駐車場を建設するものであった。

作業は昼勤（8：00～17：00），夜勤（20：00～5：00）の2交替制で進められていた。

災害発生当日は，9カ所の土止め用鉄板の仮止め溶接をすることになっており，5カ所の作業は昼勤で終了し，残りの4カ所は夜勤で行うこととなった。

夜勤は作業者8名が2名ずつ4組に分かれ，3組が溶接作業，1組が鉄板加工作

業を受け持ち，21：00から作業を開始した。

作業者Aは，チェーンブロックで作業場所に積まれている鉄板（厚さ3.2 cm，縦1.5 m，横2 m）2枚を吊り上げ，すでに打ち込まれている杭と鉄板との仮止め溶接を行った。

同僚Bは残りの溶接箇所の確認のために掘削底に降り，応援を頼もうとしてAを見ると，Aが脚立の中段に寄りかかっていた。Bが近寄ってAの腰のところに軽く触れると，ビリッと電気を感じたので，アーク溶接ホルダのコネクターをすぐ抜いたが，Aはすでに感電死していた。

イ　原因

この災害の原因としては，次のようなことが考えられる。

① 自動電撃防止装置が作動しない交流アーク溶接機を使用していたこと

被災時に使用していた交流アーク溶接機には自動電撃防止装置が取り付けられていたが，マグネットスイッチの接点が故障して脱落していたので，主接点をリード線により短絡して使用していた。

② 交流アーク溶接棒ホルダに溶接棒を挟んだまま昇降通路に放置していたこと

作業者Aが昇降しようとした時に溶接棒の先端が身体に接触してしまった。

③ 自動電撃防止装置が正常に作動することを確認していなかったこと

元請および1次下請は，この交流アーク溶接機を現場に持ち込んだ時点でアーク溶接機のテストボタンを押したところ「バン」という音が鳴ったので正常に作動していると判断してしまった。

④ 気温が高く，作業者が発汗していたこと

現場の天井部は，覆工板で覆われていたため，現場の気温は高くなっており，作業者はかなり発汗していて通電しやすくなっていた。

ウ　対策

同種災害の防止のためには，次のような対策の徹底が必要である。

① 自動電撃防止装置が作動しない交流アーク溶接機は使用しないこと

自動電撃防止装置が働かない交流アーク溶接機は，改造して使用することなく，必ず故障が発生した時点で自動電撃防止装置を修理することが必要である。

② アーク溶接作業を一時的に中断する場合には，アーク溶接棒をホルダから外しておくこと

導電性の高い脚立足場上など作業者の姿勢が不安定な場所で，一時的に作業を中断する場合には，溶接棒をホルダから取り外しておくことが大切である。

③ 持込機械の安全性について，十分な点検を行うこと

現場に関係請負人が持ち込む交流アーク溶接機等については，自動電撃防止装置が有効に作動することを電気取扱責任者が十分に点検確認した上で使用許可を出すことが必要である。

④ 蒸し暑い時期の夜間作業等では，注意も散漫になりやすくなるので，監督者を配置し，十分な安全管理を行うこと

エ 災害の特徴，その他

金属アーク溶接等では，感電，火傷，火災等の危険性がある。溶接ヒュームや一酸化炭素等の中毒のみならず，感電等の危険性についても注意する必要がある。

参考
【事例 1】【事例 2】【事例 3】厚生労働省．職場のあんぜんサイト
https://anzeninfo.mhlw.go.jp/anzen_pg/SAI_FND.aspx

金属アーク溶接等作業主任者テキスト

令和５年12月22日　第１版第１刷発行
令和６年５月10日　　　　第２刷発行

編　　者　中央労働災害防止協会
発 行 者　平山　剛
発 行 所　中央労働災害防止協会
〒108-0023
東京都港区芝浦３丁目17番12号
吾妻ビル９階
電話　販売　03(3452)6401
　　　編集　03(3452)6209
イラスト　株式会社アルファクリエイト
組　　版　株式会社日本制作センター
印刷・製本　新日本印刷株式会社
表　　紙　ア・ロゥデザイン

落丁・乱丁本はお取り替えいたします。

ISBN978-4-8059-2134-0 C3043
中災防ホームページ　https://www.jisha.or.jp/

『金属アーク溶接等作業主任者テキスト』（第１版）正誤表

『金属アーク溶接等作業主任者テキスト』（第１版）に下記のとおり誤りがありました。

お詫びして訂正いたします。

中央労働災害防止協会

該当頁・行	誤	正
33頁　上から４行目	渦上	渦状
38頁　下から６行目から３行目	なお、溶接ヒュームなどの特定化学物質………（中略）………１年以内ごとに１回に緩和することができる。	なお、特定化学物質………（中略）………１年以内ごとに１回に緩和することができるが、金属アーク溶接等作業に従事する労働者については、適用されない。
106頁 上から８行目	スラブ	スラグ
169頁 上から11行目から16行目	なお、参考までに………（中略）………現在のところこの対象とされていない。	削除

2024.4